工业和信息化精品系列教材
虚拟现实技术

增强现实引擎开发

微课版

杨欧 滕艺丹 / 主编　　赵志强 国嘉 黄方亭 / 副主编

人 民 邮 电 出 版 社
北 京

图书在版编目（CIP）数据

增强现实引擎开发 : 微课版 / 杨欧，滕艺丹主编
. -- 北京 : 人民邮电出版社，2024.10
工业和信息化精品系列教材. 虚拟现实技术
ISBN 978-7-115-63086-5

Ⅰ. ①增… Ⅱ. ①杨… ②滕… Ⅲ. ①虚拟现实－程序设计－高等职业教育－教材 Ⅳ. ①TP391.98

中国国家版本馆CIP数据核字(2023)第208266号

内 容 提 要

本书分为两篇，包括 8 个学习情境，学习情境 1 至学习情境 3 为本书的基础篇，学习情境 4 至学习情境 8 为本书的项目篇。基础篇包括 AR 技术介绍、Unity 基础学习和 Vuforia 学习；项目篇包括基于 Vuforia 的“圆柱环游”项目开发、基于 Vuforia 的“房产漫游”项目开发、基于 AR Foundation 的“虚拟形象”项目开发、基于 SenseAR 的“手势识别”项目开发和基于 MR 头盔的“汽车拆装”项目开发，项目涉及行业应用与文化娱乐等领域，内容由浅入深，全面覆盖相关领域中不同的应用技术。

本书内容循序渐进，基础篇针对初学者进行讲解，初学者可以通过基础篇的学习提升自身的开发能力；项目篇主要源于行业岗位需求，编者通过与多家 AR 引擎开发公司进行探讨，挑选出多个适合开发者学习的 AR 引擎开发项目。

本书既可作为高职高专等高等院校计算机相关专业的教材，也可作为广大 AR 项目开发爱好者自学的中级进阶教材，还可作为从事 AR 项目开发工作的工程技术人员学习和应用的参考书。

◆ 主　　编　杨　欧　滕艺丹
　副 主 编　赵志强　国　嘉　黄方亭
　责任编辑　刘　佳
　责任印制　王　郁　焦志炜

◆ 人民邮电出版社出版发行　　北京市丰台区成寿寺路 11 号
　邮编　100164　　电子邮件　315@ptpress.com.cn
　网址　https://www.ptpress.com.cn
　三河市君旺印务有限公司印刷

◆ 开本：787×1092　1/16
　印张：17.5　　2024 年 10 月第 1 版
　字数：424 千字　　2024 年 10 月河北第 1 次印刷

定价：59.80 元

读者服务热线：(010)81055256　印装质量热线：(010)81055316
反盗版热线：(010)81055315
广告经营许可证：京东市监广登字 20170147 号

绪 论 PREFACE

增强现实（Augment Reality，AR）技术的起源可追溯至20世纪60年代。该技术经过相关人员的不断研究和发展，逐步走向大众。人们可以通过显示设备在真实世界中看到虚拟物体。其背后的技术原理是通过摄像头捕捉实时场景画面，并设计相关程序完成相机定位和环境识别工作；然后，根据上一步骤得到的信息，将虚拟元素与实时场景结合，并进行渲染，生成最终的图像；最后，通过显示设备将这些图像呈现给用户。国外众多大型企业在早期就致力于发展AR技术，如微软、谷歌、索尼等企业，企业的加入大大加快了AR技术的发展。在2013年，日本东京阳光水族馆便已经开始使用AR技术，用户在使用导航时，只需要将摄像头对准街道，屏幕上便会出现几只摇摆行走的企鹅，用户可以跟着企鹅进入阳光水族馆；同年，宜家利用AR技术，让用户可以通过手机将虚拟家具投影到房间内，更直观地感受到不同家具在房间内的摆放效果。

相较于国外，国内AR技术起步比较晚，北京理工大学研究AR技术较早，其利用AR技术将圆明园遗址的废墟和被破坏前的场景结合，开发了“数字圆明园”项目。近年来，国内AR产业不断进行升级和更新，发展出如EasyAR、HiAR、太虚AR等品牌，并且随着AR设备在软硬件上的质量迅速提升，以及价格的逐步亲民化，AR技术被越来越广泛地应用于众多领域。同时，随着如微软、谷歌、腾讯等国内外知名企业陆续推出自研设备或创新创意产品等，国内手机“巨头”厂商纷纷选择入股，支持对AR智能穿戴设备进行研究，并对AR产业进行投资、收购，带动VR/AR产业进入新一轮的发展历程。

AR和虚拟现实（Virtual Reality，VR）密不可分。目前，全球VR产业正从起步培育期向快速发展期迈进，为加快我国VR产业发展，推动VR应用创新，我国出台了支持VR技术发展的相关政策。2018年，工业和信息化部发布《关于加快推进虚拟现实产业发展的指导意见》，从核心技术、产品供给、行业应用、平台建设、标准构建等方面提出发展VR产业的重点任务；2020年，我国VR/AR行业市场规模达到413.5亿元；2021年3月，《中华人民共和国国民经济和社会发展第十四个五年规划和2035年远景目标纲要》将VR/AR产业列为数字经济重点产业之一。

随着AR技术的日益成熟，AR技术已经开始广泛应用于智能驾驶、地图导航、医疗保健、教育培训、生活娱乐、文化旅游、航空航天等不同领域。AR 技术的大规模落地需要技术上的创新和软硬件驱动的升级。近期得益于 5G 技术发展，硬件运算负载得到减轻，有效提高了 AR 设备的视觉处理效率和追踪精度，提升了用户体验并满足了大众对设备移动性和低延迟性的需求。与此同时，开发 AR 应用的引擎和 AR 插件也逐渐走向成熟。以 Unity、Unreal Engine 4 为代表的引擎具有强大的功能和优势，而 EasyAR、Vuforia、HiAR、ARKit 等众多 AR 插件能够配合这两种引擎帮助开发者快速开发 AR 应用。

然而，AR 产业相较于其他信息技术开发产业，专业教师、开发人员等人才仍然极其匮乏。国内开设 AR 相关专业的大学不足 300 所，拥有优质设备资源、师资力量的更是少数。因此，希望更多的高校开设 AR 相关专业，深化校企合作并相互探讨技术，以此来培养更多技术型、复合型人才。本书便是在这一环境下编写而成的。

前言 FOREWORD

随着AR技术的不断更新和发展，AR应用逐渐由教育领域向其他领域普及，极大地推动了AR产业的发展；在未来，AR技术可能会形成下一代科技革命的推动力，极大地革新人类的生活方式与生产方式，带领人类进入全新的发展阶段。

本书帮助开发者理解和掌握AR技术的基础知识，从理论知识到项目都进行较为详细的阐述。本书内容由浅入深，全面覆盖相关领域中不同的应用技术。书中的项目融入了编者丰富的设计经验与教学心得，旨在帮助开发者全方位了解行业规范、设计原则和表现手法，提高实战能力，以灵活应对不同的项目需求，包括AR引擎开发基础的学习及利用不同的主流AR插件进行项目开发，帮助开发者学习多种主流的AR插件，不断突破其在AR行业发展的上限。

本书主要以任务为主线、教师为主导、学生为主体，结合实践将任务驱动教学法引入AR引擎开发的教学中。并且我们探讨了如何在教学中创设情境和任务，以及如何让学生完成自主学习、任务实现、学习总结和课后练习。同时，我们还探讨了在应用AR技术时需要注意的问题。本书内容详尽，知识内容覆盖面广，细化了AR引擎开发的教学标准，将专业知识、开发技术、态度、价值观融入任务学习中，多方位地进行人才职业能力培养。并且本书版式设计布局合理、美观大方、图文并茂。书中任务实施部分的图片均截取自实际软件操作过程，图片排布合理，搭配简明易懂的文字叙述增强可读性。本书以培养学生专业能力、工作能力、学习能力为目标，注重介绍当前AR行业的新技术，例如图像识别、平面识别、手势识别等多种技术，结合行业需求与主流技术，加强学生的实践技能训练，培养学生分析实际问题、解决实际问题的能力和相应的职业技能。

本书紧扣学习需求，配套了教案、微课视频等多种教学资源，其中配套的微课视频包含知识点、动画、实操、问答四类，实操部分的视频与书中的任务实施部分紧密对应，而知识点、动画和问答部分的视频则作为书中的拓展内容，为开发者提供深入学习的便利。本书通过数字化教学资源和数字课程加强对学习重点、难点的讲解，为教师线上、线下授课，学生课内、课外学习创造条件。

本书由杨欧、滕艺丹任主编，赵志强、国嘉、黄方亭任副主编。由于编者水平有限，书中难免存在疏漏之处，敬请各位专家和学习者批评指正。

编　者

2024 年 1 月

目录 CONTENTS

基础篇

项目篇

基础篇

学习情境 1 AR 技术介绍

学习目标

知识目标：了解计算机视觉基础知识，学习 AR 技术概述、硬件和软件相关基础知识，掌握 Vuforia 与其他主流软件开发工具包（Software Development Kit，SDK）基础知识。

能力目标：学习 AR 技术的原理与运用方法，了解 AR 技术的硬件基础知识，掌握进行 AR 项目开发的方法。

素养目标：掌握 AR 技术基础知识，能够将 AR 技术与其他技术相结合，为后续学习 AR 引擎开发奠定基础。

引例描述

小赵同学想成为一名独立的项目开发者，在新学期听到同学们在讨论关于 AR 技术的话题和案例，产生了很大的兴趣，想要深入了解 AR 技术的相关知识并学习 AR 项目的开发流程，但是如何开始学习 AR 技术令他感到困惑和苦恼。本学习情境将为大家详细介绍 AR 技术的内容、原理以及由来，并从软件、硬件等多个方面进行讲解和分析。通过本学习情境内容的学习，开发者能够了解 AR 技术的相关概念、相关硬件设备以及发展前景。

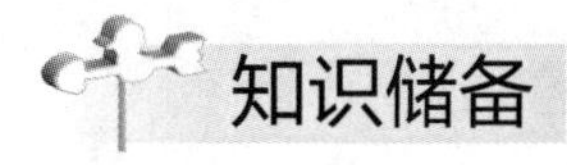

知识储备

1.1 计算机视觉概述

从广义上讲，计算机视觉就是一门“赋予机器自然视觉能力”的学科。自然视觉能力，就是指生物视觉系统体现的视觉能力。

计算机视觉是一门研究如何使机器“看”的学科，进一步说，就是指用摄像机和计算机代替人眼对目标进行识别、跟踪和测量等，并进一步做图形处理，用计算机将目标处理成为更适合人眼观察或传送给仪器检测的图像。作为一门科学学科，计算机视觉研究相关的理论和技术，试图建立能够从图像或者多维数据中获取“信息”的人工智能系统。此处的信息指香农（Shannon）定义的，可以用来帮助做“决定”的信息。因为感知可以看作从感官信号中提取信息，所以计算机视觉也可以看作研究如何使人工智能系统从图像或多维数据中“感知”的学科。

1.1.1 计算机视觉发展的 4 个主要阶段

计算机视觉有 40 多年的发展历史，计算机视觉的研究内容大体可以分为物体视觉

（Object Vision）和空间视觉（Spatial Vision）两大部分，物体视觉主要研究对物体进行精细分类和鉴别，而空间视觉主要研究确定物体的位置和形状，为“动作”（Action）服务。总体上说，计算机视觉发展主要有 4 个阶段：马尔计算视觉、主动和目的视觉、多视几何与分层三维重建和基于学习的视觉。下面将对这 4 个阶段进行简要介绍。

（1）马尔计算视觉

20 世纪 70 年代，戴维·马尔（David Marr）提出视觉计算理论，并于 1982 年发表代表作《视觉》，该著作的发表标志着计算机视觉成为一门独立的学科。马尔奠定了计算机视觉这一领域的基础，包含着两个学科：计算机视觉（Computer Vision）、计算神经科学（Computational Neuroscience）。他的工作对认知科学（Cognitive Science）产生了深远的影响。

马尔认为，视觉就是对外部世界的图像（Image）构成有效的符号描述，它的核心问题是要从图像的结构推导出外部世界的结构。视觉从图像开始，经过一系列的处理和转换，最终形成人类对外部真实世界的认识。马尔把视觉过程划分为 3 个阶段。

① 二维基素图：视觉过程的第一阶段，由输入图像获得二维基素图。

② 二点五维要素图：视觉过程的第二阶段，通过符号处理，将线条、点和斑点以不同的方式组织起来从而获得二点五维要素图。视觉过程的这一阶段也称为中期视觉。

③ 三维模型表征：视觉过程的第三阶段，由输入图像、二维基素图、二点五维要素图获得三维模型表征。视觉过程的这一阶段也称为后期视觉。

（2）主动和目的视觉

人们经过 10 多年的研究，意识到尽管马尔计算视觉理论看起来非常完美，但是难以像人们预想的在工业界得到广泛应用。人们开始质疑这种理论的合理性，甚至提出尖锐的批评。对马尔计算视觉理论提出的批评主要有两点：一是认为这种三维重建过程是“纯粹自底向上的过程”（Pure Bottom-up Process），缺乏高层反馈（Top-down Feedback）；二是“重建”缺乏“目的性与主动性”。

针对这种情况，当时计算视觉领域的著名刊物——*CVGIP: Image Understanding* 于 1994 年组织了一期专刊对马尔计算视觉理论进行辩论。普遍的观点是，目的性与主动性这两个概念是合理的，但问题在于如何提出新的理论和方法，以更清晰地阐述它们的含义和应用。而当时提出的一些主动视觉方法，仅仅在算法层次上有所改进，缺乏理论框架上的创新，另外，这些内容完全可以纳入马尔计算视觉理论。所以，从 1994 年这场计算视觉大辩论后，主动视觉在计算视觉领域基本上没有太多实质性进展。

（3）多视几何与分层三维重建

20 世纪 90 年代初，人们发现，多视几何理论下的分层三维重建能有效提高三维重建的鲁棒性和精度。多视几何理论在 2000 年已基本完善，如何在保证鲁棒性的前提下快速进行大场景的三维重建是后期研究的重点。

① 多视几何。

由于图像的成像过程是中心投影过程，所以多视几何本质上就是研究射影变换下图像对应点之间以及空间点与其投影的图像点之间的约束理论和计算方法的学科。

② 分层三维重建。

所谓的分层三维重建，如图 1-1 所示，就是指从多幅二维图像恢复欧几里得空间的三维结构时，不是从图像一步恢复到欧几里得空间中的三维结构，而是分步、分层地进行。即先从多幅图像的对应点重建射影空间中的空间点，然后把射影空间中重建的点放到仿射空间中，最后把仿射空间中重建的点再放到欧几里得空间。

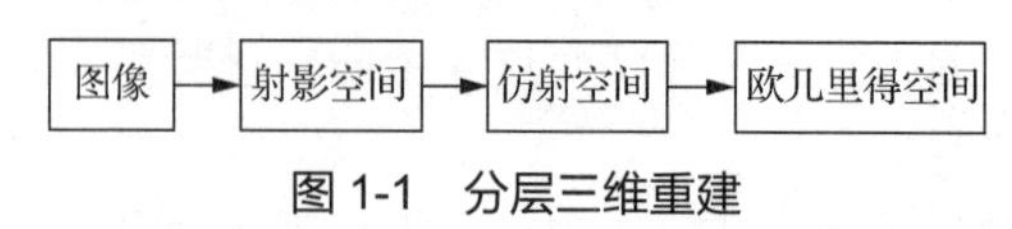

图 1-1　分层三维重建

分层三维重建理论可以说是计算视觉领域继马尔计算视觉理论提出后又一个重要和具有较强影响力的理论。目前多数大型公司的三维视觉应用，如苹果公司和百度公司的三维地图、诺基亚公司的 Street View、微软公司的虚拟地球（Virtual Earth），其后台核心支撑技术中的一项重要技术就是分层三维重建技术。

（4）基于学习的视觉

基于学习的视觉，是指以机器学习为主要技术手段的计算机视觉。深度神经网络和深度学习是实现计算机视觉的重要技术手段。深度学习的成功，主要得益于数据积累和机器的计算能力的提高。深度神经网络的概念早在 20 世纪 80 年代就被提出，只是因为当时深度神经网络的性能还不如浅层网络的，所以没有得到较大的发展。而关于深度神经网络和深度学习，有以下几点需要注意。

① 深度学习在物体视觉方面已经超越了传统方法，尤其是在物体识别、图像分类、物体检测等方面表现出了巨大优势。然而，在空间视觉方面，如完成三维重建和物体定位等任务，基于几何的方法仍然是主要方法，深度学习方法尚未完全超越它们。

② 深度学习在静态图像物体识别方面已经较为成熟，可以通过卷积神经网络等技术有效地识别图像中的物体并将这些物体进行分类。但在处理复杂场景或存在大量遮挡时仍存在挑战。

③ 目前的深度神经网络，基本上是反馈网络，网络的不同主要体现在使用的代价函数不同。

④ 研究反馈机制，特别具有长距离反馈（跨多层）的深度神经网络，这可能在提高网络性能和解决复杂任务时起到重要作用。

⑤ 尽管深度学习和深度神经网络在静态图像物体识别方面取得变革性成果，但深度学习目前仍然缺乏坚实的理论基础。

1.1.2　计算机视觉应用场景

随着人工智能的发展，机器的智能化成为现今的一大研究热点，人工智能与计算机视觉的结合，在当今有诸多的应用场景。

（1）无人驾驶

无人驾驶又称自动驾驶，是目前人工智能领域的一个较为重要的研究方向，其目标是让汽车可以进行自主驾驶，或辅助驾驶员进行驾驶，提升驾驶安全性。

计算机视觉在无人驾驶中扮演着重要的角色。它可以对道路、路标、红绿灯和行人等人类在驾驶过程中需要注意的情况进行识别，以支持无人驾驶的自主决策。此外，计算机视觉还可通过激光雷达或视觉传感器重建三维模型，帮助无人驾驶车辆进行自主定位和导航，并做出合理的路径规划和相关决策，如图 1-2 所示。

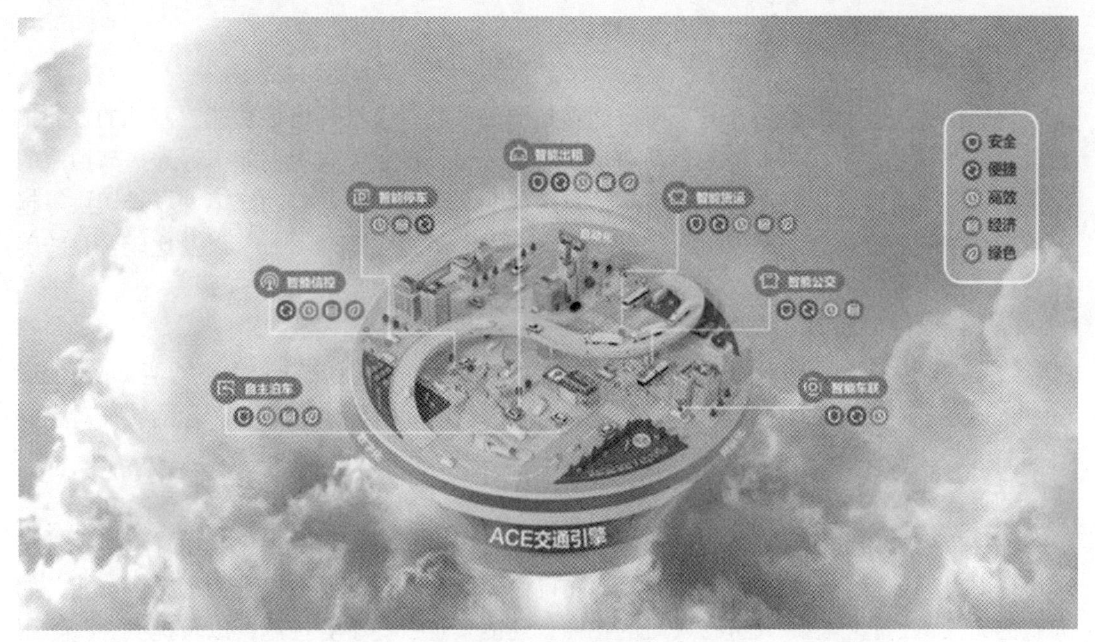

图 1-2　无人驾驶

（2）人脸支付

人脸支付是人脸识别技术与电子支付行业的紧密结合。人脸识别技术的研究已经比较成熟，在很多地方得到应用，且人脸识别的准确率目前已经高于人眼识别的准确率。国内的高铁站、飞机场等公共交通场所已经普及人脸识别，人脸支付也得以应用和普及。

（3）智能安防

安防工作一直是人们非常关注的重要话题，在很多重要地点会安排人员巡查，在居民小区以及公司等地方一般也都有安防人员巡查来确保安全。随着计算机视觉技术的发展，计算机视觉技术已经能够很好地应用在安防领域，目前很多智能摄像头都已经能够自动识别出异常行为以及可疑人员，及时提醒相关安防人员，加强安全防范。

（4）智能识图

智能识图是在日常生活中应用相当广泛的技术。将一个纸质文档转换成电子文档，只需直接将文档拍下，用智能识图软件进行文字识别，不仅能把图像中的文字自动转换成电子文档，还可以通过自动翻译将其翻译成其他语言。对于一张图片，如果想了解它的相关信息，用智能识图就能找到该图片在网上出现的地方以及其他类似的图片。

（5）三维重建

在工业领域，三维重建应用广泛，能够快速对三维物体进行建模，以便测量物体的各种实际参数或进行简单的复制操作。近些年，移动设备上也出现一些利用手机拍摄后快速生成模型的三维重建应用，虽然模型还不够精细，但是能看到计算机视觉技术在该领域有较大的发展潜力。

（6）VR/AR

VR/AR 技术与计算机视觉的结合是非常紧密的，可以实现多种效果，例如图像识别、眼动追踪及 VR 与 AR 中的各种应用（如实现虚拟环境的三维重建等），在医疗、教育、安全、娱乐等各个领域都有着不同的发展。

（7）智能拍照

智能拍照的普及度极高，基本所有能够拍照的移动设备都具备该功能。基础的智能拍照包括自动曝光、自动白平衡、自动对焦、自动降噪、夜景模式等，能很好地提高拍照的图像质量。随着计算机视觉技术的进步，自动美颜、自动挂件、自动滤镜、场景切换等越来越多有趣的功能被开发出来。还有一些图像处理软件，如Photoshop，以及比较普及的美颜相机，基本也都使用计算机视觉技术。

（8）医学图像处理

常见的医学成像，是利用B超、核磁共振、X射线等成像。随着人工智能（Artificial Intelligence，AI）技术的发展，一些AI诊断的应用也逐渐出现，AI根据图像的特征对相关疾病的可能性进行分析。

（9）无人机

计算机视觉技术在无人机上的应用自然必不可少。军用无人机中，利用计算机视觉技术可以对目标进行自动识别并自主导航、精确制导等；民用的无人机也拥有类似功能，如大疆的无人机，能够跟踪人进行实时的拍照，还能实现一些手势控制，以及提供一些作用在特殊场景的应用，例如电力巡检、农作物分析等。

（10）工业检测

计算机视觉技术在工业领域也得到广泛应用，例如产品缺陷检测、工业机器人姿态控制、利用立体视觉来获得工件和机器人之间的相对位置及姿态。

计算机视觉技术的应用领域还有航天航空领域、深海探测领域、生物制药领域等，这些领域也早就与计算机视觉技术紧密结合。随着计算机视觉技术的不断发展，人类的生活越来越智能化、便捷化。

1.2 图像识别概述

图像识别是指利用计算机对图像进行处理、分析和理解，以识别不同模式的目标和对象，是深度学习算法的一种实际应用。

1.2.1 图像识别的概念

计算机视觉中的目标检测问题是图像处理和机器视觉中的经典问题，它通常指判定一组图像数据中是否包含某个特定目标。计算机视觉中还包含很多其他问题。通过判断图像特征或运动状态，现有技术已经能够很好地实现特定目标的识别，如简单几何图形识别、人脸识别、印刷或手写文件识别或者车辆识别。

广义上的识别在不同的场合又演化出以下多个略有差异的概念。

（1）识别（狭义）：对一个或多个经过预先定义或学习的物体或物类进行辨识，通常在辨识过程中要提供该物体的二维位置或三维姿态等信息。

（2）鉴别：识别、辨认单一物体本身。例如某人的人脸、指纹的识别。

（3）监测：从图像中发现特定的情况、内容。如医学中对不正常的细胞或组织的发现，交通监视仪器对过往车辆的发现。监测往往是通过简单的图像处理发现图像中的特殊区域，为后续更复杂的操作提供起点。

图像识别的几个具体应用方向如下。

（1）基于内容的图像提取：在巨大的图像集合中寻找包含指定内容的所有图像。被指定的内容可以是多种形式的，如一个红色圆形图案或一辆自行车。在这里对后者的寻找显然要比对前者的寻找更复杂，因为前者描述的是一个低级、直观的视觉特征，而后者涉及一个抽象概念（高级的视觉特征），即“自行车”，显然自行车的外观并不是固定的。

（2）姿态评估：对某一物体相对于摄像机的位置或者方向的评估。例如对机械臂姿态和位置的评估。

（3）光学字符识别：对图像中的印刷文字或手写文字进行识别，通常将之转化成易于编辑的文档。

1.2.2　图像识别的发展历程

图像识别的发展经历了 3 个阶段：文字识别、数字图像处理与识别、物体识别。

文字识别的研究始于 1950 年。文字识别一般用于识别字母、数字和符号等，从印刷文字识别到手写文字识别，应用非常广泛。

数字图像处理与识别的研究至今已有近 50 年历史。数字图像与模拟图像相比具有存储、传输方便，可压缩，传输过程中不易失真，处理方便等巨大优势，这些都为图像识别技术的发展提供了强大的动力。

物体识别主要指的是对三维世界的客体及环境的感知和认识，属于高级的计算机视觉技术范畴。它是以数字图像处理与识别为基础的结合人工智能、系统学等的技术，其研究成果被广泛应用在工业领域及各种探测机器人上。现代图像识别技术的一个不足就是自适应性能差，一旦目标图像被较强的噪声污染或是目标图像有较大残缺往往就得不到理想的结果。

进入 21 世纪后，得益于互联网兴起与数码相机出现所带来的海量数据，加上机器学习的广泛应用，计算机视觉技术发展迅速，以往许多基于规则的处理方式，都被机器学习所替代。到 2010 年以后，借助于深度学习的力量，计算机视觉技术得到了“爆发式”增长并实现产业化，出现了基于神经网络的图像识别，这是目前比较新的一种图像识别技术。

1.2.3　图像识别的过程

图像识别的过程分为信息获取、预处理、特征抽取和选择、分类器设计和分类决策。具体来说，在整个图像识别过程中，需要先对图形进行处理，然后再识别。图像处理阶段通常包括预处理、增强、特征抽取等操作，将原始图像转换为能够适应后续分类器处理的特征向量；而图像识别阶段则使用各种算法和工具对经过预处理的图像进行自动分类和识别，如图 1-3 所示。

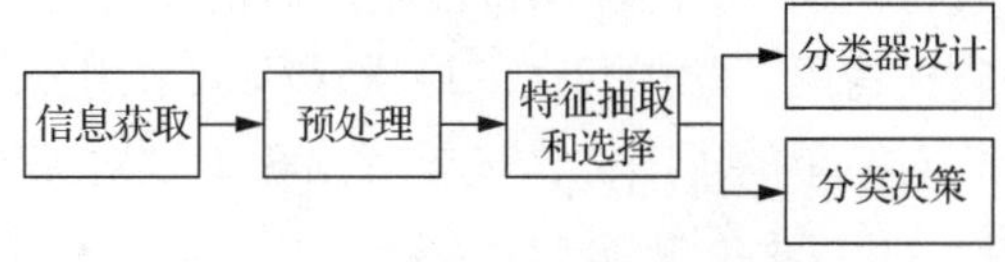

图 1-3　图像识别的过程

（1）图像处理

① 图像采集。

图像采集是指通过光学、电子传感器等设备获取图像数据的过程。它通常包括以下步骤：首先通过光学镜头或透镜将光线聚焦在感光面上，然后由感光元件（如 CCD 或 CMOS）将光信号转换为数字信号，最后将这些数字信号存储在计算机中。图像采集技术通常用于数字相机、摄像机、扫描仪、X 光机等设备中。目前，图像采集技术已经广泛应用于医学成像、工业检测、安防监控、遥感等领域。

② 图像增强。

在成像、采集、传输、复制等过程中，图像的质量或多或少会有一定的降低，且数字化后的图像视觉效果不能令人满意。为了突出图像中令人感兴趣的部分，使图像的主体结构更加明确，必须对图像进行改善，即图像增强。图像增强可以减少图像中的噪点，改变原先图像的亮度、色彩、对比度等参数。图像增强可以提高图像的清晰度、图像的质量，使图像中物体的轮廓更加清晰、细节更加明显。

③ 图像复原。

图像复原又称图像恢复，由于在采集图像时环境噪声、运动、光线的强弱等使得图像模糊，因此为了提取较为清晰的图像，需要对图像进行复原。图像复原主要采用滤波方法，从降质的图像复原为原始图。图像复原还可以采用另一项特殊技术——图像重建，该技术根据物体横截面的一组投影数据进行图像建立。

④ 图像编码与压缩。

数字图像的显著特点是数据量大，需要占用相当大的存储空间。处理、存储和传输大量数字图像需要计算机网络具备足够高速的带宽且存储器具备足够大的容量。为了能够快速、方便地在网络环境下传输图像、视频，必须对图像进行编码和压缩。目前图像编码与压缩已具有国际标准，如较为著名的静态图像压缩标准 JPEG，该标准主要针对连续色调静止图像，包括彩色图像和灰度图像，适用于网络传输的数码照片、彩色照片等。

⑤ 图像分割。

图像分割是将图像分成一些互不重叠而又具有各自特征的子区域，每一个区域是像素的一个连续集，这里的特性可以是图像的颜色、形状、灰度、纹理等。图像分割根据目标与背景的先验知识将图像表示为物理上有意义的连通区域的集合，即对图像中的目标、背景进行标记、定位，然后将目标从背景中分离出来。

（2）图像识别的方法

① 统计法。

统计法（Statistic Method）是对研究的图像进行大量统计分析，找寻其中规律并提取反映图像本质的特征进行图像识别的方法。其以数学上的决策理论为基础，建立统计学识别模型，因此是一种分类误差非常小的方法。

② 句法模式识别。

句法模式识别（Syntactic Pattern Recognition）是对统计法的补充，在用统计法对图像进行识别时，图像的特征是用数值进行描述的，而句法模式识别法用符号来描述图像特征。它模仿语言学中句法的层次结构，采用分层描述的方法，将复杂的图像分解为单层或多层相对简单的子图像，主要突出被识别对象的空间结构关系等信息。

③ 神经网络法。

神经网络法（Neural Network Method）是指用神经网络算法对图像进行识别的方法。神经网络系统是由大量的、较为简单的处理单元（称为神经元），通过广泛地按照某种方式相互连接而形成的复杂网络系统，虽然每个神经元的结构和功能十分简单，但由大量的神经元构成的神经网络系统的行为是相对丰富多彩，且十分复杂的。神经网络系统能够反映人脑功能的多数基本特征，是人脑神经网络系统的简化、抽象和模拟。

④ 模板匹配。

模板匹配（Template Matching）是一种基本的图像识别方法，所谓的模板就是为了检测待识别图像的某些区域的特征而设计的阵列，既可以是数字量，也可以是符号串等，因此可以把模板匹配看作统计法或句法模式识别的一种特例。所谓模板匹配法就是把已知物体的模板与图像中所有未知物体进行比较，如果某一未知物体与该模板匹配，则该物体被检测出来，并被判定为它是与模板相同的物体。

⑤ 典型的几何变换方法：霍夫变换。

霍夫变换（Hough Transform）：一种快速的形状匹配技术，其对图像进行某种形式的变换，将图像中给定形状曲线上的所有点变换到霍夫空间，从而形成峰点，给定形状曲线的检测问题就变换为霍夫空间中峰点的检测问题，可以用于有缺损形状的检测，是一种鲁棒性很强的方法。

1.2.4　图像特征抽取和选择算法简述

图像特征抽取和选择是图像分析与识别的前提，它是将高维的图像数据进行简化表达的有效的方式，由于从一幅图像的数据矩阵中很难直接提取出相关信息，所以必须从这些数据中提取出图像中的关键信息、一些基本元件及它们的关系。

局部特征点即图像特征的局部表达，只能反映图像上具有的局部特殊性，所以只适用于对图像进行匹配、检索等，对于图像理解则不太适用。后者更关心全局特征，如颜色分布、纹理特征、主要物体形状等。全局特征容易受到环境的干扰，如光照、旋转、噪点等因素都会影响全局特征。相比而言，局部特征点往往对应着图像中的一些线条交叉、明暗变化的区域，受到的干扰较少，斑点与角点是两类常见的局部特征点。

斑点检测（见图 1-4）原理与举例如下。

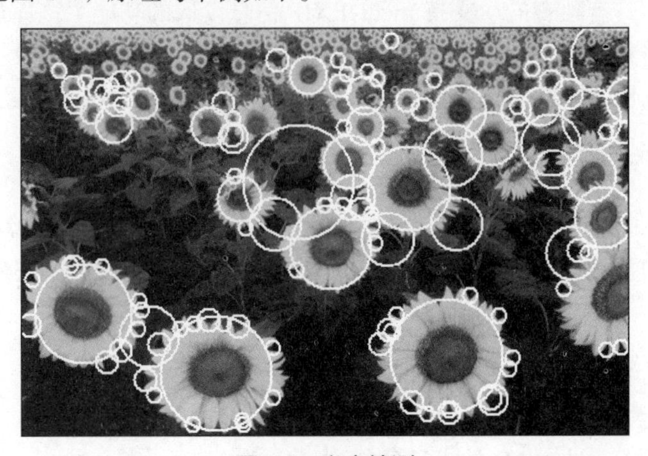

图 1-4　斑点检测

斑点通常是指与周围有着颜色和灰度差别的区域。在实际图像中，往往存在着大量这样的斑点，如一棵树是一个斑点，一块草地也是一个斑点，一栋房子也可以看作一个斑点。由于斑点代表的是一个区域，相比单纯的角点，它的稳定性更好，抗噪能力更强，所以它在图像配准上扮演着非常重要的角色。

1.2.5 图像识别主流工具

（1）OpenCV

OpenCV 功能十分强大，且支持目前先进的图像处理技术，体系完善，操作手册详细，操作手册中首先介绍计算机视觉的有关知识，涵盖近 10 年内的主流算法、图像格式、矩阵运算函数，然后将各个算法的实现函数展示出来。OpenCV 显示图像非常方便，却不大稳定，对 32F 和 16S、8U 的图像数据支持上有较多 bug，但其支持计算机视觉系统（Computer Vision System，CVS）。另外，图像处理使用的是 OpenCV 库（Open Source Computer Vision Library），该库以其快速的处理速度和高效的矩阵操作功能闻名。

（2）CxImage

CxImage 完全开放源代码，图像封装为类，功能非常强大，对 Windows、MFC 支持性非常好，支持图像的多种操作（如线性滤波、中值滤波、直方图操作、旋转缩放、区域选取、阈值处理、膨胀腐蚀、Alpha 混合等），支持从文件、内存或 Win32 应用程序接口（Application Program Interface，API）定义的位图图像格式中读取图像数据，支持将图像显示在任意窗口，而且对像素的操作非常方便，另外提供一个界面强大的示范（Demo），可以直接在其中进行二次开发。但 CxImage 速度稍慢，不如下文中提到的 FreeImage。

（3）CImg

CImg 仅用一个.h 文件，所以使用起来简洁明了，但功能不如 CxImage 全面，它可以与 CxImage 配合使用。CImg 提供基于 LAPACK 的矩阵运算函数与完善的线性滤波卷积函数，使用其做像素运算较为方便。另外，其独有的 Display 类可以方便地实现各种显示功能，包括显示图像等。

（4）FreeImage

FreeImage 采用 C 语言的体系，大量使用指针，运算速度可以保证，内含多种先进的插值算法。另外，具有独有的、支持 meta EXIF 信息读取的功能。该库最大的特点之一就是较为简练，只将重点放在对各种格式图像的读取、写入支持上，但没有显示部分，实际编程的时候需要调用 API 函数进行显示。

1.3 AR 技术概述

AR 技术是一种实时的基于摄像、摄影位置与角度并加上自定义图像的技术，这种技术的目标是在现实的基础上定制内容以及为用户提供个性化的体验。AR 技术于 1990 年左右提出。

微课视频

动画 01

1.3.1 AR 技术简介

随着计算机运算速度的提高，AR 技术应用领域越来越广，从游戏、娱乐到医疗、教育等行业，AR 技术已经得到了广泛的应用。

目前对于 AR 有两种通用定义。一种定义由北卡罗来纳州立大学教授罗纳德·阿祖马（Ronald Azuma）于 1997 年提出，他认为 AR 包括 3 个方面内容：将虚拟物体与现实结合、即时互动、三维。另一种定义则是 1994 年保罗·米尔格拉姆（Paul Milgram）和岸野文郎（Fumio Kishino）提出的现实-虚拟连续系统

（Milgram's Reality-Virtuality Continuum）。他们将真实环境和虚拟环境分别作为连续系统的两端，它们的中间地带被称为混合现实（Mixed Reality，MR），其中“靠近”真实环境的是 AR，“靠近”虚拟环境的则是 VR。

1.3.2　AR 技术原理

AR 技术与 VR 技术的主要区别在于 VR 技术是创造一个全新的虚拟世界，用户完全沉浸在这个虚拟世界当中，无法看到所处的真实世界。AR 技术则强调虚实结合，让用户看到真实世界的同时能够看到出现在真实世界上的虚拟物体。从真实世界出发，经过数字成像，系统通过影像数据和传感器数据对真实世界进行感知、理解，同时用户需要理解什么是三维交互。理解三维交互的目的和实质是告知系统需要增强的内容和位置。当系统收到需要被增强的内容和位置，就可以进行虚实结合，虚实结合部分一般是通过渲染模块实现的。最后合成的效果被传递到用户视觉系统中，由此实现 AR 效果。

AR 技术涉及数学、物理、人工智能、传感器、计算机科学等多个领域，为人们在真实世界中带来了更加真实和奇妙的体验。其中，即时定位与地图构建（Simultaneous Localization and Mapping，SLAM）是一种在未知环境中确定周围环境的关键技术，其最早由科学家史密斯（Smith）、赛尔夫（Self）和奇斯曼（Cheeseman）于 1988 年提出，它可以帮助我们在未知的环境中进行定位并建立地图。

1.3.3　AR 技术运用介绍

AR 技术作为一种贴近生活的技术，几乎在每个行业中 AR 技术都能为其增加价值、解决问题并提升用户体验。各个企业为了提升竞争力，纷纷开始投入研发力量，在各自的行业尝试应用 AR 技术。科技的繁荣推动 AR 技术的发展，并且 AR 技术已成为科技经济中的重要组成部分。

微课视频

动画 02

（1）AR 新零售

当购买衣服、鞋子、眼镜或其他穿戴类商品时，试用或试穿可以更好地增加用户对商品的了解。当用户需要在家中添置家具或其他家居物品时，预览物品在家里摆放的样子可以帮助用户更好地进行选择。借助 AR 技术可以随时随地自由地挑选想要购买的商品，线上试衣间如图 1-5 所示。

图 1-5　线上试衣间

（2）AR 建筑和维护

在建筑领域，AR 技术允许建筑师、施工人员、开发商和客户在任何建筑开始施工之前，将一个拟议的设计在现有条件下进行可视化。各方在从建筑规划到建筑完成的所有时间点都能实时看到效果，从而进行高效的交流、合作。除了可视化之外，AR 技术还可以帮助识别工作中的可构建性问题，使得架构师和构建人员可以在开始构建之前及时发现问题，并及时构建新的解决方案，避免问题变得更加难以解决。建筑可视化如图 1-6 所示。

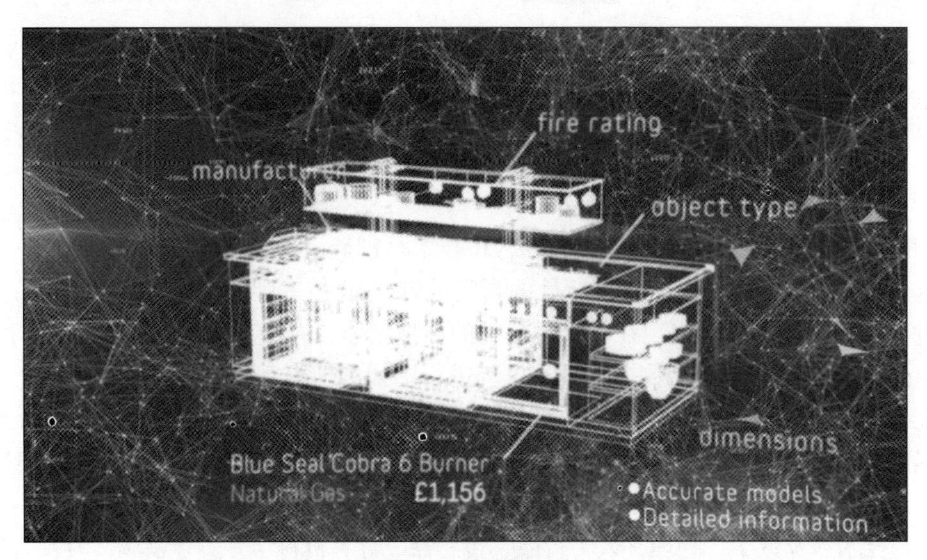

图 1-6 建筑可视化

AR 技术可以支持建筑物和产品的持续维护。通过 AR 技术，可以在真实世界中显示具有交互式 3D 动画等指令的服务手册。AR 技术可以为用户在维修产品的过程中提供协助。这是一种宝贵的培训工具，可以帮助经验不足的维修人员利用可视化完成自己的任务，同时，在寻找正确的服务和零件信息时，AR 技术可以提供和现场同样的服务。对刚刚购房或准备购房的用户来说，通过 AR 技术可以预先看到房间的装修效果，更好地了解房屋信息，提前看到新家的装修情况，AR 服务如图 1-7 所示。

图 1-7 AR 服务

（3）AR 旅游

借助 AR 技术，旅游品牌可以为潜在的游客提供一种身临其境的旅游体验，吸引游客到实地参观游览。AR 解决方案可以在景点等地为游客提供更多的目的地信息和路标信息。AR 应用程序可以帮助游客在度假景点之间进行导航，并可以帮助游客进一步了解目的地的有趣之处。既可以实现远程游览景区，又可以辅助实地游览的游客更好地游览、参观，身临其境的旅游体验如图 1-8 和图 1-9 所示。

图 1-8　身临其境的旅游体验 1

图 1-9　身临其境的旅游体验 2

（4）AR 教育

虽然关于 AR 技术如何支持教育还有很多需要探索的地方，但 AR 教育未来的可能性是巨大的。AR 技术可以帮助教育工作者在课堂上使用动态 3D 模型、更加有趣的物体叠加以及更多相关学习的主题来吸引学生的注意力。计算机视觉技术学习者也将受益于 AR 技术的可视化能力，它可以通过数字渲染将各种概念带入生活，AR 教育如图 1-10 所示。

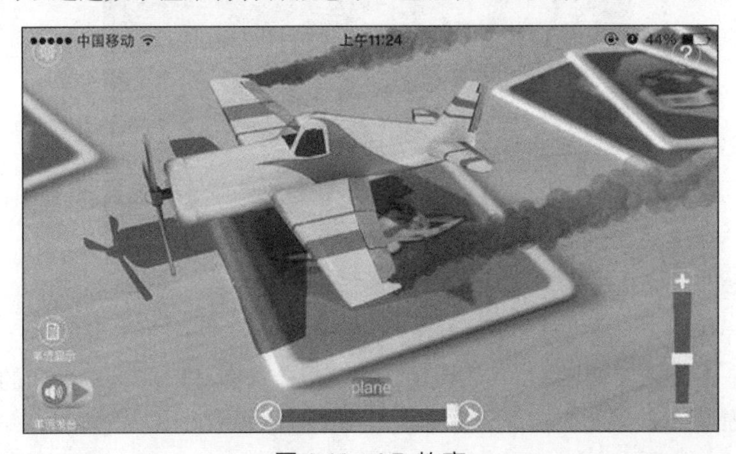

图 1-10　AR 教育

对于低年龄段的孩子，AR 技术可以提供更加有趣的学习环境。对于学习专业知识的同学，可视化的效果更有助于他们学习和理解知识点。

（5）AR 医疗保健

AR 技术可以使外科医生通过 3D 模型获得数字图像和关键信息。并且外科医生不需要把目光从手术中移开，就能获得他们可能需要的、成功实施手术的关键信息。很多初创公司正在开发 AR 相关技术的项目，希望能够对数字手术提供更多的支持，包括 3D 医疗成像，如图 1-11 所示。

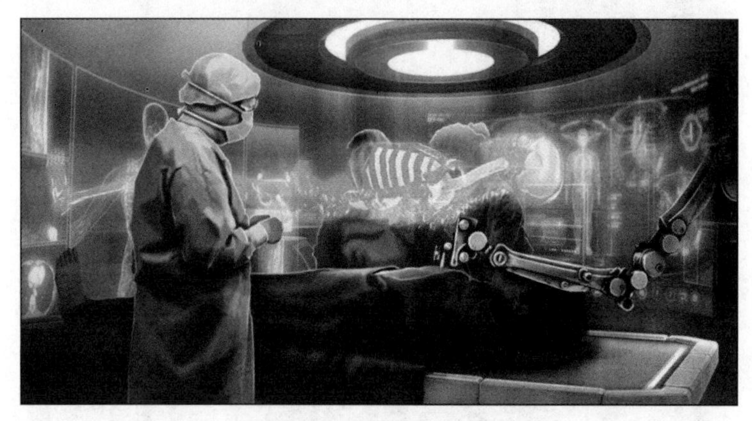

图 1-11　3D 医疗成像

（6）AR 导航系统

Sygic 的 AR 功能结合了智能手机的全球定位系统（Global Positioning System，GPS）和引导司机沿虚拟路径行驶的 AR 技术，提高了导航应用程序的安全性。它适用于所有 Android 用户和 iOS 用户，而由 Navion 提供的 True AR 是首个车载全息 AR 导航系统。AR 导航系统随着汽车周围环境的变化而变化，如图 1-12 所示。

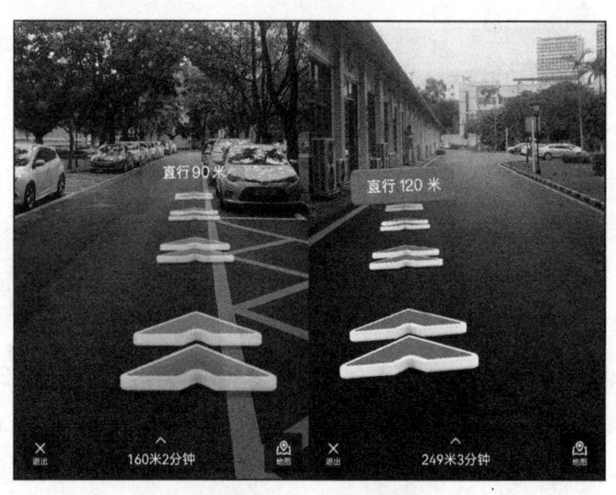

图 1-12　AR 导航系统

（7）人脸识别

Animoji 是 iPhone X 中的 3D 动画表情，是苹果公司在 iPhone X 上发布的新功能。其使用面部识别传感器来检测用户面部表情变化，同时用话筒记录用户的声音，并最终生成可爱的 3D 动画表情，用户可以通过 iMessage 与朋友分享表情，Animoji 动画表情如图 1-13 所示。

图 1-13 Animoji 动画表情

国内还有一众的美颜 App 或短视频 App，它们都使用到了人脸识别技术。“智能美颜”通过对人的五官进行精准定位，为用户提供美妆功能，可以实现美颜的效果，能够满足用户爱美的需求。“特效”通过人脸检测和人脸特征进行脸部定位，可以为用户在拍照时或者直播时提供各种有趣的特效，提高与用户的互动性，增强娱乐性。“动态效果”通过人脸识别技术对脸部进行识别，可以为用户提供实时美妆、换脸等动态效果，让用户有更多的社交乐趣。美颜效果对比如图 1-14 所示。

图 1-14 美颜效果对比

1.4 AR 认知

AR 设备带有一个面向真实世界的摄像头，其捕获的图像帧包含一个坐标系以及两个“变换”：存储捕获帧的坐标系、摄像头外部视图变换和摄像头投影变换。摄像头外部视图变换代表摄像头在真实世界中的位置信息，摄像头投影变换代表摄像头映射到图像中的像素信息。目前市场上的 AR 设备主要有头戴式设备、手持设备、固定设备、佩戴设备等。

1.4.1 AR 的发展历程

AR 设备的起源，可追溯到莫顿·海利希（Morton Heilig）在 20 世纪 50—60 年代所发明的 Sensorama Simulator。莫顿·海利希是一名哲学家、电影制作人和发明家。他利用在电影上的拍摄经验设计出了叫 Sensorama Simulator 的机器。Sensorama Simulator 可通过图像、声音、香味和振动，让用户感受在纽约布鲁克林街道上骑着摩托车风驰电掣的场景。这样一款融合多种 AR 效果的产品，给科技界带来前所未有的震撼，如图 1-15 所示。

图 1-15　Sensorama Simulator

AR 历史上的下一个重大里程碑是一台头戴式设备的发明。1968 年，著名计算机科学家伊万·萨瑟兰（Ivan Sutherland）与他的学生鲍波·斯普劳尔（Bob Sproull）合作发明了第一台头戴式显示器。虽然是头戴式显示器，但因当时硬件技术限制，设备相当沉重，根本无法独立穿戴，必须在天花板上搭建支撑杆，并通过一根长度可调的杆与用户头部的设备相连，这也是其被命名为“达摩克利斯之剑”（达摩克利斯之剑又称悬顶之剑）的原因，如图 1-16 所示。

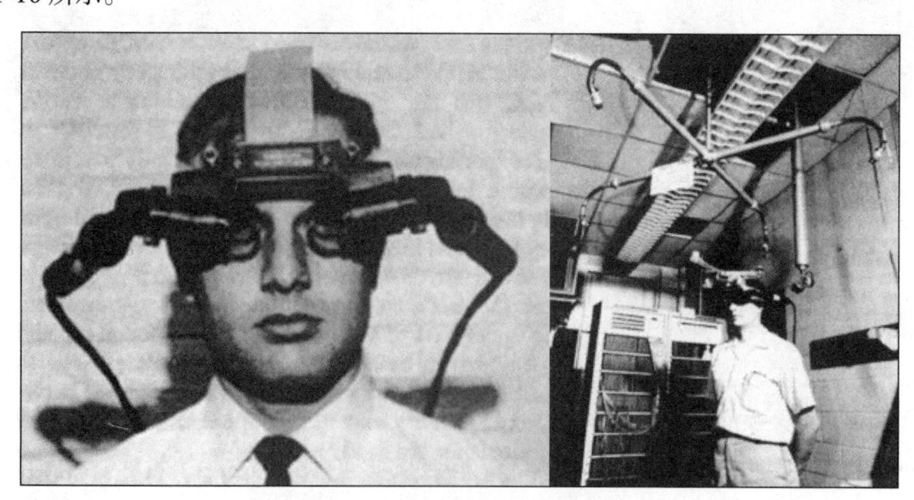

图 1-16　第一台头戴式显示器

尽管这些早期发明属于 AR 的范畴，但实际上直到 1990 年，波音公司的研究员汤姆·考德尔（Tom Caudell）才首次提出“Augment Reality”这个词，用来描述将计算机呈现的元素覆盖在真实世界上这一技术。这也是第一次有人提出 AR 的概念。

1998 年，AR 第一次出现在大众平台上。相关人员用 AR 技术第一次为 NFL（National Football League，美国职业橄榄球大联盟）的比赛在电视转播中画出了一条黄色的虚拟线，让“首攻”（First Down）需要进攻的距离一目了然。此后 AR 技术开始被用于天气预报——相关工作人员将计算机图像叠加到现实图像和地图上。从那时起，AR 技术真正地开始其爆炸式的发展。

2000 年，布鲁斯·托马斯（Bruce H. Thomas）在澳大利亚南澳大学可穿戴计算机实验室开发了第一款手机室外 AR 游戏——ARQuake。2008 年左右，AR 技术开始被用于地图等手机应用上。2012 年，谷歌公司发布了谷歌眼镜；2015 年，微软公司发布 HoloLens，这是一款能将计算机生成的图像（全息影像）叠加到用户周围真实世界中的头戴式 AR 设备，也正是随着这两款产品的出现，更多的人开始了解 AR 技术。

2016 年，任天堂的现象级 AR 游戏《Pokémon Go》火爆全球，让更多人认识到了 AR 技术。

科技发展日新月异，AR 产品也从概念逐渐变为现实。其中，可穿戴设备和手机 AR 产品是 AR 的主流。

1.4.2　具有代表性的 AR 可穿戴设备

谷歌眼镜（Google Project Glass）是由谷歌公司于 2012 年 4 月发布的一款“拓展现实”眼镜，如图 1-17 所示，它具有和智能手机一样的功能，可以通过声音控制拍照、视频通话、辨明方向，以及上网冲浪、处理文字信息和电子邮件等。相比于普通眼镜，谷歌眼镜主要包括在眼镜前方悬置的一台摄像头和一个位于镜框右侧的宽条状的处理器，配备 500 万像素的摄像头，可拍摄 720p 视频。

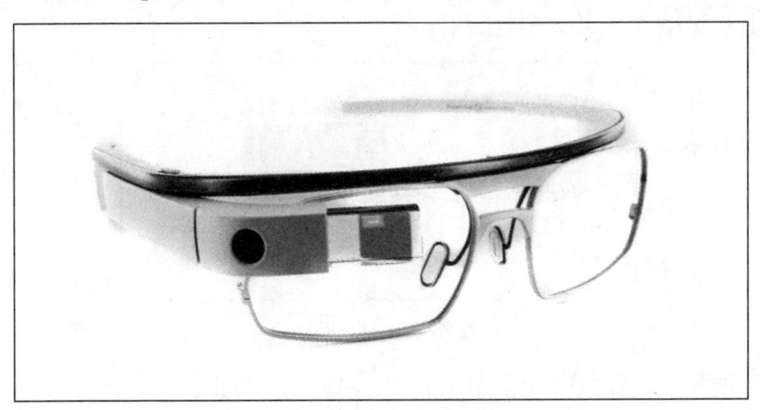

图 1-17　谷歌眼镜

谷歌眼镜就像可佩戴式智能手机，让用户可以通过语音指令拍摄照片、发送信息，以及实现其他功能。如果用户对着谷歌眼镜的话筒说“OK, Glass”，一个菜单就会在用户右眼上方的屏幕上出现，显示多个图标用于拍摄照片、录制影像、使用谷歌地图或打电话，谷歌眼镜功能示意如图 1-18 所示。

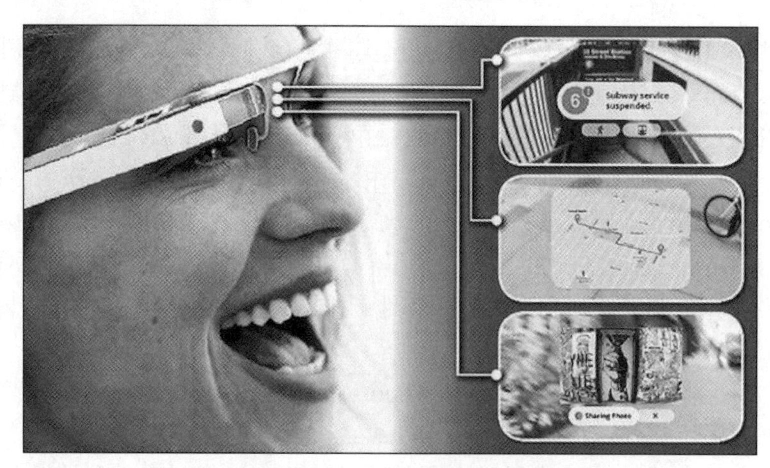

图 1-18　谷歌眼镜功能示意

这款设备在多个方面的性能异常突出，可以轻松拍摄照片或视频，省去用户从口袋中拿出智能手机的动作。当信息出现在眼镜前方时，虽然可能让人一时无法辨别方向，但不会让人有任何更多的不适感。

谷歌公司公布的有关该产品的视频展示了其潜在用途。在该视频中，一名男子在纽约市的街道上散步、与朋友聊天、看地图查信息、拍照。在该视频的结尾处，该名男子还在日落时与一位女性朋友进行了视频聊天。几乎所有的一切都是通过谷歌眼镜实现的。

自 2013 年 4 月，第一款跨时代的 AR 眼镜以 1500 美元的售价发售了 9 个月后，于 2015 年 1 月 19 日，谷歌公司停止了谷歌眼镜的“探索者”项目。但在 2015 年 3 月 23 日，谷歌公司执行董事长埃里克·施密特（Eric Schmidt）表示，谷歌公司会继续开发谷歌眼镜，因为这款产品太重要了，以至于无法放弃。

在谷歌公司对 AR 可穿戴设备前景感到迷茫之际，微软公司推出了其第一代 AR 产品，如图 1-19 所示。HoloLens 是微软公司开发的一种 MR 头显（混合现实头戴式显示器）。该产品于北京时间 2015 年 1 月 22 日凌晨发布。

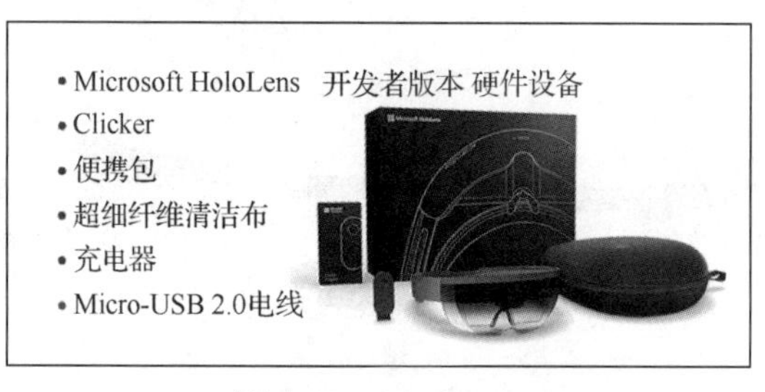

图 1-19　HoloLens

经过 5 年的发展，微软公司推出了其第二代产品，如图 1-20 所示。从外观上来看，HoloLens 2 整体呈黑色，护额部分采用碳纤维材料，这种材料的特点是质量轻、强度高，其强度是铁的 20 倍，其质量却不到铝的 1/4。HoloLens 2 的整体质量为 566g。

在 HoloLens 2 的正前方有 4 个环境感知摄像头，左右各 2 个。它是现阶段支持 SLAM 技术的基础硬件。通过 SLAM，在用户走动的过程中，虚拟物体可以保留在原地，这样用户就可以从不同角度观察物体。

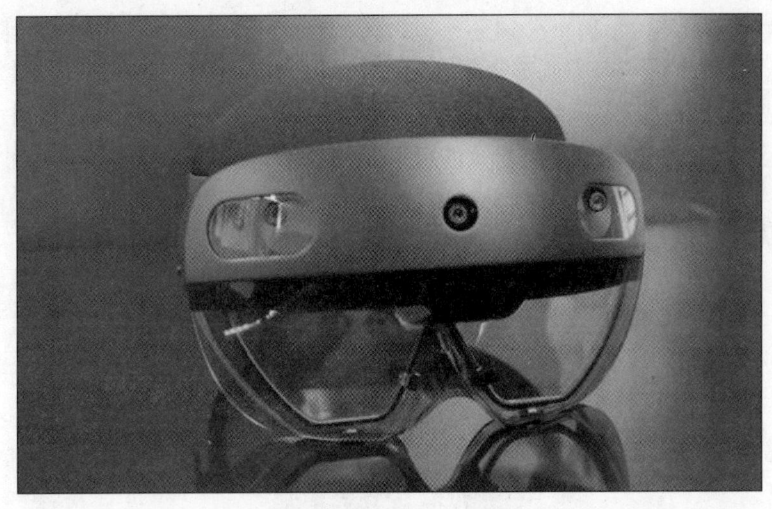

图 1-20　HoloLens 2

HoloLens 2 的沉浸感十足，利用大幅拓宽的视野让用户一次浏览更多全息影像。它凭借业界领先的分辨率，让用户更轻松、更舒适地阅读文本并查看 3D 图像上的复杂细节。符合人体工学、专为拓宽用途而设计的拨入贴合系统，让 HoloLens 2 佩戴起来更长久、更舒适。不影响佩戴眼镜，头戴式显示器可调整到眼镜正前方。在需要切换任务时，向上翻转遮阳板即可退出混合现实。这种显示器使用本能基础，以真实自然的方式实现全息影像的触摸、抓握和移动。使用 Windows Hello 时，只需使用虹膜信息即可立即安全登录 HoloLens 2。通过智能话筒和自然语言处理，它甚至可以在嘈杂的工业环境中执行语音命令。无线缆束缚，支持自由移动，没有线缆或外部配件等障碍物。HoloLens 2 头戴式显示器本质是一台独立的计算机，可以连接 Wi-Fi，这意味着用户可以随时携带一切工作内容。

2011 年，Rony Abovitz 和其团队创立了 Magic Leap 公司，该公司后来获得了 30 亿美元的巨额融资。Magic Leap 公司亲眼目睹了整个 AR 行业的兴起和衰落。图 1-21 展现了 Magic Leap 公司制作的 AR 效果。

图 1-21　AR 效果

9 年过后，这家“独角兽”公司还是被迫转型。Magic Leap 公司的 AR 眼镜产品（见图 1-22）滞销，该公司不得不调整策略，暂时放弃消费者业务，转向企业市场。同时，该公司做出了裁员 50%和辞去创始人兼 CEO 的举动。就在所有人认为这家公司摇摇欲坠时，Magic Leap 公司宣布获得了 3.5 亿美元的融资，为它的转型提供了更多的时间。

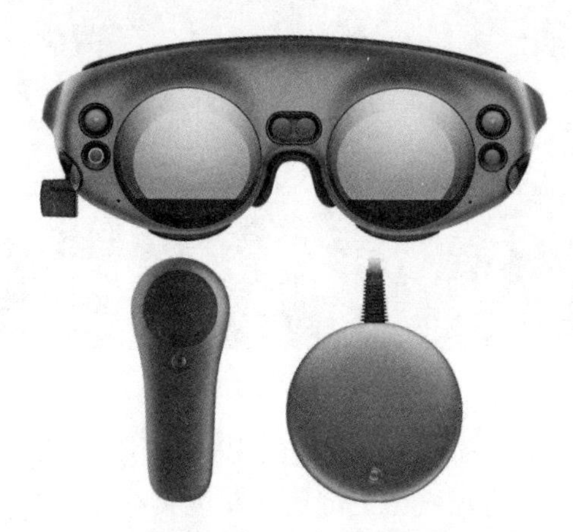

图 1-22　Magic Leap 公司的 AR 产品

接下来介绍几款国内值得关注的产品。

0glass 公司已成功研发出我国首款可量产的墨镜式 AR 一体机——0glass 智能眼镜，如图 1-23 所示，并且已经升级至第 3 代。该款眼镜仅重 70g，真正实现了混合现实的效果，且采用人体工学设计，包括 3 层镜片、L 形鼻托和环绕镜腿，36°视野（Field Of View，简称 FOV）、高分辨率 OLED（Organic Light Emitting Display，有机发光显示器），透光率高达 85%；此外，它还搭载了 1300 万像素的高清防抖摄像头、骁龙工业专用处理器和工业级 AR 算法，为用户带来卓越的机器性能和用户体验。语音交互使用工业级降噪麦克风，使一线工人的双手得到了解放。

图 1-23　0glass 智能眼镜

亮风台 HiAR G200，如图 1-24 所示，为分体式双目 AR 智能眼镜。其采用 Android 7.0，防护等级 IP54，工作温度为 0～40℃，显示器为 2 × LCOS（Liquid Crystal On Silicon，硅基液晶显示器）、1280 × 720（16 : 9），背光亮度大于 10 000cd/m^2，200 万像素摄像头，FOV 为 72°，传感器为 IMU（Inertial Measurement Unit，惯性测量单元），具有双麦降噪功能，有外放喇叭。

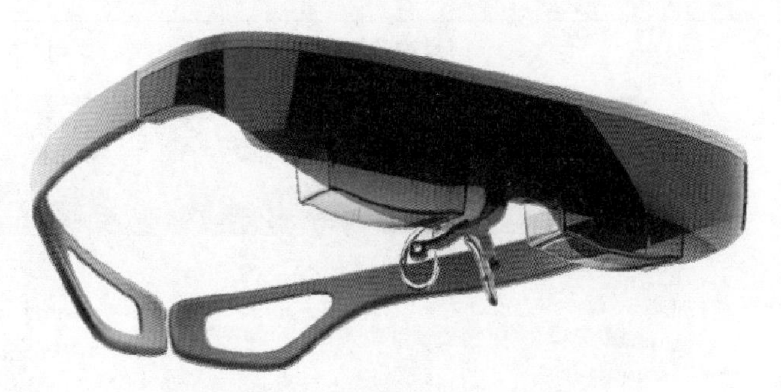

图 1-24　亮风台 HiAR G200

除了以上两款产品外，华为、联想、小米等公司也开发了各种 AR 可穿戴设备，AR 设备的未来值得期待。

微课视频

动画 03

1.4.3　AR 手机平台

在《Pokémon Go》的影响下，AR 在移动开发领域受到广泛关注。AR 通常是在交互体验中实现的，该交互体验是在一些传感器数据的支持下，将 2D 或 3D 对象叠加在摄像机拍摄的图像上。

Vuforia 是目前最可靠的 AR SDK 之一，其 AR 库与 Android、iOS、UWP（Universal Windows Platform，通用 Windows 平台）以及某些品牌的智能眼镜兼容。在本书中将主要介绍使用 Vuforia 探索 AR 技术，此外还探讨其他主流 SDK 的工作方式及其主要功能。

微课视频

知识点 01

（1）Vuforia

Vuforia 是一个平台型的技术体系，其涉足不同应用领域、场景，以及硬件平台技术。Vuforia 提供开发版、消费版和企业版。学生、独立开发者、企业用户都可以在获得免费的授权许可的情况下使用 Vuforia 开发版。Vuforia 标志如图 1-25 所示。

图 1-25　Vuforia 标志

Vuforia 不仅支持跨软件平台，还支持跨硬件平台。操作系统方面，不仅支持主流的 iOS 和 Android，还支持 Windows 10，这种对各类硬件平台、软件平台的广泛支持，是很多其他 AR 平台提供商做不到的。对厂商的应用开发工作来说跨平台非常重要，特别是这样能在消费端触及最多的用户群体，厂商开发出基于 Vuforia 的应用之后，不管是小米手机、联想手机，还是 iPhone，都可以进行使用。

Vuforia 是一个提供增强现实技术支持的开发平台，其中包含静态链接库等工具用于实现识别功能，并涵盖不同的应用领域、场景和硬件平台技术。支持 iOS、Android 和 UWP，并且根据不同平台开放不同的 SDK，可以根据需求从 Android Studio、Unity 引擎中任选一种作为开发工具。本书以 Unity 引擎为开发工具，Unity 引擎属于游戏开发引擎，对 3D 模型的导入与控制非常方便，适合初学者学习 AR 程序开发。

Vuforia 的功能主要分为 3 种类型，包括跟踪图像、跟踪对象、跟踪环境，如图 1-26~图 1-28 所示。Vuforia 支持较多的 AR 识别类型，后续学习情境中将着重讲述 Vuforia 的跟踪图像功能。

跟踪图像

图像目标

将内容附加到平面图像上，例如印刷媒体和产品包装。

- 即时图像目标 ——在运行时或从数据库创建图像目标。
- 有效方法 ——学习为图像目标制作理想的图像组合。
- 设备数据库 ——了解如何在 Vuforia Target Manager 中创建设备数据库

多目标

使用多个图像目标并将它们排列成规则的几何体（例如盒子）或使用多目标以任意平面排列。

- 有效方法 - 学习准备在 Vuforia Target Manager 中正确上传的图像。

圆柱体目标

识别包裹在圆柱体或接近圆柱体上的图像（例如饮料瓶、咖啡杯、汽水罐）。

- 有效方法 ——学习准备在 Vuforia Target Manager 中正确上传的图像。
- 计算圆柱体的形状 ——了解如何调整图像大小以便轻松包裹。

VuMarks

这些是可以对一系列数据格式进行编码的自定义标记。它们支持 AR 应用程序的唯一标识和跟踪。

- 设计指南 ——了解制作 VuMark 的所有设计注意事项的要点。
  - 在 Adobe Illustrator 中制作 VuMark—— 从头到尾按照我们制作 VuMark 的指南进行操作。
- VuMark Unity 指南 - 按照本指南开始使用 Unity 中的 VuMark。

图 1-26　Vuforia 跟踪图像功能

跟踪对象

模型目标

允许您使用预先存在的 3D 模型按形状识别对象。将 AR 内容放置在各种物品上，例如工业设备、车辆、玩具和家用电器。请参阅对象跟踪技术的比较，以帮助为您的产品选择正确的跟踪技术。

- 创建模型目标 ——使用模型目标生成器快速创建模型目标。
- Vuforia Creator 应用程序 ——使用 Creator 应用程序测试您的模型目标。
- Unity 中的模型目标 ——了解 Unity 中的模型目标并将您的增强添加到对象。
- 处理CAD 模型的有效方法 ——根据这些原则和实践调整您的数字模型。

图 1-27　Vuforia 跟踪对象功能

跟踪环境

区域目标

使用 Vuforia Area Target Creator 应用程序或商用 3D 扫描仪增强您扫描的真实环境。在各种商业、公共和娱乐场所创建准确对齐的持久性内容，以通过AR丰富空间。

- 扫描环境 ——了解使用每个支持的设备扫描环境的最佳实践。
- Vuforia Creator 应用程序 ——使用 Creator 应用程序捕获、生成和测试您的区域目标。
- 区域目标生成器 ——如果您从受支持的专业扫描仪之一进行扫描，请获取此工具。
  - 创建区域目标 ——按照本指南通过专业设备扫描创建您的第一个区域目标。
  - 区域目标测试应用程序 ——按照本指南在您的设备上测试您的区域目标
- Unity 中的区域目标 ——继续使用本指南在空间中自定义和添加AR效果。

地平面

使您能够将内容放置在环境中的水平表面上，例如桌子和地板。

- Unity 中的地平面 ——按照本指南介绍如何在 Unity 中设置地平面。

图 1-28　Vuforia 跟踪环境功能

利用 AR 技术探索的可能性有数百种，而现在人们才刚开始探索它的表面。许多人认为，AR 技术将成为人们未来的一部分，并且人们将每天使用 AR 设备。这个领域有望在未来几年中迅速发展，Vuforia 为开发者提供了很棒的工具，带来引人入胜的体验。

（2）ARKit/ARCore

对于移动端两大操作系统 Android 和 iOS，其 AR 工具如图 1-29 所示。

苹果公司发布 iOS 11 新增框架和 ARKit，ARKit 能够帮助用户以简单、快捷的方式实现 AR 功能。ARKit 框架提供两种 AR，一种是基于 3D 场景（SceneKit）实现的 AR，一种是基于 2D 场景（SpriteKit）实现的 AR。ARKit 的发布大大地推动了 AR 概念的普及。

图 1-29　移动端两大操作系统的 AR 工具

随后谷歌公司在 Android 官方博客上正式发布了一款名为 ARCore 的新 SDK 的预览版，正式向 AR 领域发力，与苹果公司的 ARKit 相抗衡。该 SDK 可以为现有及未来的 Android 手机提供 AR 功能。ARCore 是一套用来实现 AR 的 SDK。它可以在现有的多种流行开发平台中使用。

ARCore 利用不同的 API 让手机能够感知其环境、了解真实世界并与相关“信息”进行交互，在 Android 和 iOS 上同时提供的 API 支持共享 AR 体验。ARCore 的原理主要是集成相机（Camera）中的加速度传感器、陀螺仪及上下文识别信息等功能。它从相机环境中甄别出一些可视的特征，并通过手势追踪、传感器传来的坐标位移等，实现真实世界与虚拟事物的映射功能。目前 ARCore 仅支持 Android 7.0 及以上版本。

① ARKit 功能介绍。

iPadOS 上的 ARKit 推出了全新的景深 API，创造了一种新的方式来访问由 iPad Pro 上的激光雷达扫描仪收集的详细深度信息。位置锚定功能利用 Apple 地图中更高分辨率的数据，能在用户的 iPhone 和 iPad 的 App 中将 AR 内容放置在真实世界的特定地方。此外，对面部跟踪的支持扩展到所有配备 Apple 神经网络引擎和前置摄像头的设备，让用户能在照片和视频中体验到 AR 的乐趣。以下是 ARKit 的几项主要功能。

a. 景深 API：激光雷达扫描仪中内置了先进的场景理解功能，这使得此 API 可以使用关于周围环境的逐像素深度信息，景深镜头如图 1-30 所示。通过将这种深度信息与由 Scene Geometry 生成的 3D 网格数据相结合，可以实现即时放置虚拟物体，并将它们与现实环境无缝融合，从而使虚拟物体遮挡显得更加真实。这项技术有助于开发人员推出更多新功能，比如更精确的测量功能和更逼真的环境效果应用。景深 API 专用于配备激光雷达扫描仪的设备（11 英寸的第二代 iPad Pro 和 12.9 英寸的第四代 iPad Pro）。

图 1-30　景深镜头

b. 位置锚定：在特定的地点放置 AR 内容，例如在整个城市中，或在著名的地标旁。位置锚定功能让用户可以将自己的 AR 作品锚定在特定的纬度、经度和海拔坐标处。用户可以绕着虚拟物体移动，从不同的角度观察它们，就像通过相机镜头观察现实物体一样，位置锚定功能展示如图 1-31 所示。该功能适用于 iPhone XS、iPhone XS Max、iPhone XR 及更高版本，目前在特定城市可用。

图 1-31　位置锚定功能展示

c. 扩展的面部跟踪支持：对面部跟踪的支持扩展到任何使用 A12 仿生芯片及以上的设备（包括 iPhone SE）上的前置摄像头，现在更多用户可享受前置摄像头带来的 AR 体验。使用 TrueDepth 相机可以一次性跟踪 3 张脸，增强诸如 Memoji 和 Snapchat 等前置摄像头应用体验。

更多 ARKit 的功能介绍如下。

a. Scene Geometry：可以创建空间的拓扑，并用标签来标识地板、墙壁、天花板、窗户、门和座椅等。这种对真实世界的深度理解可以为虚拟对象实现物体遮挡功能和真实世界的物理特效，同时为用户提供更多的信息来支持 AR 工作流程。

b. 即时 AR：iPad Pro 上的激光雷达扫描仪能够实现超快的平面检测，从而实现无须扫描便可在真实世界中即时放置 AR 内容。在 iPad Pro 上，用户无须更改任何代码，所有使用 ARKit 构建的 App 会自动启用即时 AR 内容放置功能，如图 1-32 所示。

图 1-32　即时 AR

c. People Occlusion：ARKit 支持的 People Occlusion 功能使得 AR 内容能够逼真地穿越真实世界中的人物，从而创造出更为真实的 AR 体验，同时也几乎能够在任何环境中实现绿幕风格的效果。在 iPad Pro 上，所有使用 ARKit 构建的 App 都可以自动受益于 People Occlusion 的优化，而无须更改任何代码。

d. 动作捕捉：用单个摄像头实时捕捉人物的动作。将身体姿态和动作转换为一系列关节及骨骼活动，让用户能在 AR 体验中输入运动和姿势，从而使用户成为 AR 体验的中心。在 iPad Pro 上，无须更改任何代码，所有使用 ARKit 构建的 App 中的动作捕捉功能都会自动得到优化。

e. 同时使用前置摄像头和后置摄像头：可以同时使用前置摄像头和后置摄像头来进行面部和真实场景跟踪，开创新的可能。例如，用户可以仅使用自己的面部与后置摄像头视图中的 AR 内容进行交互。

f. 协作会话：通过多人之间的实时协作会话，可以构建一个协作的现实场景地图，加快 AR 应用的开发速度，用户也能更快地获得像多人游戏那样的共通 AR 体验。

g. 其他功能：一次检测最多 100 张图像，并自动估计图像中对象的实际尺寸，3D 对象检测功能变得更强大，可以在复杂的环境中更好地识别对象；使用机器学习技术可以更快地检测环境中的平面。可识别的 3D 模型图片如图 1-33 所示。

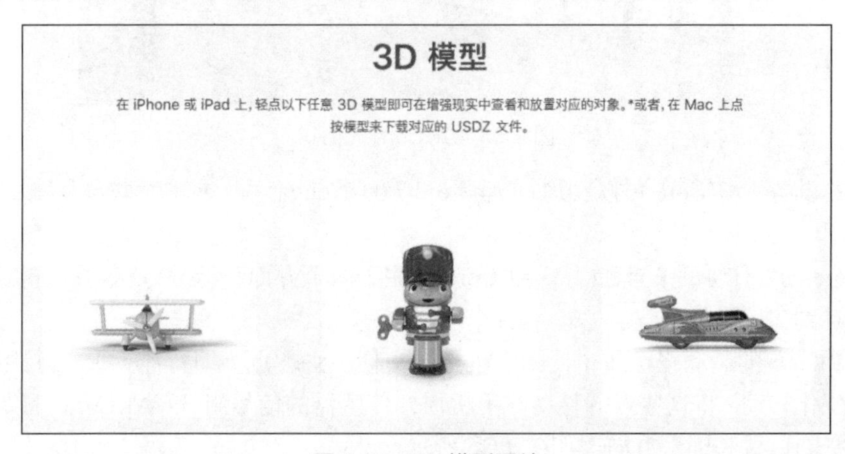

图 1-33　3D 模型图片

② ARCore 功能介绍。

ARCore 是谷歌公司开发的 AR 体验构建平台。ARCore 利用不同的 API 让用户的手机能够感知其环境、理解真实世界并进行信息交互。一些在 Android 和 iOS 上同时提供的 API 支持共享 AR 体验，ARCore 功能展示如图 1-34 所示。

图 1-34　ARCore 功能展示

ARCore 使用 3 个主要功能将虚拟内容与通过手机摄像头看到的真实世界整合。

a. 运动跟踪让手机可以理解和跟踪它相对于真实世界的位置。

b. 环境理解让手机可以检测各类表面（例如地面、桌面或墙壁等水平、垂直或倾斜表面）的大小和位置。

c. 光估测让手机可以估测环境当前的光照条件，如图 1-35 所示。

图 1-35　ARCore 光估测

支持的设备：ARCore 可以在运行 Android 7.0（Nougat）及更高版本的多种具备资格的手机上使用。

ARCore 的工作原理：本质上，ARCore 专注于两个方面，即跟踪移动设备移动时的位置和构建对真实世界的理解。

a. ARCore 的运动跟踪技术使用手机摄像头标识兴趣点（即特征点），并跟踪这些点随着时间变化移动。将这些点的移动与手机惯性传感器的信号组合，ARCore 可以在手机移动时确定它的位置和屏幕方向，如图 1-36 所示。

图 1-36　ARCore 的运动跟踪技术

除了标识特征点外，ARCore 还会检测平坦的表面（例如桌面或地面），并估测周围区域的平均光照强度。这些功能共同让 ARCore 可以构建自己对周围世界的理解。

b. ARCore 借助对真实世界的理解，能够以一种与真实世界无缝整合的方式添加物体、注释或其他信息。例如可以将一只打盹的小猫放在咖啡桌的一角，或者利用艺术家的生平信息为一幅画添加注释。运动跟踪意味着能移动和从任意角度查看这些物体，即使用户转身离开房间，但当用户回来后，小猫或注释还会在用户添加的地方。

（3）AR Foundation

2017 年，苹果公司与谷歌公司相继推出了各自的 AR SDK——ARKit 和 ARCore，分别支持 iOS 平台与 Android 平台 AR 开发。Unity 构建了一个 AR 开发平台，这就是 AR Foundation，如图 1-37 所示。这个平台架构于 ARKit 和 ARCore 之上，其目的是利用 Unity 的跨平台能力构建一种与平台无关的 AR 开发环境。AR Foundation 包括 ARKit XR 插件（com.unity.xr.arkit）和 ARCore XR 插件（com.unity.xr.arcore），最终都使用 ARKit SDK 和 ARCore SDK，但使用 C#语言调用的 API 与专业平台略有不同（例如 ARKit 插件和 ARCore SDK for Unity）。

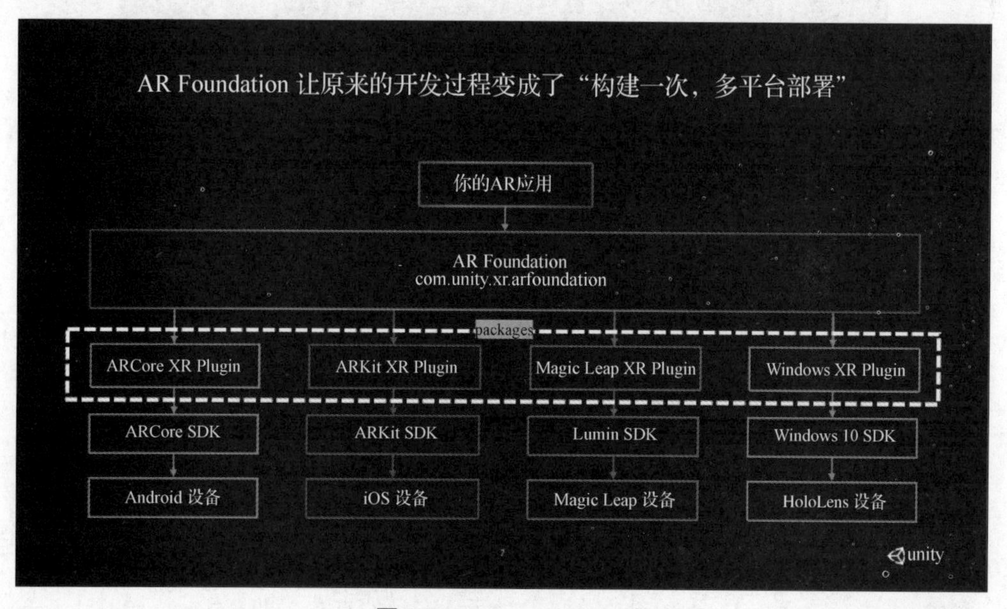

图 1-37　AR Foundation

AR Foundation 的目标并不局限于 ARKit 与 ARCore，它的目标是建成一个统一、开放的 AR 开发平台，因此，AR Foundation 极有可能在下一步发展中纳入其他 AR SDK，进一步丰富 AR 开发环境。在进一步的发展中，AR Foundation 不仅支持移动端 AR 设备开发，还会支持 AR 可穿戴设备开发。从以上描述也可以看出，AR Foundation 并不提供 AR 的底层开发 API，这些与平台相关的 API 均由第三方如 ARKit 与 ARCore 提供，因此 AR Foundation 对某个特定第三方功能的实现要比原生的晚（即 AR Foundation 将某个第三方 SDK 的特定功能集成到自身需要的时间较长）。

2018 年 10 月，Unity 发布 AR Foundation 1.0，支持基本 AR 功能，包括平面追踪、特征点云、参考点/锚点、设备追踪、光照估计、射线碰撞，如图 1-38 所示。

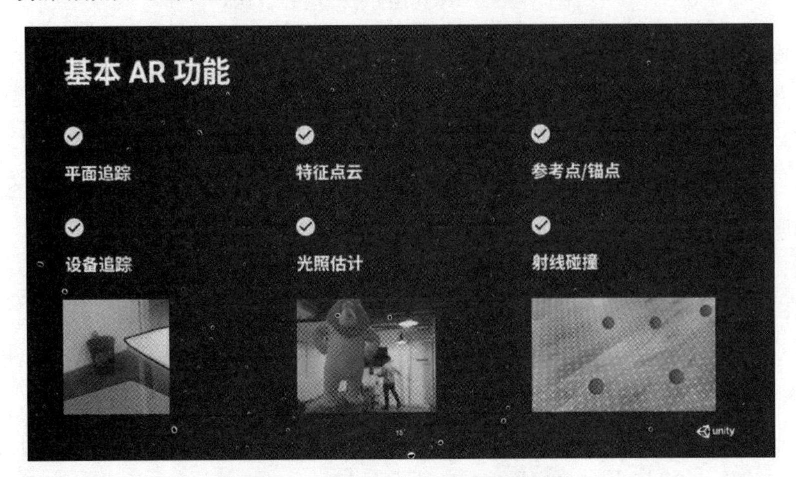

图 1-38　AR Foundation 基本功能

2019 年 5 月，AR Foundation 2.1 支持图像追踪、物体追踪、面部识别、环境探针，如图 1-39 所示。

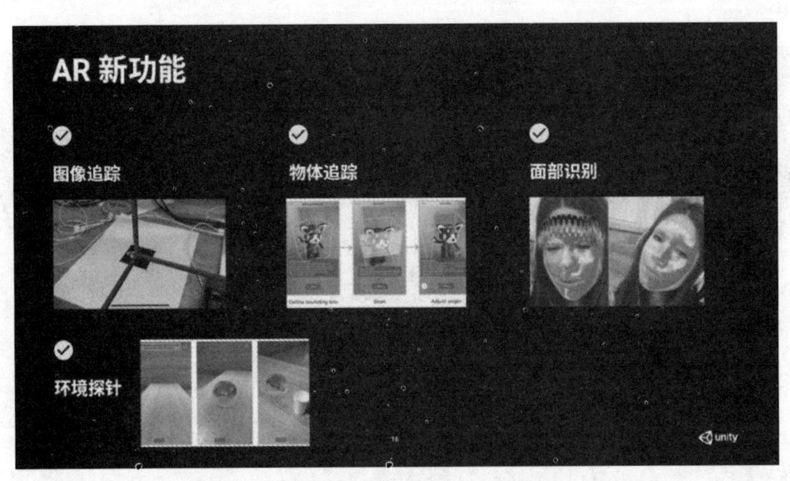

图 1-39　AR Foundation 新功能

2019 年 6 月，AR Foundation 3.0 支持 ARKit 3.0，新增动作捕捉、人物遮挡、多人协作等功能。

2019 年 9 月，AR Foundation 增加了对两款产品的支持，即 Microsoft HoloLens 和

HoloLens 2，并且还提供了对 Magic Leap 公司的支持。此外，AR Foundation 还推出了一些实用工具，例如 XR Interaction Toolkit 和 Unity as a Library，以帮助 XR 开发人员更加快速、高效地进行迭代开发。

2021 年初，AR Foundation 4.0 带来了对 ARKit 3.5 的支持，包括 LiDAR 扫描和深度感应功能的增强。同时，新增了对 Google ARCore 深度 API 的支持，并引入了环境深度图像的时间平滑功能，使虚拟对象与现实世界的融合更加自然流畅。

2022 年，AR Foundation 5.0 对包结构进行了重大升级，要求 Unity 2021.2 或更高版本，并从 AR Session Origin 过渡到 XR Origin。尽管 AR Foundation 5.0 引入了 XR Simulation 的改进和新的功能示例，但部分用户报告了在 Android 设备上的稳定性问题。随着 AR Foundation 5.1 的预发布，进一步优化了兼容性和功能，为开发者提供了更强大的工具支持。

1.4.4　展望 AR 设备的未来

未来，AR 技术将会在各个领域展现强大的应用潜力。随着 AR 设备的普及和技术的不断发展，人们可以通过 AR 设备体验更加丰富、真实的虚拟场景，例如穿越历史时空去参观远古文明等。此外，AR 技术还将会在教育、医疗、娱乐等领域得到广泛应用，成为一种全新的交互方式。

AR 设备可以让用户与虚拟世界进行互动，为人类生活带来更加便捷、高效的解决方案。同时，AR 技术也将推动产业升级，为企业创造出更多商业机会。总之，AR 设备将会成为未来科技发展中的一个重要里程碑，为人类社会的发展注入新的活力。

1.5　AR 设计案例

1.4.2 节中介绍了各类 AR 可穿戴设备，应用广泛且顺利迭代的 HoloLens 2 便是 AR 可穿戴设备中非常成功的一款产品。

1.5.1　AR 可穿戴设备应用案例

HoloLens 2 为用户带来非常强沉浸感的舒适 AR 体验。HoloLens 2 支持的交互方式有语音识别、手势识别、手持遥感手柄，让人机交互更便捷，如图 1-40 所示。

图 1-40　AR 交互 1

其可以借助微软云和 AI 服务的可靠性、安全性和可扩展性，提供更多可加强协作的应用和解决方案，可使其更好地进行协作。可以帮助整个公司提高工作效率，并针对更多的目标进行创新。通过智能话筒和自然语言处理等，方便团队成员随时随地实时沟通、交流，让工作更好、更快地完成。

利用大幅拓宽的视野让用户一次能够浏览更多全息影像，更轻松、更舒适地阅读文本并查看 3D 影像上的复杂细节。运用 AR 技术的虚拟沉浸感和实时、便捷的沟通功能，可以更智能地工作，从而达到事半功倍的效果，如图 1-41 所示。

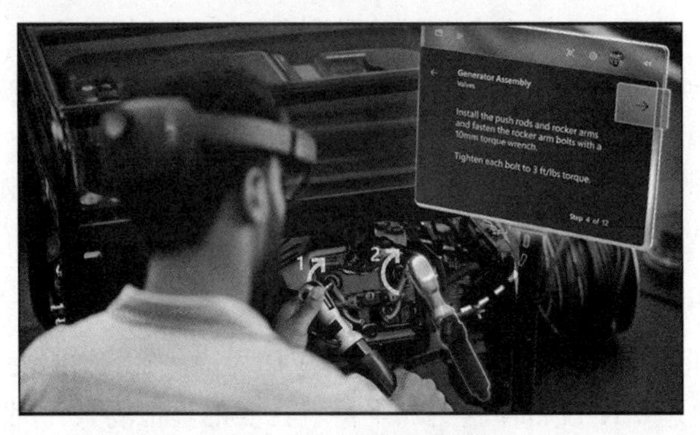

图 1-41　AR 交互 2

AR 将抽象的知识可视化，例如，用 AR 可以完整模拟一套风场运行场景，且可以实时控制不同的数据参数，模拟不同情形下风场的运行效果，如图 1-42 所示。

图 1-42　AR 交互 3

精准的手势识别控制功能，能够让用户在从真实世界虚拟出的场景中轻松实现各种物体的控制，如图 1-43 所示。

图 1-43　AR 交互 4

AR 可穿戴设备还能进行云端数据处理、5G 通信、虚拟场景构建和显示。随着硬件技术的不断更新迭代，AR 可穿戴设备将具有更多、更强大的功能。目前，由于 AR 可穿戴设备价格高昂，很多 AR 应用产品都是面向企业的。

1.5.2　AR 手机平台应用案例

在众多面向个人用户的 AR 产品中，非常受欢迎的非《Pokémon Go》莫属。这款超高人气的游戏将基于位置的服务（Location-Based Services，LBS）和 AR 技术结合，提供基于真实世界探索和捕捉宝可梦的玩法。玩家可以通过智能手机在真实世界里发现宝可梦，进行抓捕和战斗，而宝可梦的交易在游戏界面完成。

《Pokémon Go》的重要玩法在于 AR 搭配 LBS。游戏中所显示的地图和真实世界相关，游戏地图是基于真实世界中的地图生成的，游戏中的角色位置是基于玩家在真实世界中的地理位置信息而定的。玩家需要走出家门，不断地寻找宝可梦并将之收入囊中，如图 1-44 所示。

图 1-44 《Pokémon Go》

《Pokémon Go》受欢迎的原因如下。

① 情怀，《Pokémon Go》所覆盖的用户数量是难以想象的。而在这个时代，IP 本身几乎已经是商业化成功的必备因素之一。

② 社交，在这款游戏当中，有着阵营系统、交易系统和道馆争夺战等社交元素的存在，而这些社交元素将玩家分成了一个个小的团体，不仅增加了对抗性和趣味性，而且使得玩家数量在短时间内得到了快速的增加。

③《Pokémon Go》成功地引入 LBS，将玩家的个人时间线和游戏结合起来。通常人们在上下班的路上以及休息的时间，是打开游戏的高峰时间段。玩家在各种不同的场合、心情下玩游戏，都是出于在真实世界各地寻找宝可梦的游戏动机。这一点是其他大部分的游戏都做不到的。

游戏示意如图 1-45 所示。“先进的 AR 技术+经典 IP+社交竞技对抗+LBS 实时实地”的玩法，让《Pokémon Go》一骑绝尘，成为最受欢迎的手机游戏应用之一。

图 1-45　游戏示意

情境总结

随着 AR 软硬件的发展，AR 在不同行业的应用越来越广泛，如何设计出合理的 AR 应用，是非常关键的，通过对本学习情境的学习，可以详细地了解计算机视觉、AR 的基础理论知识等，为后续学习打下关键基础。

课后习题

一、判断题

1. 从广义上说，计算机视觉就是“赋予机器自然视觉能力”的学科。(　　)

2. 图像识别是指利用计算机对图像进行处理、分析和理解，以识别各种不同模式的目标和对象的技术。(　　)

3. AR 平面追踪可以定位平面在真实世界的位置。(　　)

4. SLAM 的中文全称为即时定位与地图构建。(　　)

5. 现在移动端分为 Andraid 系统和 iOS。(　　)

6. Vuforia 是一种适用于移动设备的 AR SDK。(　　)

7.《Pokémon Go》是一款“AR+LBS”的 AR 手机平台代表作。(　　)

二、单项选择题

1. 以下不属于图像处理技术的是（　　）。

   A. 图像采集　B. 图像增强　C. 图像生成　D. 图像复原

2. AR 平面检测收集、处理的关键信息是（　　）。

   A. 平面　B. 特征点　C. 图像　D. 物体 3D 信息

3. 以下（　　）不是 AR 技术的应用方向。

   A. 人脸支付　B. 支付宝“扫福”　C. 美颜相机　D. 虚拟货币

4. 以下（　　）不属于 Vuforia 的功能。

   A. 图像识别　B. 人脸识别　C. 虚拟按钮　D. 平面识别

5. 可以使用 Unity 在 Windows 操作系统制作 AR 项目，并将项目打包到（　　）端运行。

A. PC　　B. Android　　C. WebGL　　D. iOS

三、多项选择题

1. 图像识别的发展经历的 3 个阶段是（　　）。

A. 文字识别　　B. 数字图像处理与识别

C. 物体识别　　D. 平面识别

2. 计算机视觉经历的主要历程有（　　）。

A. 马尔计算视觉　　B. 主动视觉和目的视觉

C. 多视几何与分层三维重建　　D. 基于学习的视觉

学习情境 2 Unity 基础学习

学习目标

知识目标：学习 Unity 引擎开发的基础知识，以及 Unity Hub 程序的各个模块。

能力目标：能够处理 Unity 素材资源、搭建场景，学习交互实现与项目开发流程。

素养目标：学习 Unity 引擎开发的各个模块与基本开发流程，将开发逻辑思维融入其他项目中，锻炼作为开发者的程序设计能力。

引例描述

小易是一名高中生，他参加了一个参观博物馆的活动后大受启发，觉得线下参观时间有限，能不能在线上对博物馆进行参观呢？经过调查，小易决定用 Unity 引擎来实现虚拟世界和真实世界的“无缝衔接”，实现即使在线上也能身临其境般地参观博物馆。本学习情境讲述使用 Unity 引擎制作及发布虚拟展厅的流程。

知识储备

2.1 Unity 引擎介绍

Unity 是一款主流的游戏开发引擎，拥有强大的交互功能与庞大的开发者群体，可以实现实时的 3D 交互。Unity 引擎是由 Unity Technologies 公司开发的用于跨平台的游戏开发引擎，支持在 iOS、Android、Windows、macOS、Linux、索尼 PS4 及 PS5、任天堂 Switch、谷歌 Stadia、微软 HoloLens 和 Oculus 等 20 个平台创作和优化内容。考虑到国内的游戏开发者使用的计算机类型与 Unity 版本的稳定性，本书将采用 Windows 平台与 Unity 2021.1.19 长期支持版进行项目开发。

微课视频

动画 05

2.2 Unity Hub 介绍

Unity Hub 是一款桌面应用程序，它集成了 Unity 项目管理、下载安装、学习资源和社区功能。本部分内容着重讲述通过 Unity Hub 进行 Unity 引擎的下载与安装。可在 Unity 官网下载 Unity Hub。

Unity Hub 提供了登录、项目管理、安装等功能，并根据用户选择的模块显示相应的主要功能介绍，包括以下具体功能模块。

微课视频

知识点 02

（1）账号和许可证管理模块

如图 2-1 所示，用户可以通过单击右上角的用户按钮来打开账号和许可证管理模块。

图 2-1　Unity Hub 账号和许可证管理模块

登录：用户可以选择以微信、邮箱、手机号等方式登录 Unity Hub。

创建账号：在用户未注册 Unity 账号的情况下，创建 Unity ID、账号即可使用 Unity Hub。

管理许可证：用户在使用 Unity 编辑器时，需要获取到不同的 Unity 许可证，用户可以通过序列号、请求许可证、免费版或个人版的许可证进行激活，注意 Unity 许可证需要定期重新激活。

（2）项目模块

单击 Unity Hub 中左侧的“项目”按钮进入项目模块，在项目模块中包括“打开”按钮和“新项目”按钮，如图 2-2 所示。

图 2-2　Unity Hub 项目模块

打开：用户可以通过本地路径或添加远程项目进行项目访问。

新项目：Unity 提供 2D、3D、VR、AR、FPS（Frames Per Second，每秒传输帧数）等模板，用户可以查看对应核心、示例，学习模板并下载使用，快速进行项目开发。

用户启用过的项目会在 Unity Hub 项目模块中显示，用户可查看项目名称、路径、最后一次启用的时间和编辑器版本等信息。

（3）安装模块

单击 Unity Hub 中左侧的“安装”按钮进入安装模块，在安装模块中包括“选择位置”

按钮和“安装编辑器”按钮，如图 2-3 所示，用户可以在该模块中查阅自己在 Unity Hub 中安装的不同版本的 Unity 编辑器，并对其进行修改或卸载。

图 2-3 Unity Hub 安装模块

选择位置：如果用户直接在 Unity 官网或其他渠道下载了 Unity 编辑器，可以单击该按钮，查找编辑器路径，将其添加到 Unity Hub 中进行集中管理。

安装编辑器：用户可以单击该按钮查看 Unity 目前正式发行、预发行以及长期支持的编辑器版本，用户可以安装编辑器。

在安装 Unity 编辑器前会默认勾选 Visual Studio 社区版代码编辑器，以及对应版本的帮助文档，用户可以选择需要安装的开发环境和编辑器语言包。

（4）学习模块

单击 Unity Hub 中左侧的“学习”按钮进入学习模块，如图 2-4 所示，用户可以在该模块中查看当前的热门 Unity 中文课程，以及不同方向、功能的课程，选择自己想学习的内容。在学习模块中滑到底部，会出现一个“查看更多”按钮，单击该按钮，可以跳转到中文课堂页面，在该页面中可以查看更多的内容。

图 2-4 Unity Hub 学习模块

（5）社区模块

单击 Unity Hub 中左侧的“社区”按钮进入社区模块，如图 2-5 所示，Unity 拥有庞大的用户基数，社区模块集文章、问答、中文课堂、资讯等于一体。用户可以在社区中查阅其他用户发布的文章，以及对项目技术或在学习中遇到的问题进行提问，或帮助其他用户解答。

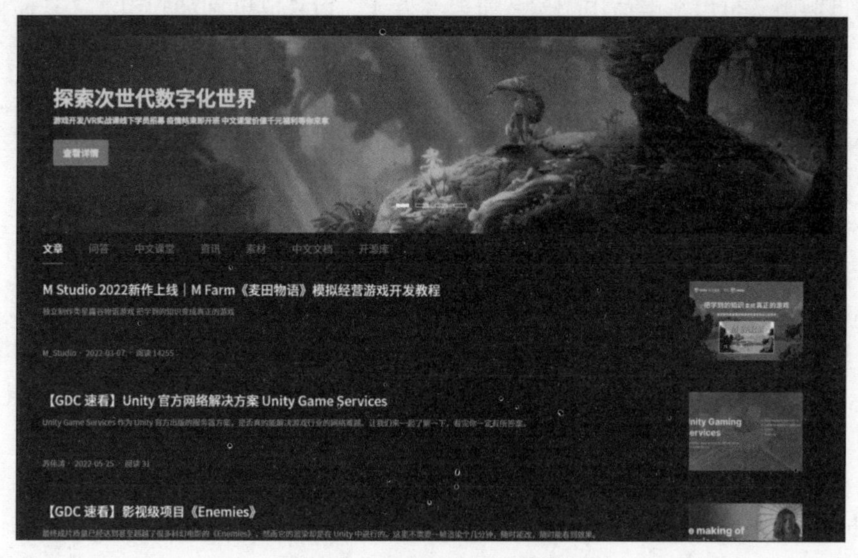

图 2-5　Unity Hub 社区模块

中文课堂、素材以及中文文档分别提供到 Unity 中文课堂、Unity Asset Store、Unity 中文帮助手册的链接，用户可以快速找到自己感兴趣的课程以及素材等资源，可以在帮助手册中对不同问题进行快速查阅。

微课视频

知识点 03

任务 1　素材处理

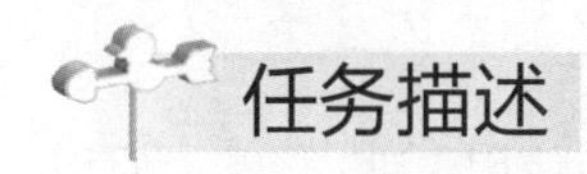

任务描述

本任务主要讲述 Unity 基本操作。先在 Unity Asset Store 中下载素材资源，并在 Unity 中进行导入、处理素材等相关操作。

知识引导

在 Unity 3D 项目策划完成后，通常需要根据策划方案制作各种素材资源，包括 3D 模型与 3D 动画资源素材、平面及其他资源。这些资源由专业的资源人员（例如模型师、动画师和 3D 美工）负责制作。本书主要讲述使用 Unity 进行项目开发，不会对资源制作进行过多阐述，下面主要讲述使用素材资源的一些要求，以便开发者与资源岗位人员进行协商并规范资源。

1. 3D 模型与动画资源

3D 模型与动画资源由 3D 美工制作，常用 3ds Max、Maya 等 3D 建模软件制作，用 ZBrush

软件处理中间的高模雕刻过程，最后使用 Substance Painter、Photoshop 等软件制作模型的贴图。常用的 3D 模型一般使用 FBX 格式，模型贴图一般使用 TGA、PNG 格式。

（1）模型制作规范

在制作 3D 模型时，非特殊情况下，模型资源的长度单位为米；在删除多余的面、重复部分等过程中，可以考虑使用实例、对称等方式，以提高贴图的利用率，从而提高资源的交互速度。此外，为了保持命名的规范性，应该使用英文命名，不得使用中文命名。

（2）模型材质规范

Unity 引擎对模型的材质有一些特殊要求，在使用 3ds Max 创建模型时，需要注意只有部分类型的材质球被允许使用，其中包括：

① Standard（标准材质）——默认的通用材质球，基本上目前所有的仿真系统都支持这种材质类型。

② Multi/Sub-Object（多维/子物体材质）将多种材质组合为一种复合式材质，并分别指定给一个物体的不同子物体。这种材质的使用可以帮助减少模型数量并提高渲染效率。

Unity 目前只支持位图（Bitmap）贴图类型，其他所有贴图类型均不支持；只支持 Diffuse Color（漫反射）与 Self-Illumination（自发光，用来导出光照图）贴图通道。

需要注意的是贴图不能以中文命名，不能重名；对材质球命名需要跟物体名词一致；同种贴图必须使用同一种材质球；除了需要使用双面材质表现的物体外，其他物体不能使用双面材质。

（3）模型导出规范

以 3ds Max 为例，保存的资源文件为 MAX 格式，其中导出的模型一般使用 FBX 格式。FBX 格式是一种 3D 模型通用格式，包括动画、材质特性、贴图、骨骼动画、灯光、摄像机信息等。FBX 格式支持多边形、曲线、表面和点组的材质。FBX 格式支持法线和贴图坐标。贴图和坐标信息都可以存入 FBX 文件中，文件导入后不需要手动设置贴图和调整贴图的坐标。

2. 平面资源及其他资源

平面资源主要由平面美工制作，通常使用 Photoshop，图片一般使用 PNG 格式；使用 JPG 格式会对图片进行压缩，造成损坏且不支持透明通道；TGA 格式与 PNG 格式较为相似，使用它会对图片进行压缩，但不会造成损坏且支持透明通道，TGA 格式图片文件较大。

音频资源一般由专业的配音工作室制作，可能需要使用 Cool Edit、Audition 等软件进行编辑、处理。在 Unity 中常用 MP3 和 WAV 格式的音频资源。

可以将制作好的资源放到项目工程文件夹“Assets”下或打开 Unity 并将其拖动到项目资源管理窗口“Project”下。

微课视频

实操 01

任务实施

1. 下载素材

Unity Asset Store 是一个资源库，其中包含 Unity Technologies 公司和社区成员创建的免费资源和商业资源。这里提供各种资源，包括纹理、模型、动画、整个项目示例、教程和编辑器扩展。

Unity Asset Store 提供的资源的主要类别有：3D 模型和动画资源、平面资源、音频资源、编辑器插件和脚本、粒子系统资源。制作项目资源需要花费大量的时间和精力，对独立开发者而言，更推荐开发者到 Unity Asset Store 获取一些想要的资源，这样可以缩短项目开发周期和减少大量的费用，开发者也可以制作资源到 Unity Asset Store 上进行售卖。

在 Unity 中可以选择菜单栏中“Window”下的“Asset Store”，或打开 Web 浏览器并访问对应网站。在 Unity Asset Store 的网站上，可以找到要购买的 Unity Asset Store 资源，查看已拥有的资源列表。

Step1：打开 Unity，单击“Window→Asset Store”，如图 2-6 所示。

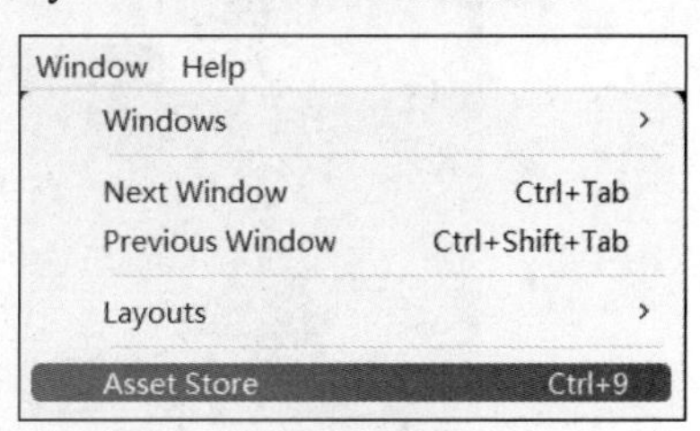

图 2-6　打开 Unity Asset Store

Step2：搜索“Unity chan”并单击该资源，如图 2-7 所示。

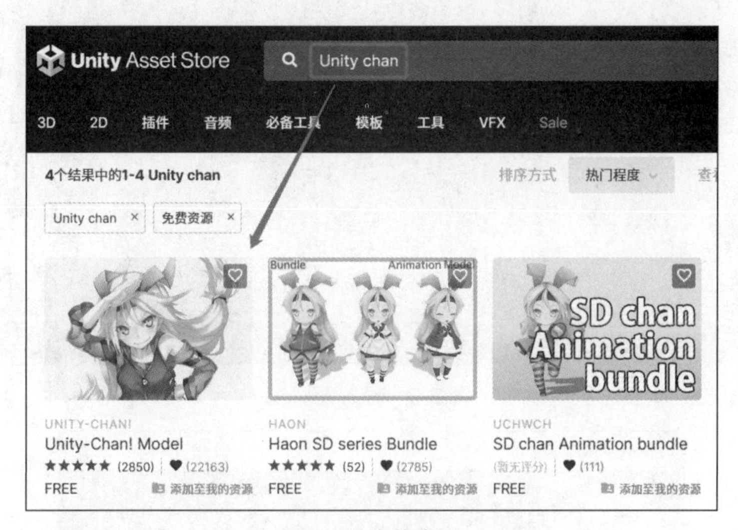

图 2-7　查找资源

Step3：单击“在 Unity 中打开”按钮，如图 2-8 所示。

图 2-8　在 Unity 中下载素材

2. 导入素材

Step1：单击“Download”按钮下载素材，然后单击“Import”按钮将素材导入 Unity，如图 2-9 和图 2-10 所示。

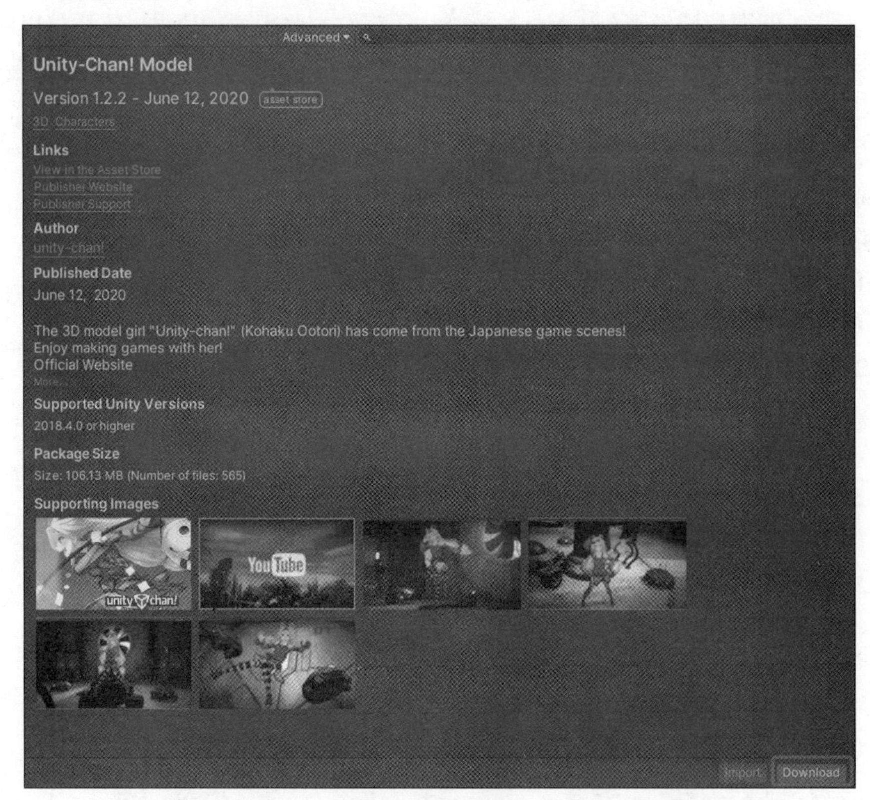

图 2-9 导入素材 1

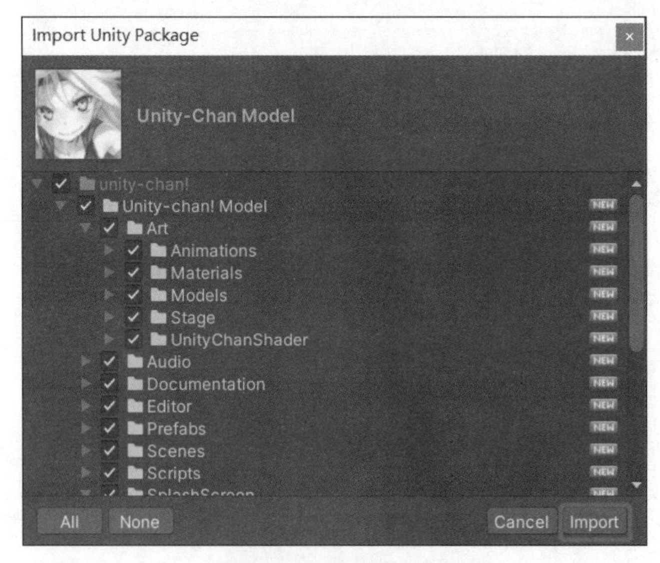

图 2-10 导入素材 2

Step2：导入素材后的“Assets”文件夹下会显示“unity-chan!”文件夹，如图 2-11 所示。

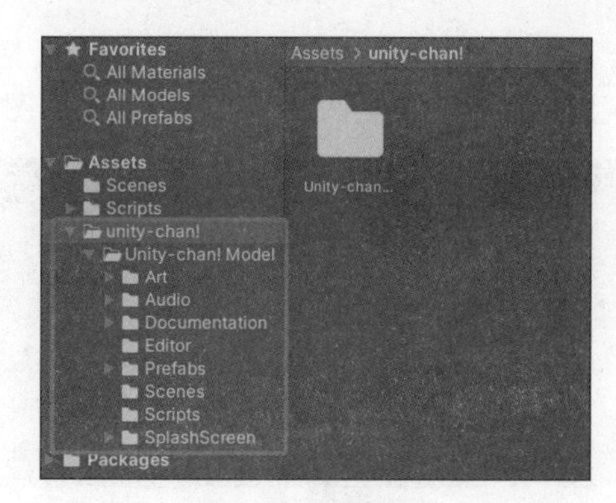

图 2-11　查看素材

3. 素材处理

Step1：选中“Project”窗口中的“Player”，在“Inspector”窗口中勾选“Animator”组件，在“Project”窗口中选择“Assets”并右击，在弹出的快捷菜单中选择“Create→Animator Controller”，并将其命名为“Player”。

Step2：在“Hierarchy”窗口或“Scene”视图中选择该角色，将“Player”拖动到该角色“Animator”组件的“Controller”属性中，如图 2-12 所示。

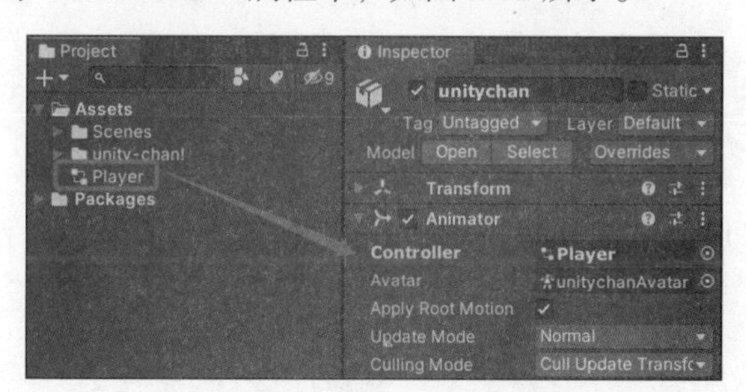

图 2-12　为“Controller”属性赋值

Step3：双击“Player”，打开“Animator”视图；在“Assets→unity-chan!→Unity→chan! Model→Art→Animations”中选择任意动画，并将其拖动到“Animator”视图中，如图 2-13 所示。

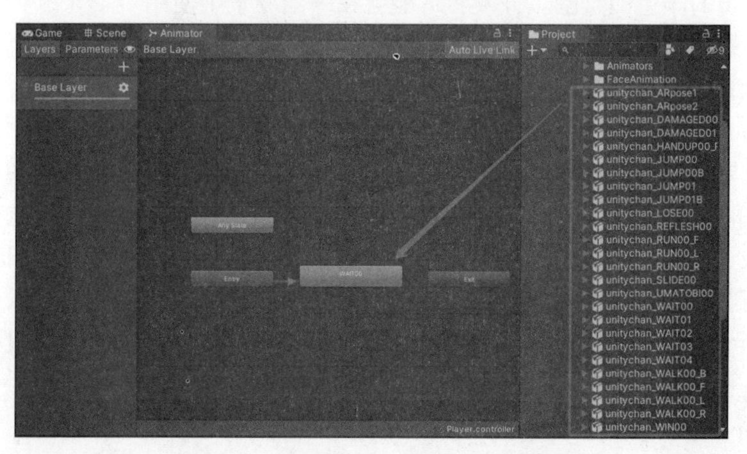

图 2-13　拖动动画到“Animator”视图

Step4：返回“Scene”视图与“Game”视图，单击“Play”（播放）按钮或使用“Ctrl＋P”组合键播放，在对应视图中观察角色默认动作，运行效果如图 2-14 所示。

图 2-14　运行效果

任务 2　场景搭建

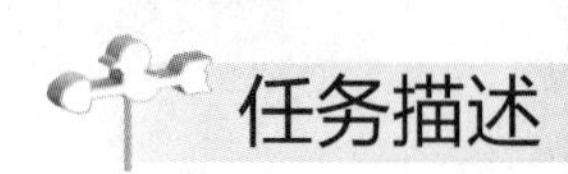

任务描述

本任务主要讲述使用 Unity 引擎对项目进行场景开发，包括如何对 Unity Package（资源包）进行资源导入与处理，如何进行场景搭建、光照处理等操作内容。

知识引导

在项目开发过程中，光源对场景搭建具有关键的作用，因此开发者对光源的选择是非常重要的。光源是每个场景的重要组成部分，网格和纹理决定场景的形状和外观，光源则决定了三维环境的颜色和氛围。开发者可能会在一个场景中使用多个光源。

光源的相关信息介绍如下。

（1）Directional Light

Directional Light（定向光源）可以被放置在无穷远处，可以影响场景中的一切游戏对象，其照明效果类似自然界中阳光的照明效果。Directional Light 非常适合用来模拟阳光，它就像太阳，能从无穷远处发出光线照到场景，从 Directional Light 发出来的光线是互相平行的，不会像其他光源发出的光线那样分岔，结果就是不管对象离 Directional Light 多远，投射出来的阴影看起来都一样，这其实对模拟户外场景的照明很有利。Directional Light 没有真正的光源坐标，将其放置在场景中的任何地点都不会影响照明效果，只有旋转会影响 Directional Light 的照明效果。

（2）Point Light

Point Light（点光源）从一个位置向四面八方发出光线，影响其照射范围内的所有对象，其照明效果类似灯泡的照明效果。Point Light 是较耗费图形处理单元（Graphics Processing Unit，GPU）资源的光源类型。Point Light 可以看作在 3D 空间里对着所有方向发射光线的点，适合用来制造灯泡、武器发光的效果。Point Light 的亮度从中心最强一直到范围属性设定的最大距离递减到 0，光的强度与从光源到对象的距离成反比，符合平方反比定律，类似光在真实世界的性质。Point Light 从它的位置向四面八方射出光线，球形的小图示代表光线的范围，光线在此范围逐渐衰减到 0，如果有间接光源或反射光则会继续投射。开启 Point Light 阴影运算是很消耗资源的，因此必须谨慎使用。Point Light 阴影运算需要为 6 个不同的世界方向运算 6 次，在比较差的 GPU 上开启此功能会造成较大的效能负担。Point Light 目前不支持阴影的间接反射，这代表由 Point Light 产生的光线在有效距离内有可能会穿过对象反射到另外一面，这可能会导致墙壁或地板“漏光”，因此放置 Point Light 时要格外注意；如果采用 Baked GI（全局光照烘焙）的话，就不会有这类问题产生。

（3）Spot Light

Spot Light（聚光灯）从一点发出光线，形成一个锥形的范围照射，其大小由聚光灯的角度（Spot Angle）和照射范围（Range）决定。Spot Light 是较耗费 GPU 资源的光源类型。Spot Light 用途广泛，可以用来模拟路灯、壁灯或手电筒，因为投射区域能精确地控制，因此很适合用来模拟打在角色身上的光或模拟舞台灯光等。

（4）Area Light

Area Light（区域光/面光源）无法应用于实时光照。这种光源能从各方向照射一个平面的矩形截面的一侧。Area Light 可以当作摄影用的柔光灯，在 Unity 中，Area Light 被定义为单面往 z 轴发射光线的矩形，适用于模拟摄影中的柔光灯。该光源类型目前仅适用于 Baked GI，并且可以均匀地照亮指定区域。虽然 Area Light 没有可调整的范围属性，但是光的强度会随着对象与光源的距离增大而减小。Area Light 可以照亮表面并产生柔和的阴影，适用于制造柔和的照明效果。当光线穿过光源表面时，会在不同方向产生漫反射，从而在对象上形成均匀的照明。Area Light 是一种常用的光源类型，可以模拟天花板壁灯或背光灯等效果。当使用 Area Light 时，开发者需要从每个光照贴图像素发射一定数量的光线，以确定背对 Area Light 的区域中光的能见度。这意味着 Area Light 的计算消耗较大，可能会延长烘焙的时间。但是，如果运用得当，Area Light 可以增加场景光的深度，提高视觉效果。值得注意的是，Area Light 只能用于烘焙，因此不会影响游戏效能。

微课视频

实操 02

任务实施

1. 场景模型导入

Step1：在 Unity 编辑器中，单击“Assets→Import Package→Custom Package”，在资源包中选择“Art Gallery Blue Dot Studios 1.0”，并将其导入，默认选择导入全部文件，单击“Import”即可，如图 2-15 所示。

注：本资源包来自“Unity Asset Store：Art Gallery | Blue Dot Studios”。

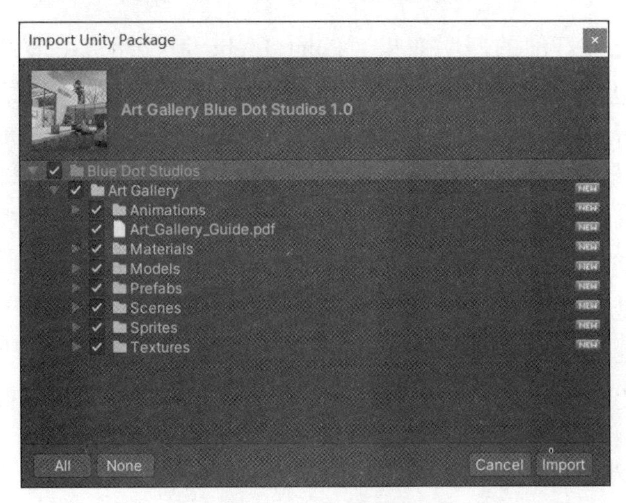

图 2-15　导入资源

Step2：导入成功后，在“Project”窗口中查看所导入的资源，如图 2-16 所示。

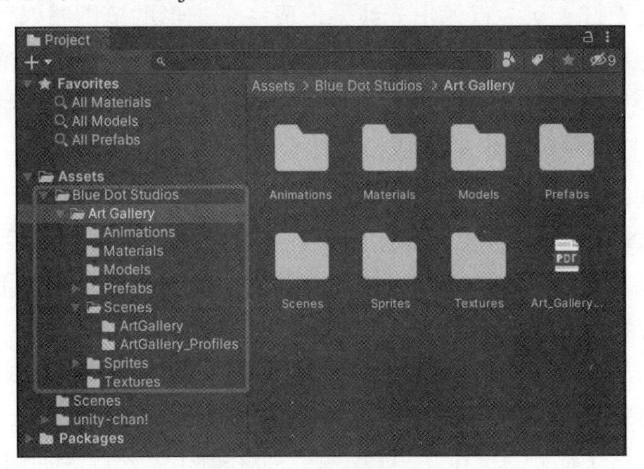

图 2-16　查看资源

Step3：在“Project”窗口中选择“Assets→Blue Dot Studios→Art Gallery→Scenes→ArtGallery”，双击打开该场景模型，如图 2-17 所示。

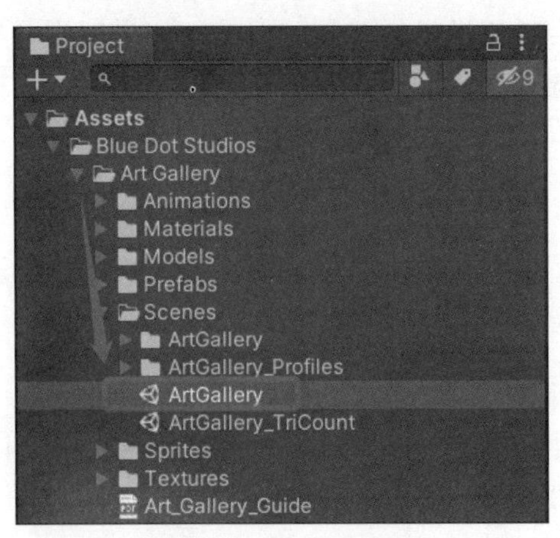

图 2-17　打开场景模型

Step4：在“Scene”视图中，利用“鼠标右键+W/A/S/D”组合键查看场景模型，如图 2-18 所示。

图 2-18　查看场景模型

2. 场景光照处理

通过本任务前面部分的学习，利用资源包导入资源后，开发者可在“Scene”视图中观察场景模型。

通过观察可以发现，一些场景中的元素呈现较暗的状态，这是因为它们缺乏自己的光源。在 Unity 的“Scene”视图中，我们可以发现场景中存在一个默认的光源“Directional Light”，这可能会掩盖元素缺乏光源的问题。但在场景需要更多光照的情况下，这个默认光源往往不足以满足需求。为了解决这个问题，我们可以在“Scene”视图中适当的位置为需要照亮的元素添加“Spot Light”，并对其进行相关参数设置，以便使得场景中的元素能够得到更好的照明效果。特别是在场景需要更多细节的情况下，适当地使用“Spot Light”可以大大增强场景的观感。

默认室内光照环境如图 2-19 所示。

图 2-19　默认室内光照环境

Step1：在场景中添加“Spot Light”，并调整位置（Position）、旋转（Rotation）、范围（Range）、聚光灯角度（Spot Angle）、颜色（Color）等参数，“Spot Light”参数设置如图 2-20 所示，其效果如图 2-21 所示。

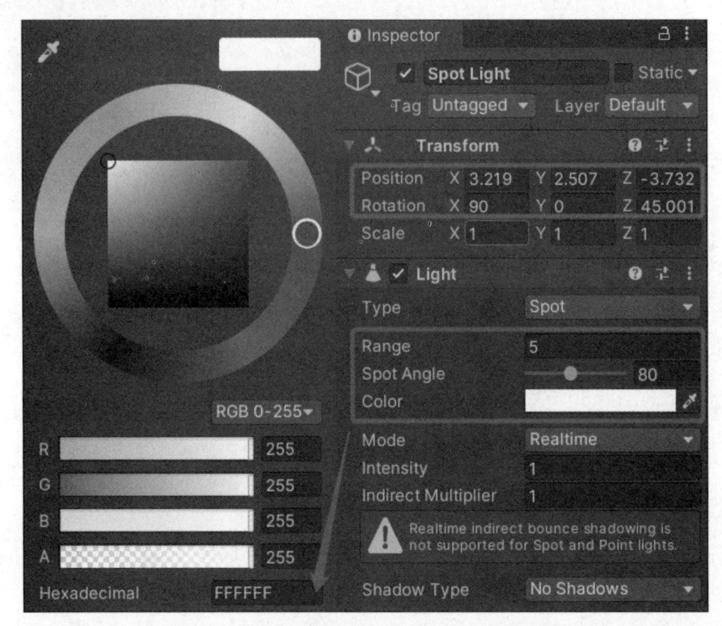

图 2-20 “Spot Light”参数设置

图 2-21 “Spot Light”效果

Step2：添加“Spot Light”后，场景中已经有一定的照明效果，下面接着添加“Spot Light(1)”。在“Hierarchy”窗口中右击，在弹出的快捷菜单中选择“Light→Point Light”，修改“Point Light”的“Transform”组件，使光源处于适当位置，并修改光照范围、颜色等相关参数。“Spot Light(1)”参数设置如图 2-22 所示，其效果如图 2-23 所示。

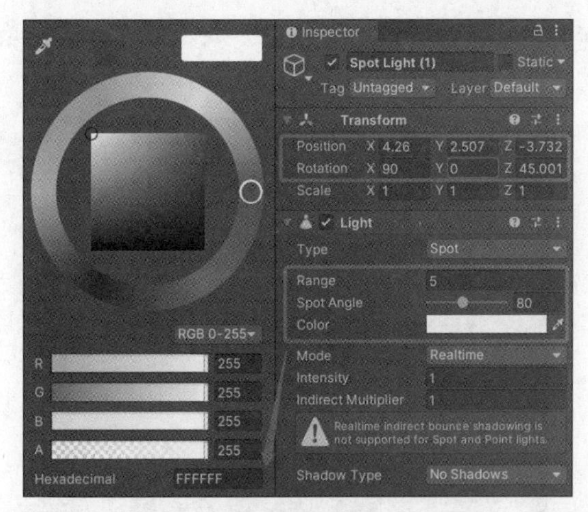

图 2-22　“Spot Light(1)”参数设置

图 2-23　“Spot Light(1)”效果

Step3：为前两幅画作添加光源后，场景的整体照明效果如图 2-24 所示。接下来需要为其余画作依次添加光源。

图 2-24　为前两幅画作添加光源后场景的整体照明效果

Step4：添加“Spot Light(2)”，并调整其位置、旋转、范围、聚光灯角度、颜色等参数。“Spot Light(2)”参数设置如图 2-25 所示，其效果如图 2-26 所示。

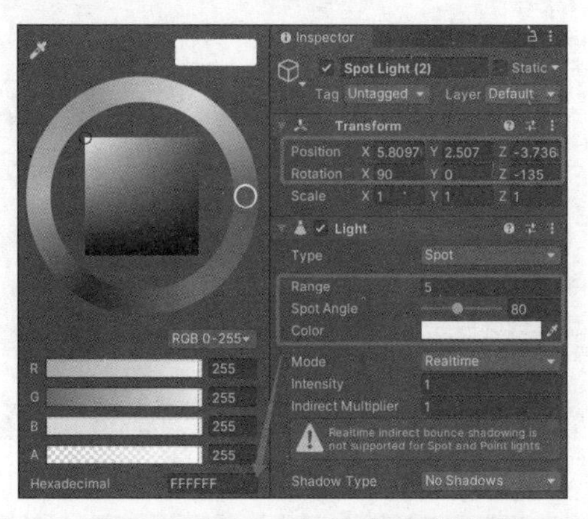

图 2-25 “Spot Light(2)”参数设置

图 2-26 “Spot Light(2)”效果

Step5：继续添加“Spot Light(3)”，并修改其位置、旋转、范围、聚光灯角度、颜色等参数。“Spot Light(3)”参数如图 2-27 所示，其效果如图 2-28 所示。

图 2-27 “Spot Light(3)”参数设置

图 2-28　“Spot Light(3)”效果

Step6：在该场景中，需要同时设置多个光源，可对相同光源进行参数设置，并复制、移动到其他位置，开发者可根据灯罩大小调整光源的参数，观察场景中的照明效果，将光源调整到适当位置。

完成主要光源设置后，调整光源“Directional Light”“Skybox”“Lighting”等的参数。查看场景光照状态，如图 2-29 和图 2-30 所示。

图 2-29　查看场景光照状态 1

Step7：在“Scene”视图中选择“Directional Light”，或在“Hierarchy”窗口中选择“Directional Light”并双击进行对焦；修改光照参数，“Directional Light”参数设置如图 2-31 所示。

图 2-30　查看场景光照状态 2

图 2-31　“Directional Light”参数设置

Step8：单击“Window→Rendering→Lighting→Environment”并修改光照参数，如图 2-32 所示。

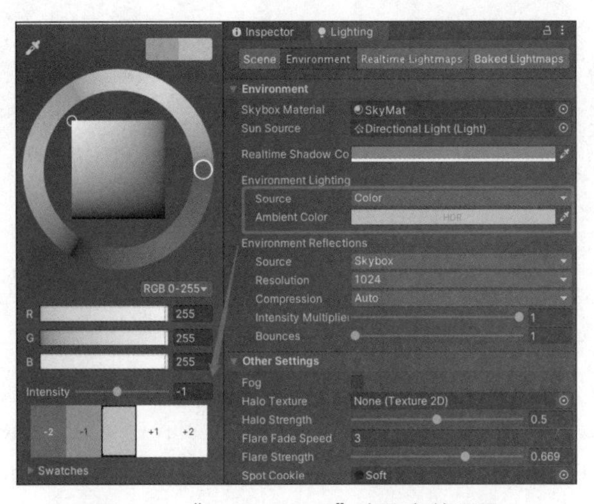

图 2-32　“Environment”光照参数设置

Step9：完成以上参数设置后，可在“Lighting”窗口中选择“Skybox Material”，单击“Sky Mat (Material)”，再去“Project”窗口中快速定位“Sky Mat (Material)”，选择“Skybox/Panoramic”并进行调整，如图 2-33 所示。

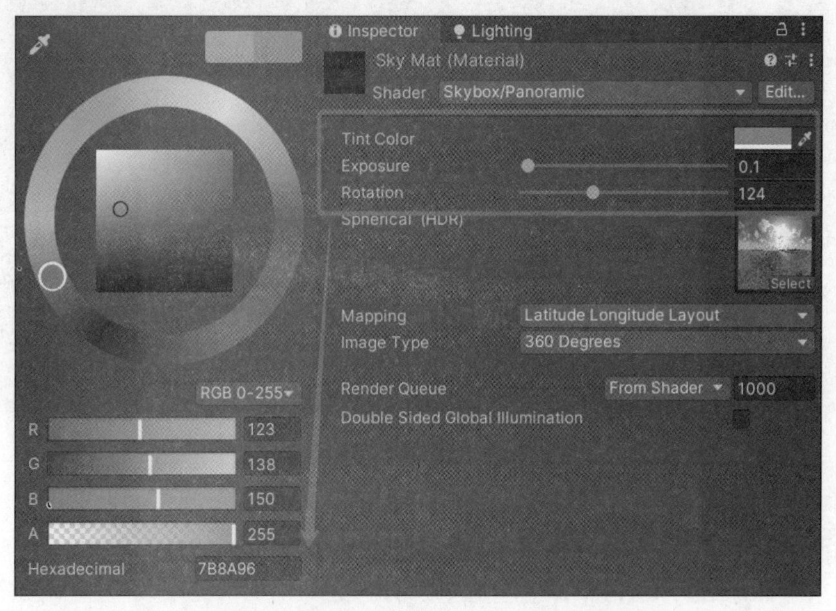

图 2-33　修改“Skybox/Panoramic”属性

Step10：为场景添加“Fog”效果，在“Lighting”窗口中勾选“Fog”选项，并修改其颜色、模式、密度参数，“Fog”参数设置如图 2-34 所示。

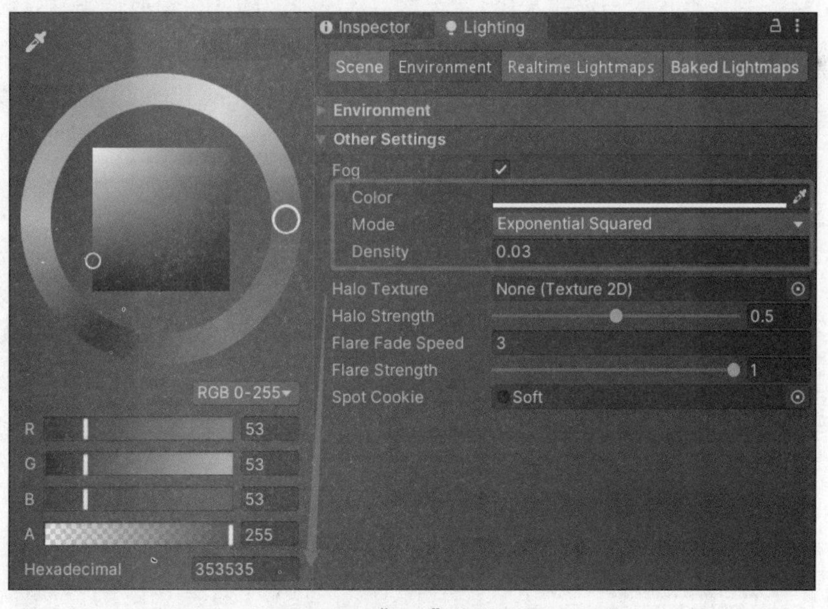

图 2-34　“Fog”参数设置

Step11：开发者可对场景中的光源进行更深入的细节处理，在此仅对主要光源进行设置，添加光源后的效果如图 2-35 所示。

图 2-35　添加光源后的效果

3. 场景视频处理

在本部分内容中，将把视频挂载到场景中并循环播放。

Step1：在“Hierarchy”窗口中，在空白区域右击，在弹出的快捷菜单中选择“UI→Canvas”创建画布，并将其“Render Mode”属性设置为“World Space”（将 UI 元素作为 3D 物体存放于该空间中），如图 2-36 所示。

Step2：在“Hierarchy”窗口中选择该 Canvas 对象并右击，在弹出的快捷菜单中选择“UI→Raw Image”，将其作为视频载体；在“Scene”视图中选择需要挂载视频的对象，按“F”键或双击该对象进行聚焦，并勾选“Raw Image”，使用“Ctrl + Alt + F”组合键使其快速聚焦到该位置。修改“Raw Image”的大小、位置属性，“Raw Image”参数设置如图 2-37 所示，其效果如图 2-38 所示。

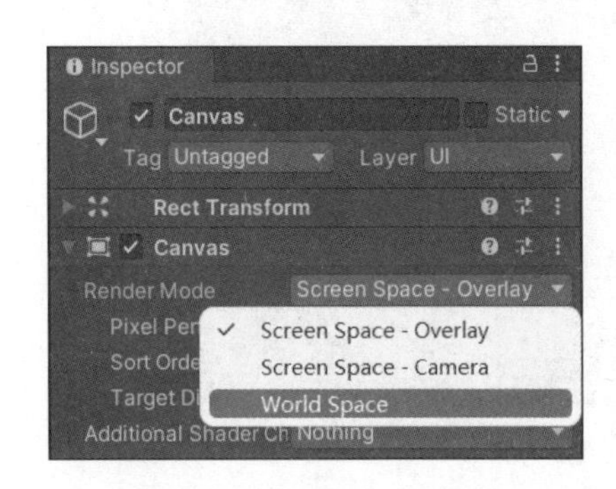

图 2-36　将“Render Mode”属性设置为“World Space”

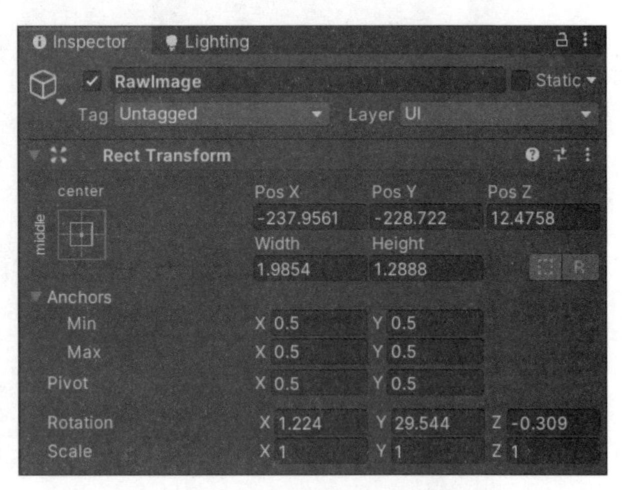

图 2-37　“Raw Image”参数设置

图 2-38　“Raw Image”效果

Step3：将“Raw Image”调整到适当位置后，需要创建“Video Player”用于播放视频。在“Hierarchy”窗口中，右击空白处，在弹出的快捷菜单中选择“Video→Player”完成创建。

在“Project”窗口中查找“Great Art”；在“Inspector”窗口中勾选“Video Player”，将“Great Art”拖动到“Video Player”的“Video Clip”中，并勾选“Loop”实现循环播放。“Video Player”参数设置如图 2-39 所示。

图 2-39　“Video Player”参数设置

Step4：完成以上操作后，需要将视频渲染到贴图中，在“Project”窗口中右击“Assets”，在弹出的快捷菜单中选择“Create→Render Texture”，将“Size”修改为“1920 * 1080”。

在“Hierarchy”窗口中，选择“Video Player”与“Raw Image”，为“Render Texture”赋值。单击“Play”按钮或使用“Ctrl+P”组合键运行程序即可查看视频播放效果，如图 2-40 所示。

图 2-40　视频播放效果

任务 3　交互实现

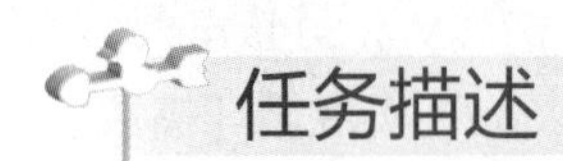

任务描述

本任务中将讲述如何编写 C#脚本，为角色添加不同组件，实现人物移动、相机跟随等交互功能。

知识引导

在 AR 项目的交互实现中常常涉及角色移动，控制角色移动的方法有很多种。本任务会介绍利用“Character Controller”（角色控制器）组件控制角色移动。以下是“Character Controller”的相关信息。

微课视频

知识点 05

“Character Controller”是一个角色控制组件，用于移动角色。可以对角色移动进行一些限制，角色移动本身不受重力影响，使用该组件就不必使用刚体组件。

以下是“Character Controller”的属性。

（1）Slope Limit：坡度限制，超过该坡度的地形会阻挡角色移动。

（2）Step Offset：台阶偏移量，以米为单位，高度低于该值的台阶不会阻挡角色移动。

（3）Skin Width：碰撞的皮肤宽度（将物理引擎指定为生成接触角色周围蒙皮厚度的计算方式）。

（4）Min Move Distance：最小移动距离。

（5）Center：碰撞体的中心位置。

（6）Radius：碰撞体的半径。

（7）Height：碰撞体的高度。

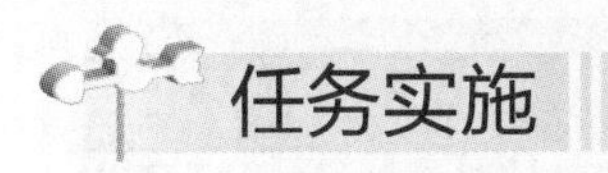

任务实施

1. 角色移动功能实现

Step1：打开任务 1 场景，将“Hierarchy”窗口中的“unitychan”拖动到“Project”窗口中，将其制作为预制体，方便后续使用，如图 2-41 所示。

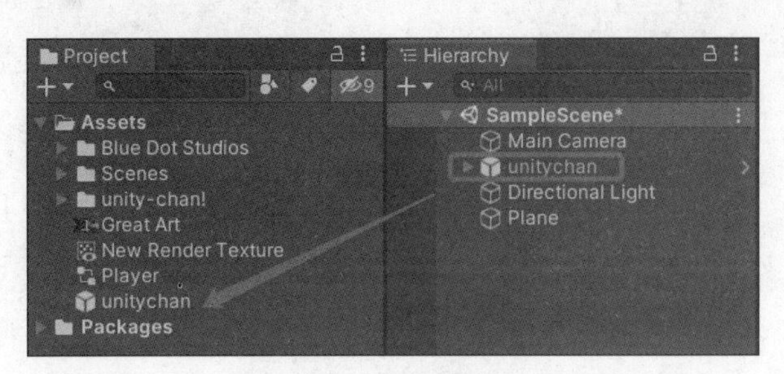

图 2-41　制作预制体

Step2：返回任务 2 场景中，将“Project”窗口中的“unitychan”拖动到“Scene”视图或“Hierarchy”窗口中，即可将角色放置到场景中，调整后的效果如图 2-42 所示。

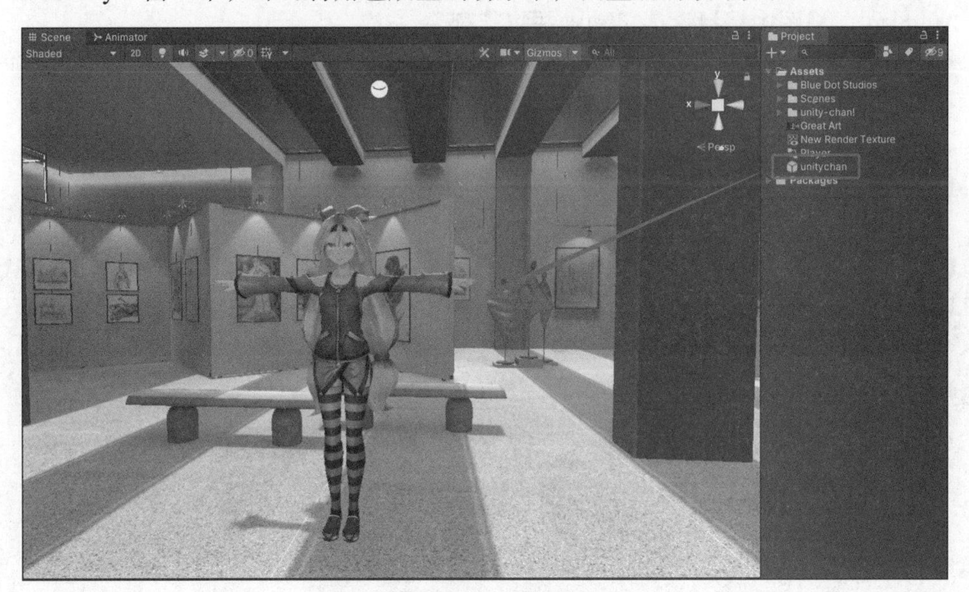

图 2-42　将角色放置到场景中

Step3：在场景中选择该角色，在“Inspector”窗口中选择“Add Component”，添加“Character Controller”组件，并设置其参数，“Character Controller”参数设置如图 2-43 所示。

Step4：单击“Play”按钮或使用“Ctrl + P”组合键运行程序，会发现角色可以穿过墙面，需要为墙体添加“Mesh Collider”组件来防止角色穿过墙面。

Step5：在“Scene”视图中选择墙体，在“Inspector”窗口中选择“Add Component”，添加“Mesh Collider”组件，并勾选“Convex”。“Mesh Collider”参数设置如图 2-44 所示。

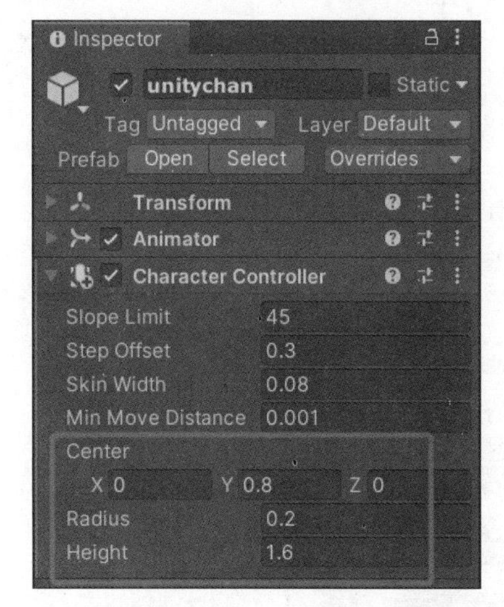

图 2-43 “Character Controller”参数设置

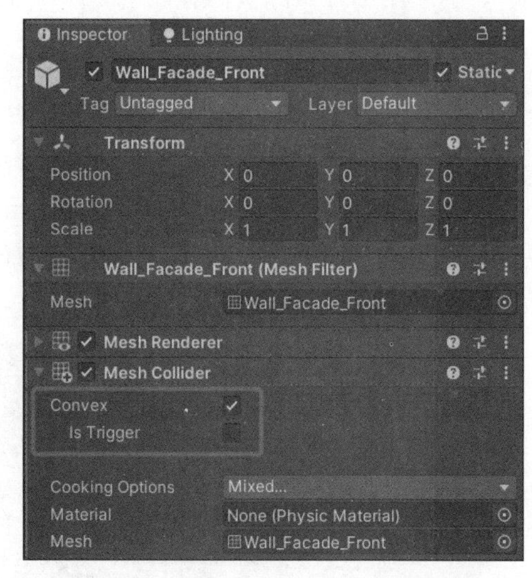

图 2-44 “Mesh Collider”参数设置

Step6：再次运行程序，在“Game”视图或“Scene”视图观察角色，可以发现角色不会穿过墙面。使用此方式为地面添加“Mesh Collider”组件。

在程序运行过程中，如果发现角色的待机动画不正确，则需要重新对其设置待机动画，在“Animator”视图中选择该待机动画并将其删除。

在“Project”窗口中，重新选择“unitychan_WAIT00”下的“WAIT00”，将其拖动到“Animator”视图中作为角色待机动画。修改角色待机动画如图 2-45 所示。

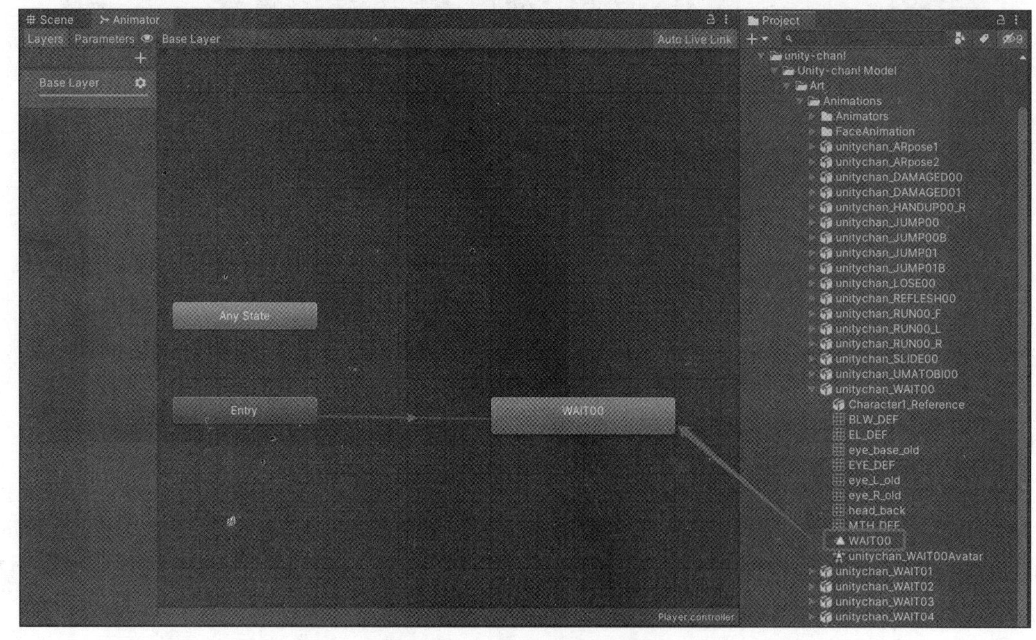

图 2-45 修改角色待机动画

Step7：重新运行程序，在“Game”视图或“Scene”视图中观察角色，程序运行效果如图 2-46 所示。

图 2-46　程序运行效果

Step8：在“Project”窗口中，选择“Assets”文件夹并右击，在弹出的快捷菜单中选择“Create→Folder”创建文件夹，将其命名为“Scripts”。

选中“Scripts”文件夹并右击，在弹出的快捷菜单中选择“Create→C# Script”创建脚本，将其命名为“PlayerController”，双击该脚本进行代码编辑。

在 Start()函数中获取自身角色控制器组件，并使用该组件控制角色移动。

```
private CharacterController player;
private void Start()
{
//获取自身角色控制器组件
  player = GetComponent<CharacterController>();
}
```

在 Update()方法中实时获取玩家的按键输入，以监听控制角色的移动。

```
private void Update()
{
      float hor = Input.GetAxisRaw("Horizontal");
      float ver = Input.GetAxisRaw("Vertical");
      player.Move(new Vector3(hor, 0, ver));
}
```

Step9：保存该脚本，返回 Unity 中在“Hierarchy”窗口或“Scene”视图中选择角色，通过单击“Inspector”窗口中的“Add Component”将该脚本挂载。挂载脚本如图 2-47 所示。

图 2-47　挂载脚本

Step10：运行程序，按“W/A/S/D”键控制角色向不同方向移动，在“Game”视图或“Scene”视图中观察程序运行状态，可以发现角色移动速度较快，需要对速度加以限制。

回到“PlayerController”脚本中，对速度变量进行设置，并对其进行限定。

```
public class PlayerController : MonoBehaviour
{
    private CharacterController player;
    public float speed;//角色移动速度
    private void Start()
```

```
    {
        //获取自身角色控制器组件
        player = GetComponent<CharacterController>();
    }
    private void Update()
    {
        float hor = Input.GetAxisRaw("Horizontal") * speed * Time.deltaTime;
        float ver = Input.GetAxisRaw("Vertical") * speed * Time.deltaTime;
        player.Move(new Vector3(hor, 0, ver));
    }
}
```

Step11：回到 Unity 中，选中角色，在“Inspector”窗口中将“speed”设置为“1.5”并运行程序，观察“Game”视图或“Scene”视图，角色移动速度较为正常，但只能按照世界坐标方向进行移动，需对代码进行修改，使其能够按照自身 *z* 轴进行反向移动。

修改控制角色移动的代码，使用 transform.TransformDirection()函数，使角色能够按照自身前后左右方向进行移动。

修改前：

```
player.Move(new Vector3(hor, 0, ver))
```

修改后：

```
player.Move(transform.TransformDirection(new Vector3(hor, 0, ver)))
```

回到 Unity 中，再次运行程序，调整角色朝向进行测试，角色可按照自身朝向前后左右移动。

2. 相机跟随功能实现

在实现角色移动功能过程中，当角色离开相机视野后，将难以操作角色，需要为角色绑定相机，让相机跟随角色进行移动。

Step1：在“Hierarchy”窗口中，选择“Main Camera”（主相机），将其调整到适当位置，调整完成后，将“Main Camera”拖动到角色下，作为子物体跟随角色移动。相机跟随角色如图 2-48 所示。

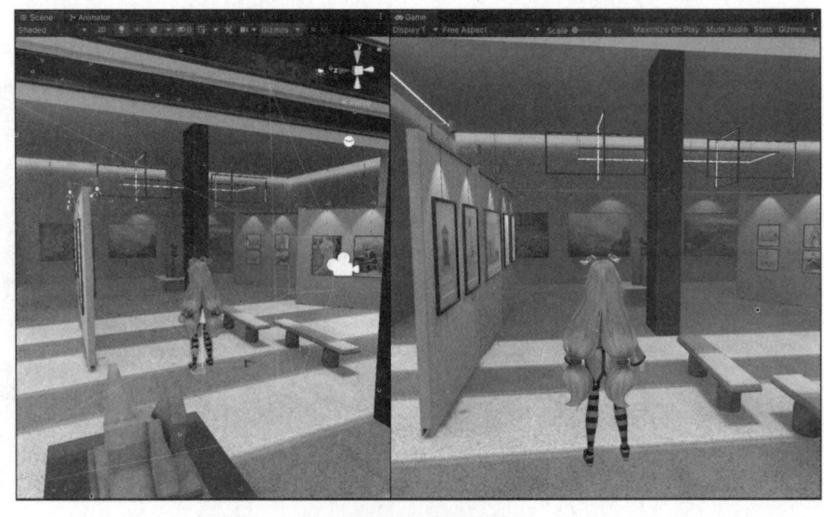

图 2-48　相机跟随角色

Step2：运行程序，可以观察到相机能够正常跟随角色进行移动，接下来需要实现角色视角的旋转，观察展厅场景。

Step3：打开“PlayerController”脚本，在 Update()函数中添加以下代码。

```
float mouseX = Input.GetAxis("Mouse X");//获取鼠标指针在水平轴方向上的移动
transform.Rotate(new Vector3(0, mouseX, 0));//旋转角色视角
```

Step4：保存该脚本，返回 Unity 中，运行程序，可以观察到角色能够在鼠标指针水平轴方向上的移动的控制下进行自身视角旋转，实现自身转向、相机跟随功能。

Step5：进一步对脚本进行完善，添加相机移动速度控制，以满足不同需求。

完整代码如下。

```
public class PlayerController : MonoBehaviour
{
    private CharacterController player;
    public float playerSpeed;//角色移动速度
    public float cameraSpeed = 100;//相机移动速度
    private void Start()
    {
        player = GetComponent<CharacterController>();//获取自身角色控制器组件
    }
    private void Update()
    {
        float hor = Input.GetAxisRaw("Horizontal") * playerSpeed * Time.deltaTime;
        float ver = Input.GetAxisRaw("Vertical") * playerSpeed * Time.deltaTime;
        player.Move(transform.TransformDirection(new Vector3(hor, 0, ver)));
        float mouseX = Input.GetAxis("Mouse X")* cameraSpeed*Time.deltaTime;
                                                  //获取鼠标指针在水平轴方向上的移动
        transform.Rotate(new Vector3(0, mouseX, 0));//旋转角色视角
    }
}
```

角色待机效果如图 2-49 所示。

图 2-49　角色待机效果

任务 4 拓展学习

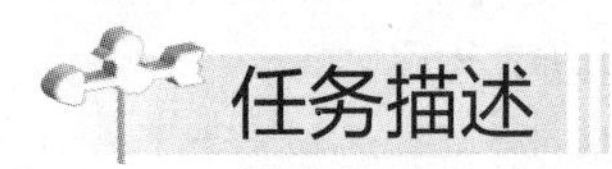

任务描述

本任务属于拓展学习内容。在本任务中将会创建 Unity 项目工程，读者将学习如何搭建一个简单的游戏场景，配置材质球，控制小球进行游戏以及配置 UI（User Interface，用户界面），对游戏进行优化等。通过学习制作简单的 Unity 小游戏，读者将加深对 Unity 引擎的理解。

知识引导

在 Unity 开发项目中，为了实现游戏对象之间的物理交互，开发者可以利用 Unity 提供的物理组件——碰撞体组件。碰撞体组件通常与刚体组件一起使用，共同完成游戏对象之间的碰撞检测和相互作用。碰撞体组件具有简单的几何形状，例如方块、球体和胶囊体。在 Unity 中，每个游戏对象创建时都会被自动分配一个适当的碰撞体。

（1）复合碰撞体

为了更好地匹配游戏对象的形状并同时保持较低的 GPU 开销，可以使用复合碰撞体。为了提高灵活性，还可以在子游戏对象上添加额外的碰撞体。例如，可以通过绕着父游戏对象的本地轴旋转的盒形碰撞体来创建这样的复合碰撞体。在创建这样的复合碰撞体时，“Hierarchy”窗口中的父游戏对象应该只使用一个刚体组件。

未经过处理的碰撞体无法正常处理剪切变换。如果在“Hierarchy”窗口中组合使用旋转和非均匀比例，从而使产生的形状不再是原始形状，则原始碰撞体无法正确表示这个形状。

（2）网格碰撞体

然而，在某些情况下，复合碰撞体无法准确匹配游戏对象的形状。在 3D 空间中，可以使用网格碰撞体精确匹配游戏对象的形状。在 2D 空间中，2D 多边形碰撞体不能完美匹配精灵图的形状，但开发者可以将形状细化到所需的任何细节级别。

这些碰撞体比原始碰撞体具有更高的 GPU 开销，因此请谨慎使用它们以保持良好的性能。此外，一个网格碰撞体无法与另一个网格碰撞体碰撞（当它们接触时不会发生任何事情）。在某些情况下，可以通过在“Inspector”窗口中将网格碰撞体标记为“Convex”来解决此问题。此设置将会生成一个类似于原始网格的“凸面外壳”形式的碰撞体，但其会被底部切割填充。

这样做的好处是，凸面网格碰撞体可与其他网格碰撞体碰撞，因此，当有一个移动角色的网格形状合适时，便可以使用此功能。但是，一条适用的规则是将网格碰撞体用于场景几何体，并使用复合碰撞体近似移动游戏对象的形状。

（3）静态碰撞体

可将碰撞体添加到没有刚体组件的游戏对象，从而创建场景的地板、墙壁和其他静止元素，这些碰撞体被称为静态碰撞体。相反，具有刚体组件的游戏对象上的碰撞体称为动态碰撞体。静态碰撞体可与动态碰撞体相互作用，但由于游戏对象没有刚体组件，因此不会通过移动来响应碰撞。

（4）运动刚体碰撞体

运动刚体碰撞体是一种既有碰撞体组件，又有刚体组件（通过启用刚体组件的 IsKinematic 属性实现）的对象。使用脚本可以移动运动刚体碰撞体（通过修改其“Transform”组件实现），但它不会像非运动刚体碰撞体一样响应碰撞和力。运动刚体碰撞体适用于以下情况：游戏对象可能偶尔需要移动或禁用/启用。除此之外，它的行为应该像静态碰撞体一样。例如，滑动门通常用作不可移动的物理障碍物，但必要时可以打开。需要注意的是，与静态碰撞体不同，移动的运动刚体碰撞体会对其他游戏对象施加摩擦力，并在双方接触时唤醒其他运动刚体碰撞体。

即使处于静止状态，运动刚体碰撞体也会对静态碰撞体产生不同的行为。例如，如果将碰撞体设置为触发器，则还需要向其添加刚体组件以便在脚本中接收触发器事件。如果不希望触发器在重力作用下跌落或在其他方面受物理影响，则可以在其刚体组件上使用 IsKinematic 属性。

使用 IsKinematic 属性可随时让刚体组件在正常状态和运动行为之间切换。

一个常见例子是“布娃娃”效果，在这种效果中，角色通常在动画中移动，但在爆炸或猛烈碰撞时被真实抛出。角色的肢体可被赋予独立的刚体组件，并在默认情况下使用 IsKinematic 属性。角色的肢体将通过动画正常移动，直到所有这些肢体禁用 IsKinematic 属性，然后它们立即表现为物理对象。此时，碰撞或爆炸将使角色肢体以令人信服的方式被抛出。

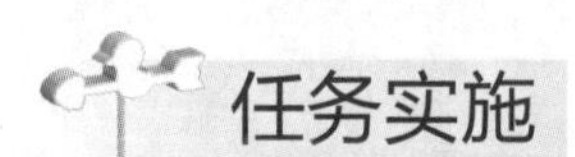

任务实施

1. 搭建小球游戏场景

（1）创建项目工程

在本任务中，将使用 Unity 2021.1.19f1c1 版本、Unity Hub 3.1.2-c1 版本进行开发。创建项目流程如图 2-50 所示。

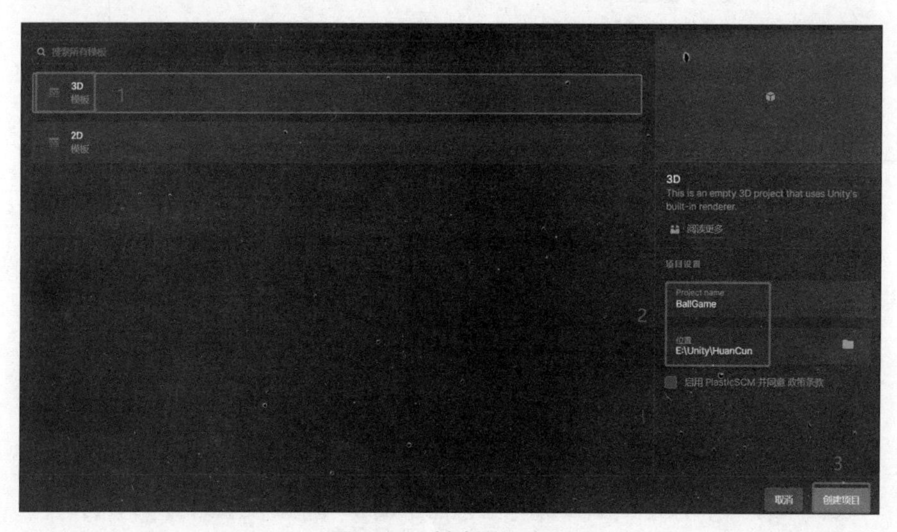

图 2-50　创建项目流程

Step1：选择在 Unity Hub 中创建项目，选择“项目→新项目”。

Step2：选择“3D 模板”。

Step3：将“Project name”设置为“BallGame”，设置“位置”（英文路径）。

Step4：选择“创建项目”，稍等片刻后即可自动开启项目，打开新项目如图 2-51 所示。

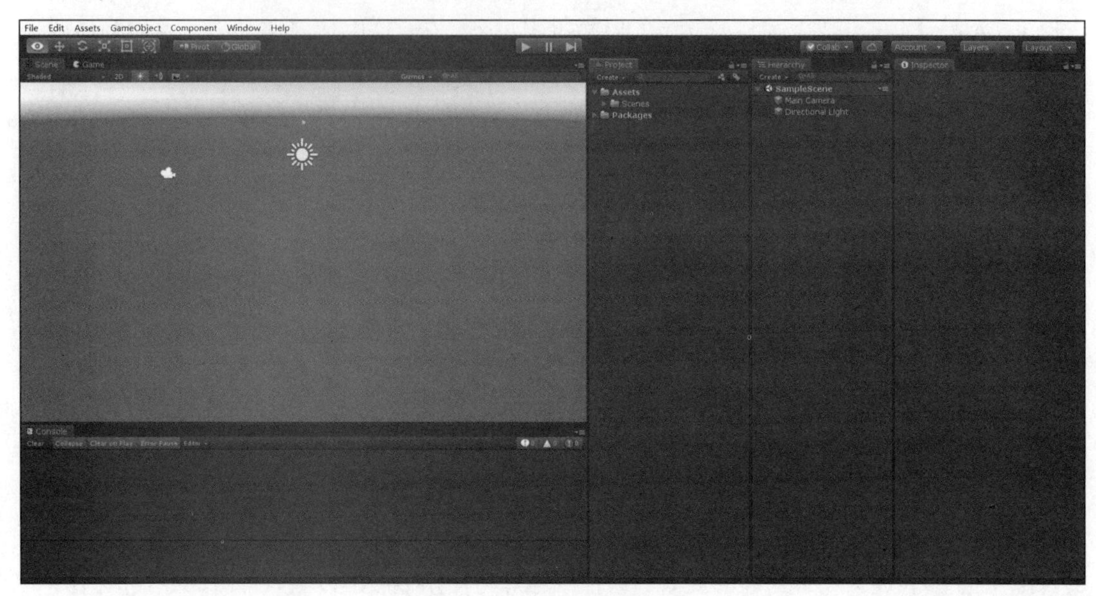

图 2-51　打开新项目

（2）搭建项目场景

① 创建地面。

Step1：在“Hierarchy”窗口中，右击空白区域，在弹出的快捷菜单中选择“3D Object→Plane”创建默认的地面，如图 2-52 所示。

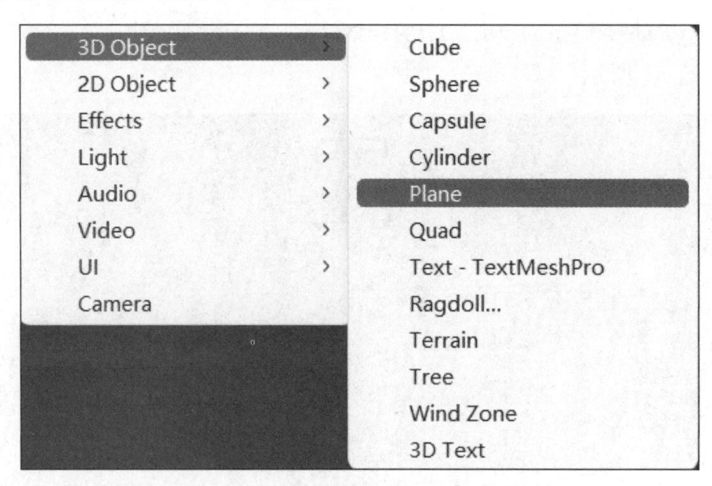

图 2-52　创建“Plane”

Step2：创建成功后，在“Hierarchy”窗口中会新增一个“Plane”对象，同时可以在“Game”视图和“Scene”视图中看到一个默认为白色的平面，“Plane”效果 2-53 所示。

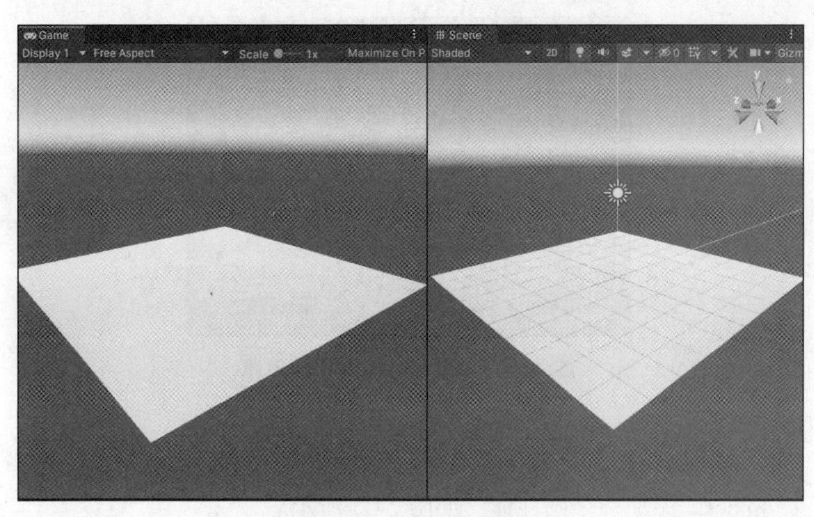

图 2-53 “Plane”效果

② 添加角色。

Step1：在“Hierarchy”窗口中，右击空白区域，在弹出的快捷菜单中选择“3D Object →Sphere”，创建一个球体对象。

Step2：在默认状态下，“Sphere”的坐标并不会非常理想。此时选中“Sphere”，在“Inspector”窗口中选择“Transform”组件，在其右侧可以看到一个齿轮状的工具，单击组件右上角按钮，选择“Reset”，如图 2-54 所示，将其坐标重置为(0,0,0)，并对“Plane”进行同样的操作。

Step3：在“Game”视图或“Scene”视图中可以查看对象当前的位置，在“Scene”视图中，开发者可以使用“鼠标右键+W/A/S/D”组合键，通过飞行模式查看对象的位置。如果“Scene”视图太亮，可以在“Scene”视图中暂时关闭光照，如图 2-55 所示。

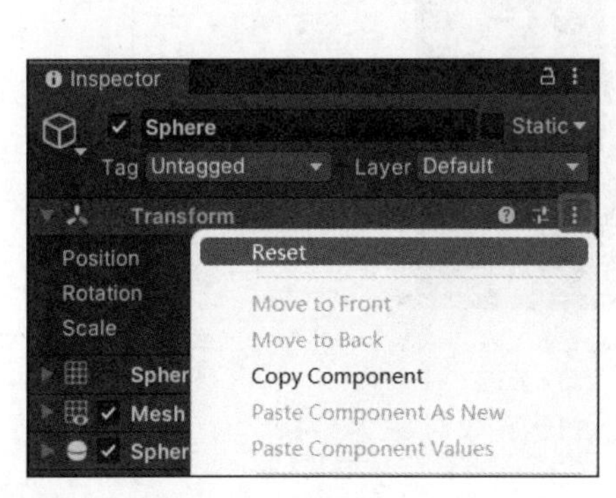

图 2-54　选择“Reset”

图 2-55　关闭“Scene”视图光照

Step4：现在可以看到“Sphere”对象与“Plane”对象位置重叠，因为它们的坐标都是默认的(0,0,0)。此时选中“Sphere”对象，选中其“Transform”组件，将“Position”的“Y”增加至“0.5”，如图 2-56 所示，即可看到“Sphere”位于“Plane”表面。

Step5：选中“Sphere”，按“F2”键将“Sphere”名称改为“Player”。

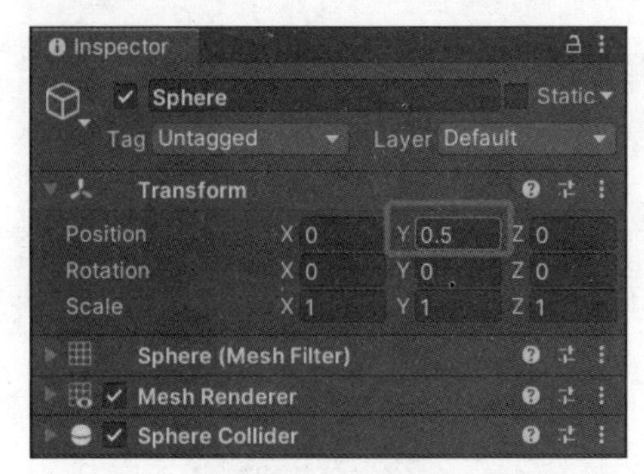

图 2-56　调整“Sphere”的位置

③ 添加金币。

Step1：在“Hierarchy”窗口中，在空白处右击，在弹出的快捷菜单中选择“Create→3D Object→Cylinder”添加一个圆柱体，如图 2-57 所示。

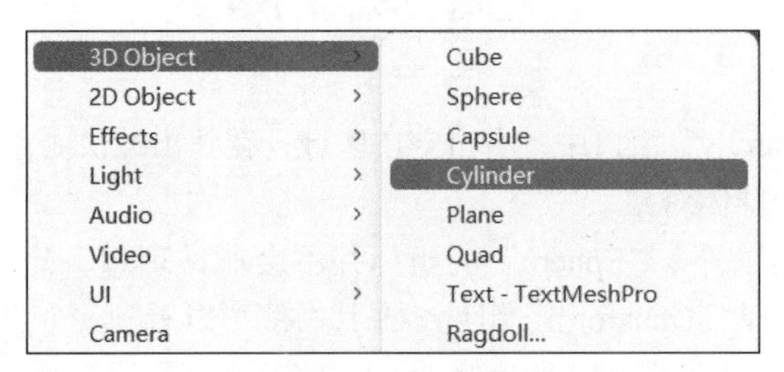

图 2-57　添加圆柱体

Step2：选中“Cylinder”，在“Inspector”窗口中重置该游戏对象坐标，并将其“Scale”的“Y”调整为“0.04”，“Rotation”的“Z”调整为“90”，如图 2-58 所示。

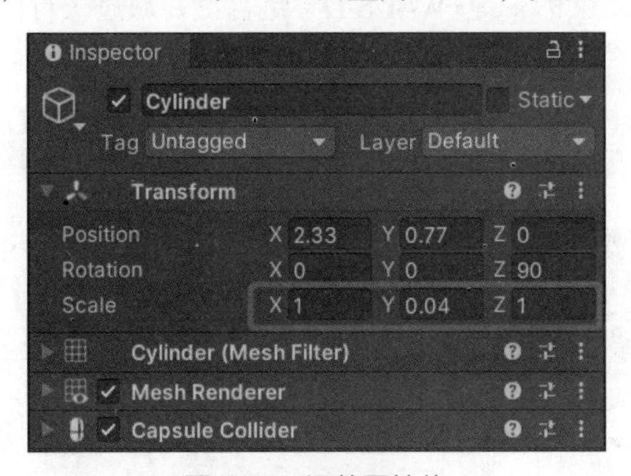

图 2-58　调整圆柱体

Step3：修改“Cylinder”名称为“GoldCoin”，表示该游戏对象为金币。

④ 创建材质球。

通过前面内容的学习，开发者可以注意到游戏对象在场景中都是白色的，在光照强烈的情况下，很难辨别不同的游戏对象，因此在本部分内容的学习中，需要为游戏对象添加相关材质，用不同颜色加以区分。

在“Project”窗口中，可以查看“Assets”文件夹及其内容，在该文件夹下默认自带一个“Scene”场景文件。

Step1：在“Assets”文件夹下创建一个新的文件夹。在“Project”窗口中，选中“Assets”文件夹，右击，在弹出的快捷菜单中选择“Create→Folder”，如图 2-59 所示。这样会在“Assets”文件夹下创建子文件夹，将其命名为“Material”（材质），用于存放不同的材质文件。

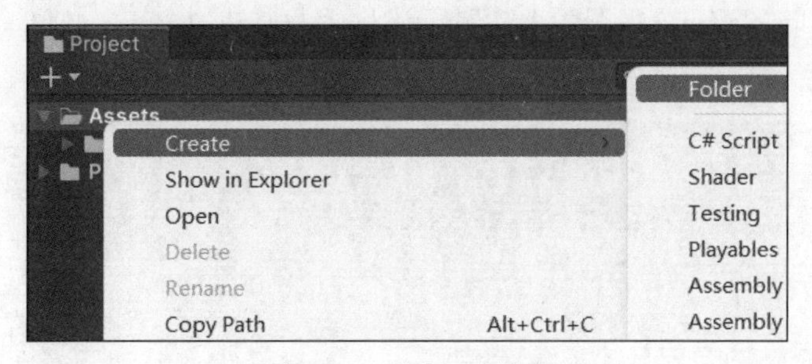

图 2-59　创建子文件夹

Step2：现在“Assets”文件夹下有“Material”子文件夹，向其中添加材质。如图 2-60 所示，选中“Material”文件夹，右击，在弹出的快捷菜单中选择“Create→Material”创建新材质，并将其命名为“Plane”。

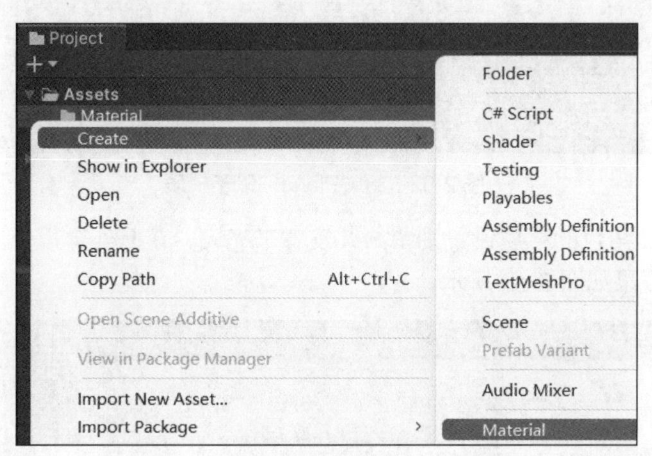

图 2-60　创建材质

Step3：此时可以看到该材质球的颜色默认是白色，选中该材质球，在“Inspector”窗口中可以看到该材质球的详细信息，在“Main Maps→Albedo”中设置材质球的颜色，如图 2-61 所示。

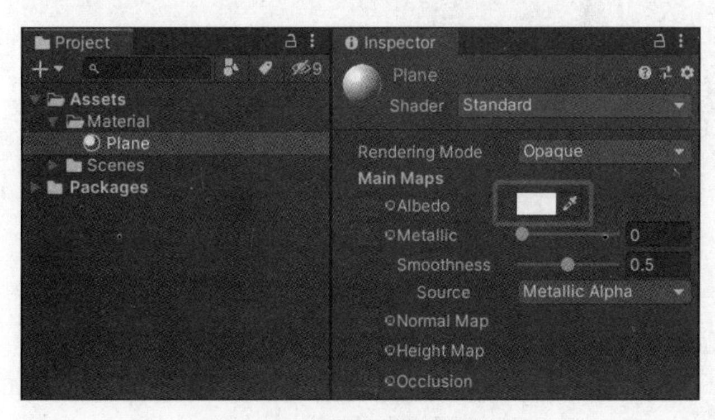

图 2-61　设置材质球的颜色

Step4：此处“Plane”材质球是赋予“Plane”对象的，开发者可以自行选择自己喜欢的颜色，此处选择蓝色作为地面颜色。

Step5：调整好材质球的颜色之后，其设置基本完成。将材质球赋予游戏对象，选择材质球，将其拖动到“Scene”视图中希望赋予该材质的游戏对象上，即可完成材质赋予，如图 2-62 所示。

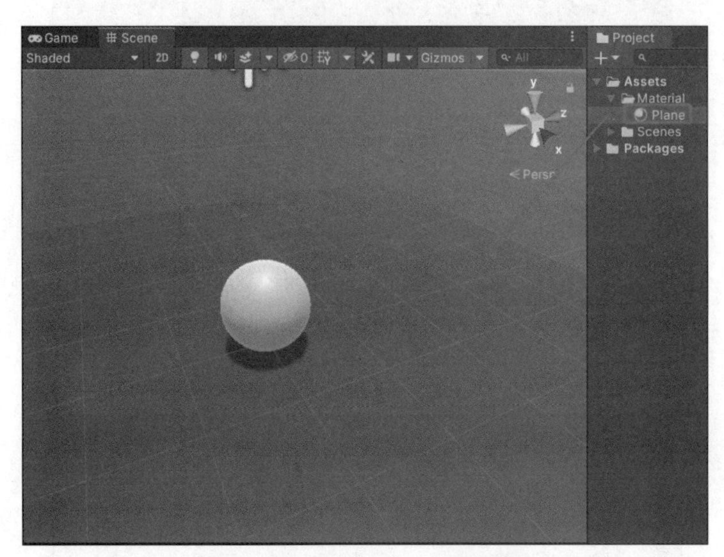

图 2-62　给“Plane”赋予材质

Step6：金币、角色的材质设置则留给开发者来完成，在此处金币使用黄色，角色使用红色，材质赋予效果如图 2-63 所示。

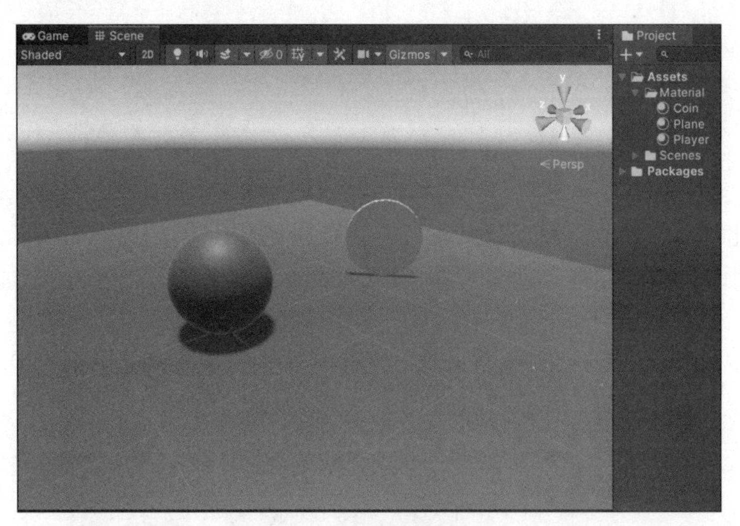

图 2-63　材质赋予效果

⑤ 制作墙体、金币预制体。

Step1：在“Hierarchy”窗口中，右击，在弹出的快捷菜单中选择“Create→3D Object→Cube”创建墙体，在“Inspector”窗口中重置其坐标，调整其“Transform”组件的参数，创建并调整墙体如图 2-64 所示，然后需要更改该“Cube”名称为“Wall”。

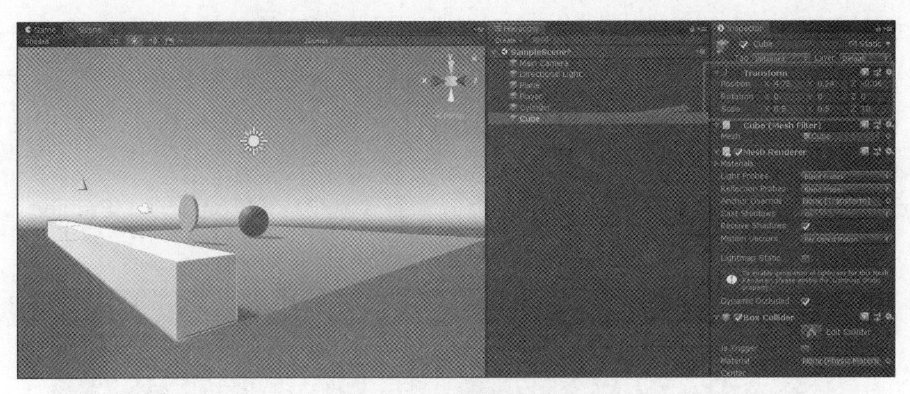

图 2-64　创建并调整墙体

Step2：在“Project”窗口中，选中“Assets”文件夹，右击，在弹出的快捷菜单中选择“Create→Folders”创建新文件夹，将其命名为“Prefabs”(预制体)，用于存放场景中需要多次出现的相同游戏对象。

选中“GoldCoin”“Wall”，将其拖动到“Prefabs”文件夹下，如图 2-65 所示。

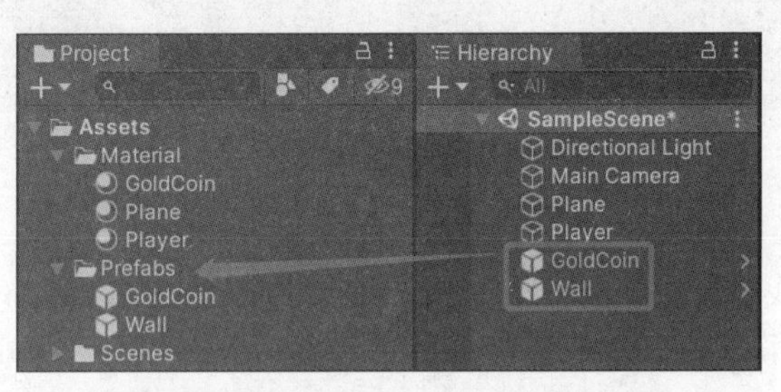

图 2-65　把墙体和金币制作成预制体

⑥ 完善游戏场景中墙体、金币。

在上一部分内容中，开发者将金币和墙体制作为预制体放入“Prefabs”文件夹中，在本部分内容中，将继续完善游戏场景。

Step1：拖动“Prefabs”文件夹中的“Wall”预制体，或对场景中原本的墙体进行复制、粘贴(按“Ctrl+D”组合键)，使其能够复用变为多个墙体，调整墙体角度，并将其放在合适的位置上，对墙体添加“Material”材质球，使其变得不再单调，墙体的最终效果如图 2-66 所示。

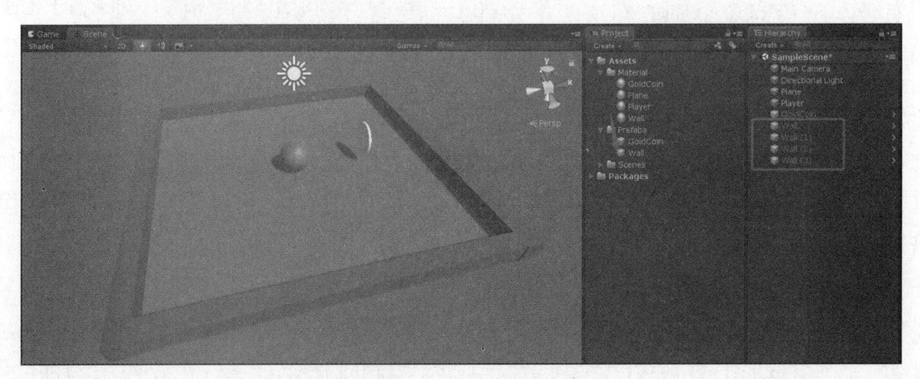

图 2-66　墙体的最终效果

需要注意的是：在将材质球赋予游戏对象时，如果游戏对象是预制体，且开发者希望所有该游戏对象都能够统一颜色，需要在“Prefabs”文件夹中将材质球赋予该游戏对象。如果只希望单个墙体获得该材质，开发者可以将材质球赋予“Hierarchy”窗口中的单个墙体游戏对象。

Step2：对金币的操作与对墙体的操作类似，需要将“GoldCoin”从“Prefabs”文件夹中选中，并复制为多个游戏对象，如图 2-67 所示。

图 2-67　复制金币

⑦ 优化项目场景。

通过添加多个游戏对象，场景已经变得丰富起来，但是“Hierarchy”窗口却非常的混乱。

在小型项目场景中罗列游戏对象不会引起太多问题，但是如果项目变得更加复杂，需要添加更多功能或者设计更为丰富的玩法，那么在“Hierarchy”窗口中罗列这些游戏对象可能会变得非常混乱和难以整理。为了使大型项目场景变得更加清晰，易于管理，需要进行场景优化。

下面对“Hierarchy”窗口进行优化。在“Hierarchy”窗口中，选择空白位置右击，在弹出的快捷菜单中选择“Create Empty”创建两个空的文件夹，分别命名为“Walls”和“Coins”，将墙体对象与金币对象分别放在这两个文件夹中，如图 2-68 所示。

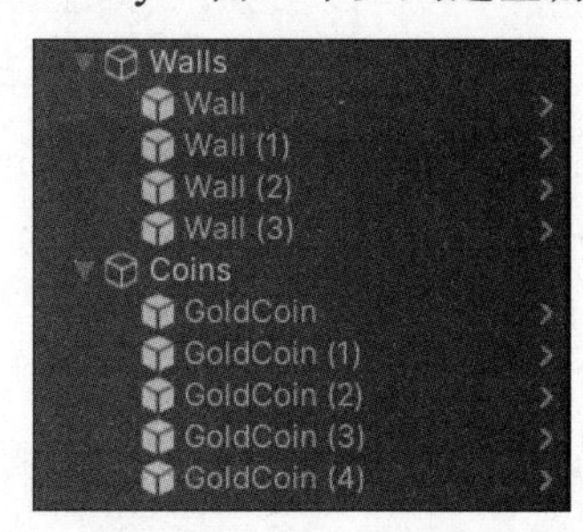

图 2-68　将墙体对象和金币对象置于相应文件夹

2．游戏功能开发

游戏功能开发部分主要分为控制小球移动功能、增加小球吃金币功能、增加金币旋转功能、增加相机视角跟随功能、增加计分 UI 面板以及小球游戏项目优化，具体开发流程如下。

（1）控制小球移动功能

① 为小球添加物理组件。

在项目场景搭建完成后，首先需要能够让小球，也就是“Player”移动起来。移动的方式非常多，通常有使用 AI 移动、控制坐标移动、控制刚体移动等，在此使用物理的方式让小球移动起来。

选中小球“Player”，在“Inspector”窗口中，单击“Add Component”添加组件，如图 2-69 所示。添加组件的方法有两种，如图 2-70 所示。

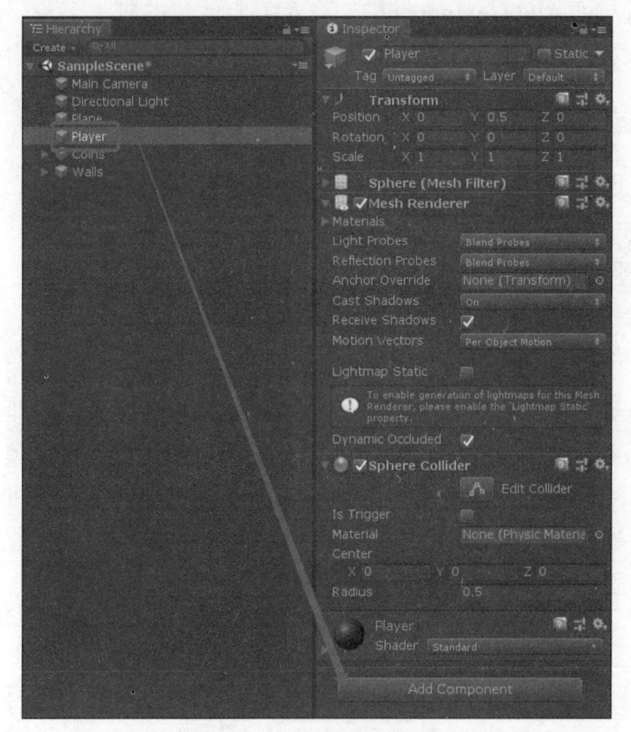

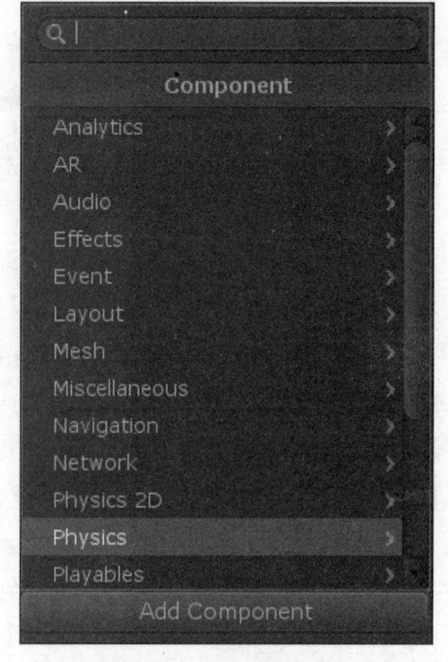

图 2-69　添加组件（1）　　图 2-70　添加组件（2）

方法一：通过“Add Component”中不同的选项，查找需要使用的组件并选择添加。

方法二：通过“Add Component”顶部的搜索文本框，搜索需要使用的组件并选择添加。

如果使用方法一，选中“Physic→Rigidbody”组件即可。如果使用方法二，输入“Rigidbody”（刚体），即可搜索到需要使用的组件。

添加完成后，“Player”将会获得移动的物理效果，可以控制“Player”进行相应的移动，添加“Rigidbody”组件，如图 2-71 所示。

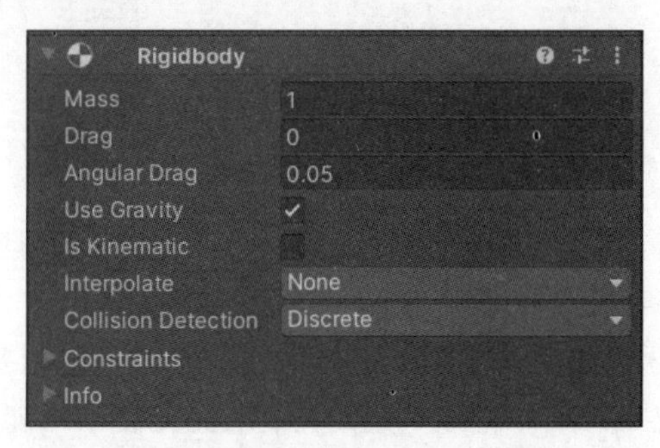

图 2-71　添加“Rigidbody”组件

② 编写控制小球移动代码。

为小球添加物理组件后，可以通过对小球施加不同方向的力来控制小球的移动，接下来就实现这个功能。

Step1：在 Unity 中，有多种添加代码的方法。

方法一：在“Project”文件夹下创建“Script”脚本，再拖动到需要使用该脚本的物体上。在需要使用该脚本的对象下，选中“Add Component”，输入需要创建的脚本名称，按“Enter”键，系统会自动在“Project”文件夹下创建该脚本。生成该脚本后，脚本会自动挂载在需要使用该脚本的对象上。

方法二：使用第二种挂载脚本的方式：选择“Add Component”，在搜索文本框中输入脚本名称“PlayerController”，单击“PlayerController”进行挂载脚本如图 2-72 所示。

图 2-72　挂载脚本

Step2：双击脚本将其打开，开始编写第一段代码。在初次生成的脚本中，系统会提供两个生命周期函数（方法），即 Start()方法、Update()方法。Start()方法通常用于给变量赋值或完成一些在游戏开始前的操作。而 Update()方法则被用于持续执行某些操作，例如处理用户输入、更新物理效果或实现动画等。这个方法会在每一帧渲染之前被调用。因此，在编写脚本时需要根据实际需求选择合适的方法。

Step3：为了能够让小球移动起来，需要获取“Player”游戏对象自身的“Rigidbody”组件，来为小球施加力，因此需要在“PlayerController”脚本中先声明该变量。

```
//访问权限 变量类型 变量名;
private Rigidbody rigidbody;
```

通过该语句即可定义一个“Rigidbody”组件。

Step4：现在需要对该组件进行赋值，通常有两种赋值方法。

方法一：通过“public”访问权限，可以在 Unity 中看到该变量，通过拖动的方式对变量进行赋值。

方法二：通过“private/protected”访问权限，在 Start()方法中对变量进行赋值。

下面将赋值语句放在 Start()方法中进行赋值。

```
void Start()
{
    //变量 = 获取游戏对象组件<组件类型>();
    rigidbody = GetComponent<Rigidbody>();
}
```

“GetComponent”前原本是“this.”，代表该游戏对象本身，但是从自身获取游戏对象，就不再使用“this.”，而是直接使用“GetComponent<>()”。

Step5：在 Update()方法中编写控制小球移动的代码，首先需要理清小球移动的逻辑：需要通过键盘控制，且需要为刚体施加一定的力，从而促使小球能朝向某个位置进行移动。

键盘控制需要使用“Input”类中的 GetKey()方法，来获取玩家按的键。由于需要施加力，因此需要用到 AddForce()方法，给予物体不同方向的力。但是这两种方法并没有直接的关联，如果直接放在 Update()方法中，会一边检测用户输入，一边让小球一直移动。由于两者完全没有关联，所以需要使用一个逻辑开关 if()控制小球是否运动。

代码如下：

```
void Update()
      {
        //如果长按“W”键
        if (Input.GetKey(KeyCode.W))
        {
              //给刚体添加一个方向力(0,0,1)，3个数字分别代表(x,y,z)轴方向的移动
        rigidbody.AddForce(0, 0, 1);
        }
      }
```

通过这段代码，用户长按“W”键，控制小球朝 z 轴，即自身的正前方进行移动，松开“W”键，则小球停止移动。

如果想让小球后退，将(0,0,1)改为（0,0,-1)即可，如图 2-73 所示。

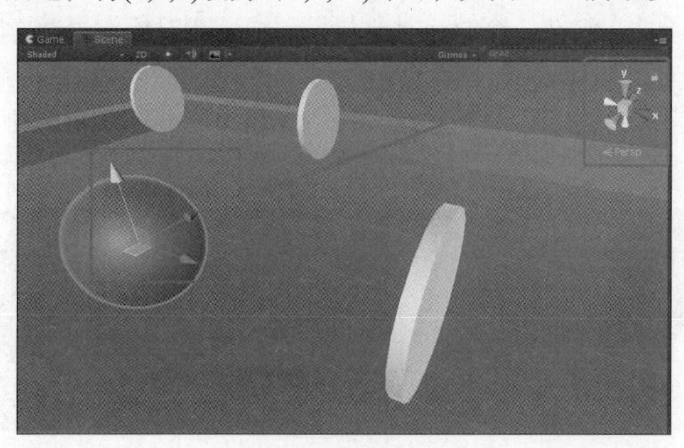

图 2-73 小球后退

可以看出：小球的前面朝向是 z 轴正方向，后面朝向是 z 轴负方向。右侧朝向是 x 轴正方向，左侧朝向是 x 轴负方向。由于小球不需要上下运动，因此 y 轴方向不需要考虑。小球的朝向可以表示为正 z / 负 z 方向是前后方向，正 x / 负 x 方向是左右方向。

在代码中实现如下：

```
void Update()
{
        //如果长按“W”键，则向前方(+z) 施加力度为1的力
        if (Input.GetKey(KeyCode.W))
        //给刚体添加一个方向力(0,0,1)，3个数字分别代表(x,y,z)轴方向的移动
            rigidbody.AddForce(0, 0, 1);
        //如果长按“S”键，则向后方(-z) 施加力度为1的力
        if (Input.GetKey(KeyCode.S))
            rigidbody.AddForce(0, 0, -1);
        //如果长按“A”键，则向左侧(-x) 施加力度为1的力
        if (Input.GetKey(KeyCode.A))
            rigidbody.AddForce(-1, 0, 0);
        //如果长按“D”键，则向右侧(+x) 施加力度为1的力
        if (Input.GetKey(KeyCode.D))
            rigidbody.AddForce(1,0,0);
}
```

通过本段完整的代码，可以成功控制小球向前后左右移动。

（2）增加小球吃金币功能

在前面的学习中，开发者已经能够控制小球进行移动，但开发者在程序运行过程中会发现，小球碰撞到金币后不会“吃掉”金币，而是会与之发生碰撞，甚至被弹开。

显然这不是理想的效果，现在需要增加小球吃金币的功能。开发者要控制小球吃掉金币，必须明白小球吃掉金币，二者之间必然发生接触，而在 Unity 引擎中，拥有多种检测这种接触，并处理游戏对象接触后所需要执行的操作的方法。

OnTriggerEnter(Collider other)：如果一个碰撞体进入一个触发器则调用。

OnCollisionEnter(Collision collision)：如果一个刚体或碰撞体与另一个刚体或碰撞体接触则调用。

为了在代码中处理碰撞事件，需要使用 Unity 提供的碰撞事件函数。其中最常用的是 OnCollisionEnter()函数，它在一个游戏对象与另一个游戏对象发生碰撞时被调用。在代码编辑器中输入“OnCollisionEnter”时，会出现与之相关的多个方法供选择，例如碰撞开始、碰撞中和碰撞结束等。在这里，我们选择“OnCollisionEnter”，以处理碰撞事件的开始，如图 2-74 所示。

图 2-74　选择碰撞开始方法

值得注意的是，OnCollisionEnter()是一个方法，需要与 Start()方法、Update()方法处于同一级别，不可以写在别的方法里面。

OnCollisionEnter(Collision collision)这个方法拥有一个参数，该参数是一个碰撞体，当一个碰撞体与另一个碰撞体接触后，被碰撞到的碰撞体会作为参数被传入 OnCollisionEnter (Collision collision)方法中。

开发者希望可以碰撞到金币，并将其销毁，需要被销毁的对象是参数中的“Collision”。

如果需要销毁某个对象，还可以调用 Unity 提供的 Destroy()方法，并将需要销毁的游戏对象作为参数传入。

注意：如果碰撞到金币，金币则作为参数被传入。如果碰撞到非金币游戏对象，也将其当作金币销毁，显然程序已经出现了漏洞，这并不是理想的效果。

因此需要对碰撞到的游戏对象进行判断，如果是金币则销毁，非金币则不进行处理。

代码如下：

```
private void OnCollisionEnter(Collision collision)
{
        //如果碰撞到的游戏对象名称为“GoldCoin”
        if (collision.collider.name == "GoldCoin")
              Destroy(collision.gameObject);//销毁这个游戏对象
}
```

运行程序，小球可以碰撞到金币并将其销毁，但并非所有的金币都会被销毁，而是只有名字为“GoldCoin”的金币被销毁，所以需要对代码进行优化。如果希望所有金币都能在碰撞时被销毁，可以使用“Tag”，即标签来判断碰撞的游戏对象是不是金币。

Step1：在“Project”窗口中，选择“GoldCoin”，并在“Inspector”窗口中选择“Open Prefab”来打开预制体文件，如图 2-75 所示。

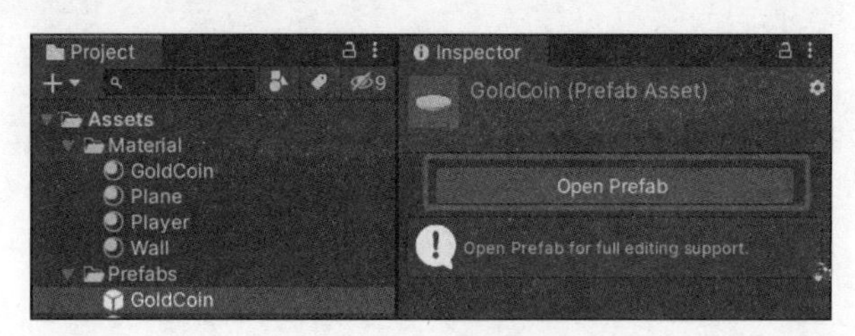

图 2-75　打开预制体文件

Step2：打开后查看这个预制体文件的“Inspector”窗口中的所有属性，此时选中“Inspector”窗口顶部的“Tag”，并单击“Add Tag”为预制体添加标签，如图 2-76 所示。

Step3：进入添加标签界面后，选择“+”（见图 2-77），添加“GoldCoin”标签（见图 2-78）并保存。

图 2-76　为预制体添加标签

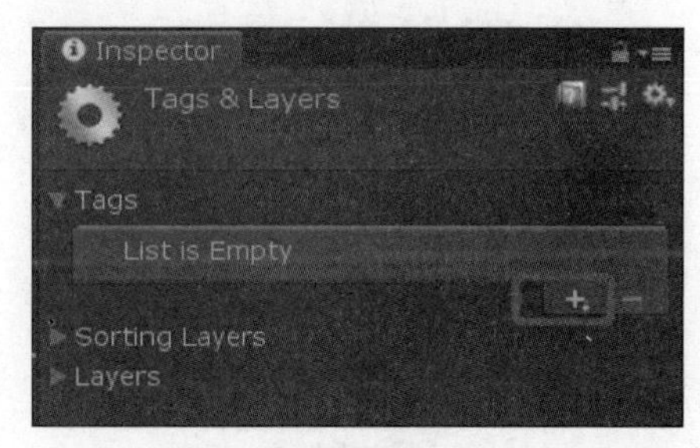

图 2-77　选择“+”

Step4：保存成功后，再次选择“GoldCoin”的预制体文件，在“Tag”界面中可以看到“GoldCoin”标签。

此时回到“Hierarchy”窗口中查看所有的金币，它们的标签都更新为“GoldCoin”。

Step5：Unity 中的修改已经完成，此时需要再次进入代码中进行调整。修改标签前，使用碰撞到的游戏对象的名字来进行判断；修改标签后，需要使用标签来进行判断。

图 2-78　添加“GoldCoin”标签

```
private void OnCollisionEnter(Collision collision)
{
        //如果碰撞到的游戏对象标签为“GoldCoin”
        if (collision.collider.tag == "GoldCoin")
              Destroy(collision.gameObject);//则销毁这个游戏对象
}
```

Step6：更改原本的“collider.name”为“collider.tag”，保存代码后，运行程序，小球可以顺利吃掉所有金币。

完整代码如下：

```
public class PlayerController : MonoBehaviour
{
    //访问权限 变量类型 变量名;
    private Rigidbody rigidbody;
    void Start()
    {
        //变量 = 获取游戏对象组件<组件类型>();
        rigidbody = this.GetComponent<Rigidbody>();
    }
    void Update()
     {
        //如果长按“W”键，则向前方(+z) 施加力度为 1 的力
        if (Input.GetKey(KeyCode.W))
        //刚体.添加方向力(0, 0, 1)，3 个数字分别代表(x,y,z)轴方向的移动
            rigidbody.AddForce(0, 0, 1);
        //如果长按“S”键，则向后方(-z) 施加力度为 1 的力
        if (Input.GetKey(KeyCode.S))
            rigidbody.AddForce(0, 0, -1);
        //如果长按“A”键，则向左侧(-x) 施加力度为 1 的力
        if (Input.GetKey(KeyCode.A))
            rigidbody.AddForce(-1, 0, 0);
        //如果长按“D”键，则向右侧(+x) 施加力度为 1 的力
        if (Input.GetKey(KeyCode.D)
       )
            rigidbody.AddForce(1, 0, 0);
    }
    private void OnCollisionEnter(Collision collision)
    {
        //如果碰撞到的游戏对象标签为“GoldCoin”
        if (collision.collider.tag == "GoldCoin")
            Destroy(collision.gameObject);//则销毁这个游戏对象
    }
}
```

（3）增加金币旋转功能

完成前面增加小球吃金币的功能后，游戏已经制作完成。但金币仅仅可以被销毁，则游戏缺乏一定的真实性，开发者可以为金币添加旋转效果，让游戏变得更加有趣。

对开发者而言，让某一游戏对象旋转，便是让其在一个或多个轴进行角度变换，这里只需要让金币左右旋转即可。

Step1：创建一个新的脚本，附加在金币的预制体上，即可让所有的金币都拥有该脚本。步骤同前文所述，在“Project”窗口中选中“GoldCoin”，打开预制体文件，并单击“Add Component”添加脚本组件，将其命名为“CoinControl”并双击打开它。在编写代码之前，如果希望让金币旋转起来，则有多种方式。

① 直接控制金币对象的“Transform”组件，让它围绕某一轴进行旋转。

② 使用“Rigidbody”组件，用 AddTorque()方法使其旋转。

在此选择使用 AddTorque()方法实现该功能。

Step2：在金币预制体文件中，对该预制体添加“Rigidbody”组件。在“CoinControl”

代码中定义一个“Rigidbody”变量，并通过代码在 Start()方法中获取该组件，代码如下：

```
private Rigidbody rigidbody;
// 在第一帧更新之前调用 Start()方法
void Start()
{
    rigidbody = GetComponent<Rigidbody>();
}
```

Step3：获取到“Rigidbody”组件后，如果希望金币能够一直旋转，则需要在 Update()方法中一直执行，需要使用“Rigidbody”组件的 AddTorque()方法来进行旋转。

Step4：在 Unity 手册的描述中，该方法会向调用该方法的刚体添加扭矩，使其围绕某一轴进行旋转，可以指定旋转的轴和每次旋转的角度，如图 2-79 所示。想要了解更多关于该方法内容的开发者可以查阅 Unity 手册。

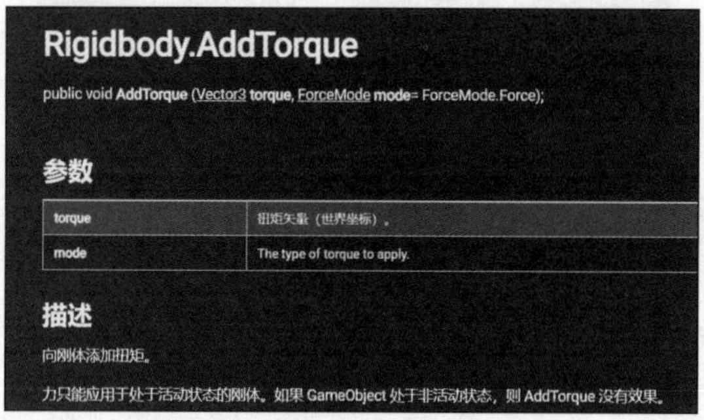

Rigidbody.AddTorque

public void AddTorque (Vector3 torque, ForceMode mode= ForceMode.Force);

参数

torque	扭矩矢量（世界坐标）。
mode	The type of torque to apply.

描述

向刚体添加扭矩。

力只能应用于处于活动状态的刚体。如果 GameObject 处于非活动状态，则 AddTorque 没有效果。

图 2-79　AddTorque()方法说明

Step5：金币原本是通过一个圆柱体进行形状变换而来的，如果想要让金币左右旋转，使其围绕 y 轴旋转即可。代码如下：

```
void Update()
{
    rigidbody.AddTorque(Vector3.up);//围绕 y 轴旋转
}
```

再次运行程序，发现金币已经处于旋转状态了，脚本代码如下：

```
public class CoinControl : MonoBehaviour
{
    private Rigidbody rigidbody;//存放金币刚体组件
    // Start is called before the first frame update
    void Start()
    {
        rigidbody = GetComponent<Rigidbody>();
    }

    // 每一帧调用一次 Update()方法
    void Update()
    {
        rigidbody.AddTorque(Vector3.up);//围绕 y 轴旋转
    }
}
```

（4）增加相机视角跟随功能

目前的游戏项目开发过程中，相机视角只能固定在调整好的位置上，并不会发生变化，在场景小的游戏项目中可以观察其变化；但在场景大的游戏项目中，如果不更新相机位置，角色很容易走出相机视野，玩家的游戏体验也会变得糟糕。

相机视角跟随，即相机随着角色的移动而移动，需要将角色移动时坐标的变化值赋给相机的位置，并且进行实时更新。

Step1：重置“Main Camera”坐标，如图 2-80 所示，保证相机方向与角度跟“Player”一致。

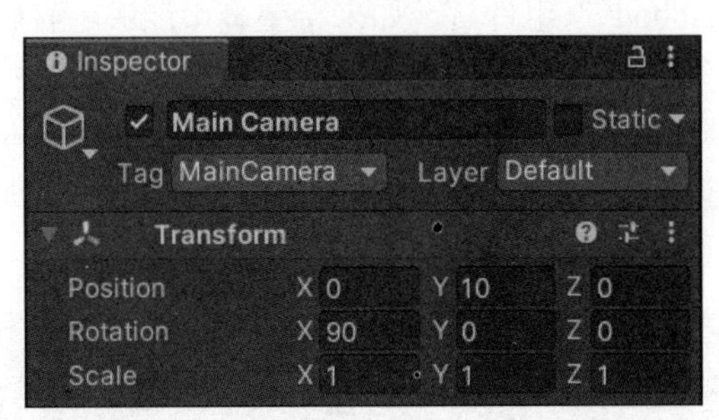

图 2-80　重置“Main Camera”坐标

Step2：如果想要实现相机视角跟随功能，需要获取角色移动的三维坐标，并且设置相机的三维坐标，可使用 MoveToWards()实现。

Step3：为“Hierarchy”窗口中的“Main Camera”添加脚本组件，将其命名为“CameraControl”，双击打开该脚本。

Step4：定义一个“Transform”组件变量，获取“Player”的坐标，在 Start()方法中进行更新。代码如下：

```
private Transform transform;
// 在第一帧更新之前调用 Start()方法
void Start()
{
    transform = GameObject.Find("Player").GetComponent<Transform>();
}
```

Step5：本来获取组件都是在自身获取，而在该脚本中，需要获取场景中其他游戏对象的组件，因此需要查找到该游戏对象，再获取到该游戏对象的“Transform”组件。

Step6：获取到“Transform”组件后，将“Player”的“Position”持续赋值给相机的“Position”，使其进行位置更新。

代码如下：

```
public class CameraControl : MonoBehaviour
{
    private Transform playerTransform;
    // 在第一帧更新之前调用 Start()方法
    void Start()
    {
        playerTransform = GameObject.Find("Player").GetComponent<Transform>();
    }
    // 每一帧调用一次 Update()方法
    void Update()
    {
```

```
            //相机.位置 = Vector3.MoveTowards〔原本的坐标,更新的坐标(玩家的 X,自身的 Y,玩家的 Z),
单次移动的距离〕
        transform.position = Vector3.MoveTowards
            (
                transform.position, new Vector3
                    (playerTransform.position.x,transform.position.y,playerTransform.
                    position.z)
                        ,3f);
            }
        }
```

将“Player”的坐标传输到“Camera”上，实现相机视角跟随。

（5）增加计分 UI 面板

在前面的开发过程中，已经实现了本游戏项目中的大部分功能，但是一个完整的游戏需要 UI 面板来跟玩家进行互动和实现数据上的可视化等。本部分内容是实现 UI 部分的功能。

在 Unity 中，系统本身提供大部分常用的 UI 组件，可以根据需要添加不同组件丰富游戏。

Step1：在“Hierarchy”窗口中，右击空白区域，可以查看 UI 选项，找到“Panel”（画布），单击即可创建“Panel”，如图 2-81 所示。

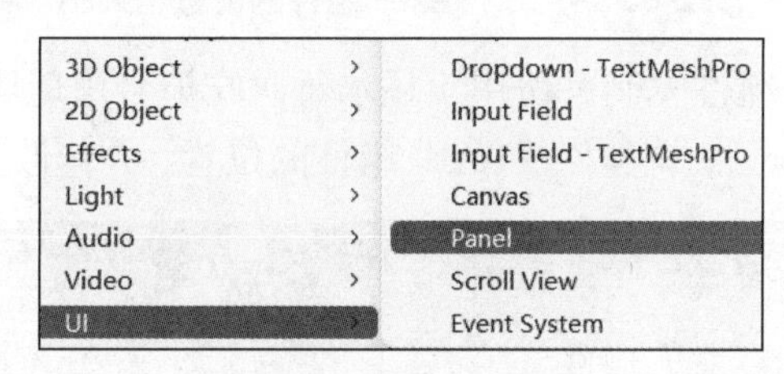

图 2-81 创建“Panel”

Step2：在“Scene”视图中，很难看到“Panel”对象，可以通过双击该对象进行快速定位，在“Scene”视图中可以单击“2D”选项，切换到 2D 视图来进行 UI 编辑，如图 2-82 所示。且开发者可以在“Game”视图中看到白色的画布，因为“Panel”在屏幕上进行渲染。

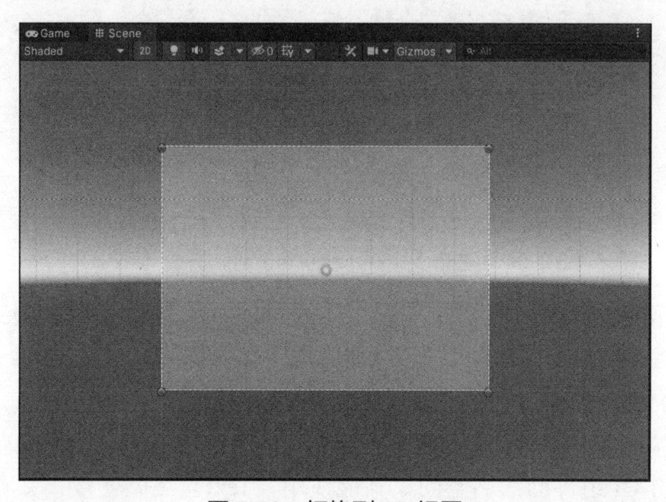

图 2-82 切换到 2D 视图

Step3：需要为游戏添加计分面板来显示当前用户吃金币所得分数总和，在“UI”中选“Text”来进行 UI 的设置。

注意：UI必须在“Canvas”上创建，无法脱离“Canvas”存在，Unity默认会创建（在未创建的情况下）“Canvas”组件。在“Hierarchy”窗口中选中“Panel”对象，右击，在弹出的快捷菜单中选择“UI”，添加“Text”组件，将其命名为“TxtScoreUI”。该“Text”组件是用于显示得分的，需要修改该“Text”组件的位置、大小，如图2-83所示。

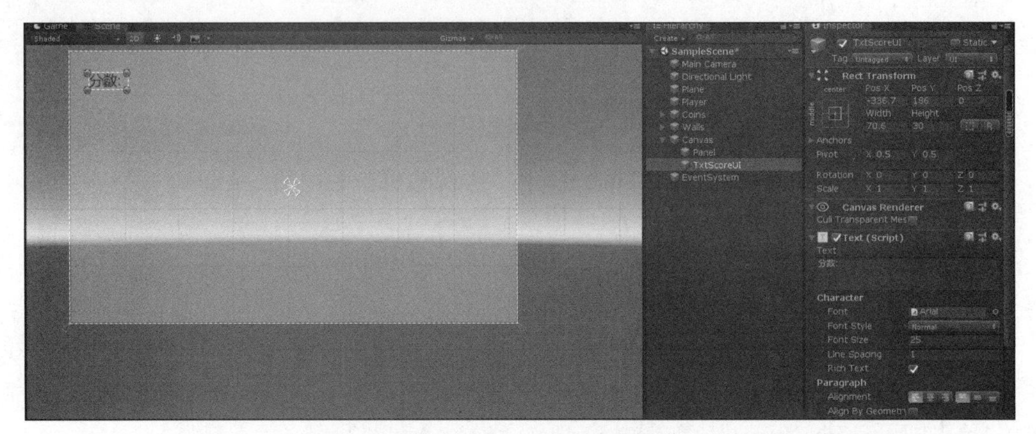

图2-83 修改“Text”组件的位置、大小

Step4：将该“Text”组件复制一份用于显示每次吃掉金币后所新增的得分数据，并将其命名为“TxtScoreNumber”，调整该“Text”组件的位置，并修改其数值，如图2-84所示。

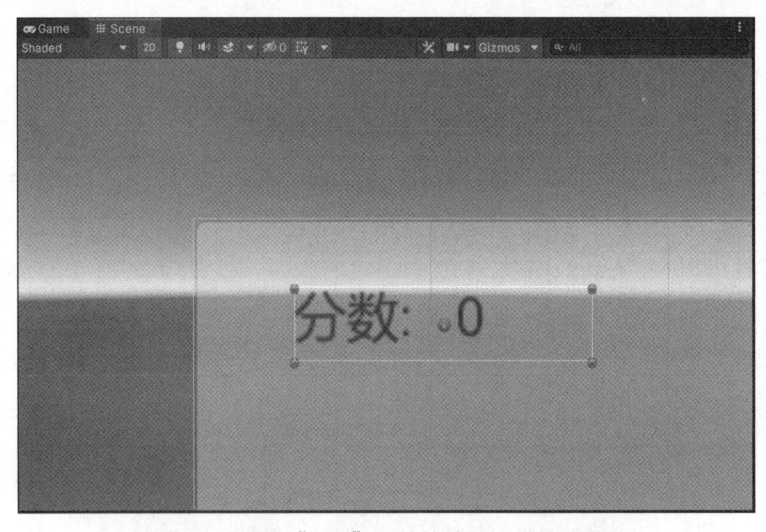

图2-84 调整“Text”组件的位置，并修改数值

UI的基础设置已经完成，接下来实现把数据写入UI面板。在“Player”碰撞到金币后对数值进行更新，并将数据写入UI中，这部分代码需要被写入“PlayerController”脚本中，并添加与UI分数类型相对应的int类型分数，开发者在代码中控制得分。

Step5：首先需要获取“Panel”的“TxtScoreNumber”组件。但是在获取“Text”类型变量前，需要引用UI组件的命名空间，才能使用“Text”类型变量，并在Start()方法中获取该“Text”组件，代码如下：

```
private Rigidbody rigidbody;//获取“Rigidbody”组件
private int score;//代码中记录得分
```

```
    private Text txtScore;//获取“Text”组件
    // 在第一帧更新之前调用 Start()方法
    void Start()
    {
        //变量 = 获取游戏对象组件<组件类型>();
        rigidbody = this.GetComponent<Rigidbody>();
        score = 0;
        txtScore = GameObject.Find("TxtScoreNumber").GetComponent<Text>();
    }
```

Step6：获取到该“Text”组件后，则可以在触发检测后实现分数的递增，并将其转化为字符串赋值给“text”文本。代码如下：

```
private void OnTriggerEnter(Collider other)
{
        //如果碰撞到的游戏对象标签为“GoldCoin”
        if (other.tag == "GoldCoin")
        {
            score++;//分数递增
            //将分数从 int 类型转换为 string 类型赋值给“text”文本
            txtScore.text = score.ToString();
            Destroy(other.gameObject);//销毁这个游戏对象
        }
}
```

Step7：运行程序可以发现小球吃掉金币后分数会增加，但是在“Game”视图中画面被白色画布所遮挡，接下来在“Panel”的“Inspector”窗口选择“Image”组件，将“Panel”的“Color”设置为 0 即可，如图 2-85 所示。

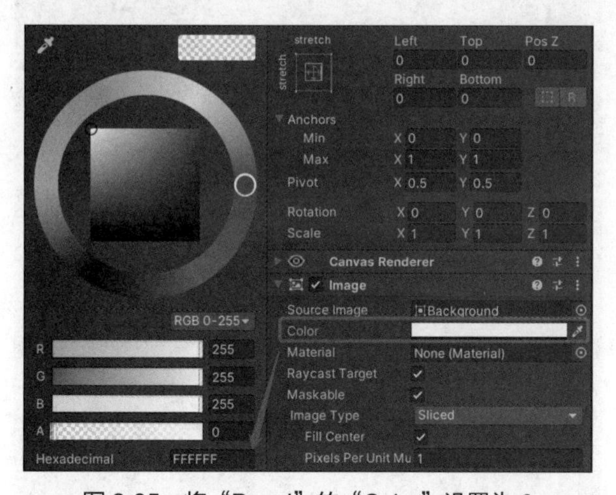

图 2-85　将“Panel”的“Color”设置为 0

（6）小球游戏项目优化

① 金币碰撞销毁优化。

程序在运行中没有出现明显的漏洞，但是在碰撞销毁金币的过程中，会出现明显的卡顿，这是两个碰撞体进行碰撞的物理效果，可是这样的效果会影响游戏体验。

Step1：需要将“OnCollisionEnter”修改为“OnTriggerEnter”。

代码如下：

```
private void OnTriggerEnter(Collider other)
{
        //如果碰撞到的游戏对象标签为“GoldCoin”
        if (other.tag == "GoldCoin")
            Destroy(other.gameObject);//则销毁这个游戏对象
}
```

Step2：在 Unity 中打开金币的预制体，勾选“Capsule Collider”中的“IsTrigger”，表示将该碰撞体变为一个触发器。在拥有“Rigidbody”组件的状态下，“Collider”变为触发器，金币会直接穿越地面，所以需要禁用金币的“Use Gravity”（使用重力）选项，如图 2-86 所示。

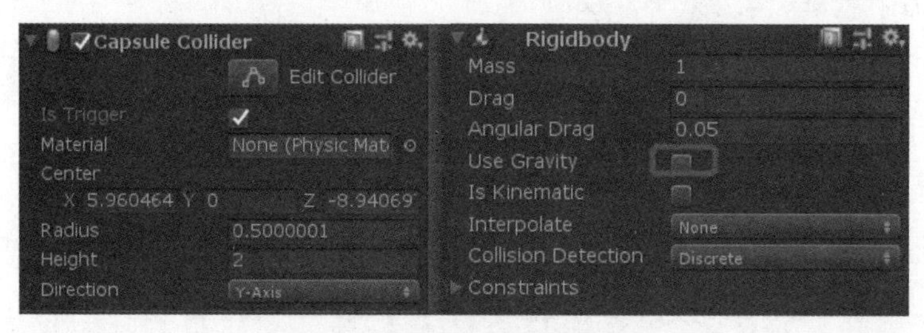

图 2-86　禁用金币的重力选项

② UI 显示优化。

Step：在游戏项目中，如果希望能够在不同尺寸分辨率的屏幕上进行自适应，选中“Hierarchy”窗口中的“Panel”，在“Inspector”窗口中选择“Rect Transform”进行自适应，如图 2-87 所示。

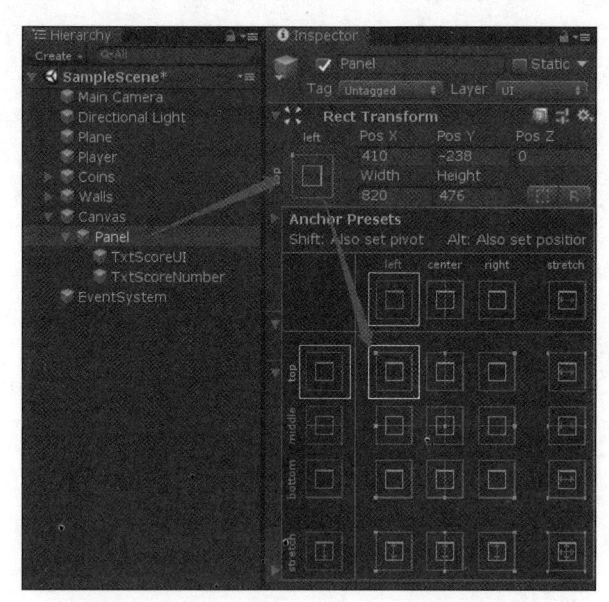

图 2-87　选择“Rect Transform”进行自适应

③ 项目文件优化。

在完成整个项目后，可以看到“Project”窗口中的内容较为杂乱，如图 2-88 所示。

Step：添加新的文件夹“Scripts”用来存放脚本，如图 2-89 所示。

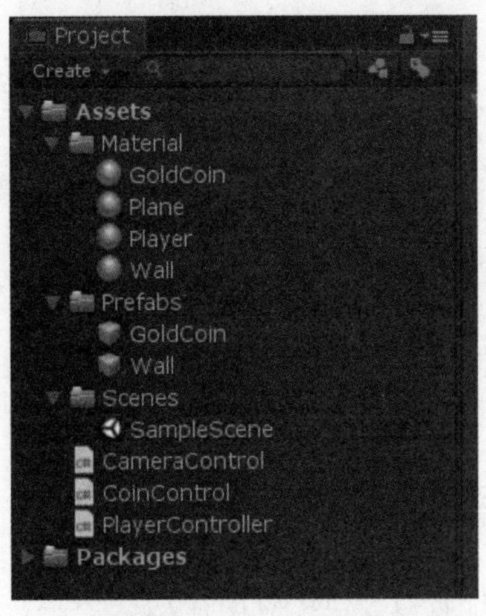

图 2-88　“Project”窗口

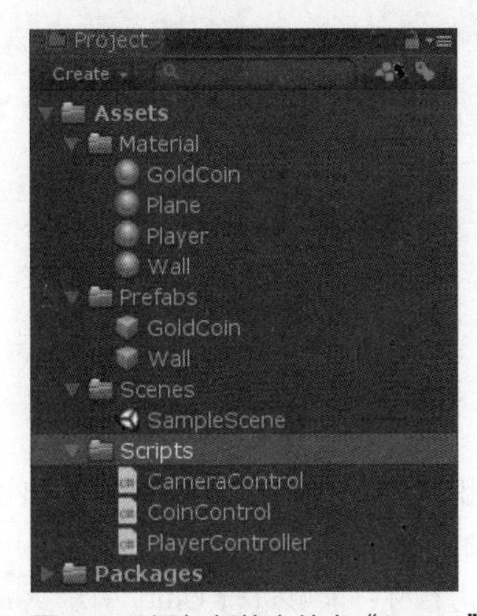

图 2-89　添加新的文件夹“Scripts”

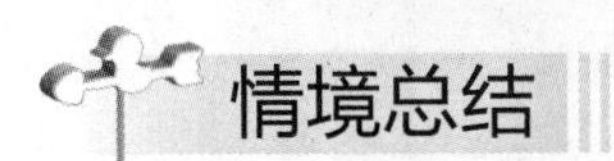

情境总结

Unity 是专业的跨平台游戏开发引擎，提供易用实时平台，开发者可以在平台上开发各种 AR 项目和 VR 项目进行互动。本学习情境介绍了 Unity 的基本操作界面、资源导入、C#脚本编写、Unity 基础组件，详细介绍了大部分组件的功能和使用方法，并讲述了如何处理简单 Unity 素材，以及制作简单 Unity3D 项目的方法和过程，方便开发者理解和掌握 Unity 的使用方法。

微课视频

问答 01

课后习题

一、填空题

1. Unity 引擎提供的物理组件是________________。
2. Start()方法将在___________之前，_______________之后执行。
3. Unity 的____________________可以给开发者提供大量资源进行下载。
4. Unity 界面主要包括菜单栏、工具栏、两个工作区视图（即“Scene”视图、_________________）以及 3 个主要窗口（即_____________________、“Project”窗口、____________________）。

二、判断题

1. 一个游戏项目中只能存在一个游戏场景。（　　）
2. Unity 中只有 Start()和 Update()两个生命周期函数。（　　）
3. 在单个场景中每次只能启用一个相机。（　　）

三、简答题

1. 简述 OnTriggerEnter()方法和 OnCollisionEnter()方法的区别以及特点。
2. 简述 Unity 引擎中的生命周期及其作用。

学习情境③ Vuforia 学习

学习目标

知识目标：了解 AR 引擎开发基础知识，AR 技术中的图像识别原理及其过程；学习主流的 SDK。

能力目标：能够进行 Unity 引擎 Android 环境配置以及 AR 应用开发。

素养目标：学习 AR 技术中的图像识别功能基础知识，掌握 AR 引擎开发基础；能够以此为参照学习多种主流 SDK，从而进行多种类型的 AR 项目开发。

引例描述

小赵同学在了解 AR 技术的魅力后，决定尝试开发一款属于自己的 AR 应用，但小赵同学只具备 AR 技术的理论知识，还需要学习如何实操从而实现 AR 应用的开发。本学习情境主要将带领开发者学习开发 AR 应用的开发引擎、Android 应用的打包以及制作一款基于 Vuforia 插件的平面识别 AR 应用。通过本学习情境的学习，开发者能够了解 AR 应用的开发流程，为后续的项目学习打下良好的基础。

知识储备

3.1 Vuforia 概述

Vuforia 是针对移动设备 AR 应用的软件开发工具包。它利用计算机视觉技术实时识别和捕捉平面图像或简单的三维物体（例如盒子），然后允许开发者通过摄像机取景器放置虚拟物体并调整物体在镜头前实体背景上的位置。

Vuforia 是一个让 App 拥有视觉的软件平台。开发者可以非常容易地给几乎任何 App 添加先进的计算机视觉功能，可以识别图像和物体以及重构现实环境，其特点是可以识别和追踪图像、物体、文字、标记，然后重构环境。Vuforia 支持各种 2D 和 3D 目标类型，包括无标记图像目标、3D 模型目标和一种称为 VuMarks 的可寻址基准标记。Vuforia 的其他功能包括空间中的 6 自由度设备定位、使用虚拟按钮的定位遮挡检测、运行时图像目标选择以及在运行时以编程方式创建和重新配置目标集。

Vuforia 通过对 Unity 引擎的扩展以 C++、Java、Objective-C++和.NET 语言提供应用 API。这样，Vuforia 既支持 iOS、Android 和 UWP 的原生开发 AR 应用程序，也支持在 Unity 中开发易于移植到 Android 和 iOS 的 AR 应用程序。

Vuforia 提供了对图像、物体和环境等各种对象和空间的跟踪。使用这些功能可快速创建符合用户需求的解决方案和 Vuforia 应用程序。

3.2 Vuforia 功能

总地来说，Vuforia 功能可以按照识别的对象不同，分为跟踪图像、跟踪对象、跟踪环境三大部分。跟踪图像包括图片识别、多目标识别、圆柱体识别、条形码识别等；跟踪对象主要有模型识别；跟踪环境主要有区域识别和地平面扫描。

3.2.1 跟踪图像

微课视频

知识点 06

（1）图片识别

图片识别（Image Targets）功能用于识别 Vuforia 可以检测和跟踪的图像。Vuforia 将从摄像机拍摄的图像中提取的自然特征与已知目标资源数据库进行比较来检测和跟踪图像。检测到图像目标后，Vuforia 将使用图像跟踪技术对图像进行无缝跟踪并增强其内容，如图 3-1 所示。

图 3-1　图片识别

（2）多目标识别

多目标识别（Multi Targets）功能是对多个图像目标的集合的识别，它们组合成定义的几何布局。该功能允许从各个方面进行跟踪和检测，并且可以在营销、包装和教学环境中为众多案例提供服务。使用时需要先在 Vuforia 目标管理器中创建多目标，然后上传适合多目标尺寸的图像，如图 3-2 所示。

图 3-2　多目标识别

（3）圆柱体识别

圆柱体识别（Cylinder Targets）功能能够检测和跟踪“包裹”成圆柱和圆锥的图像。该功能可用于跟踪圆柱目标的侧面和平坦的顶部与底部。圆柱体主要用于消费品，通常具有独特的标签，非常适合用于创建 AR 体验，如图 3-3 所示。

（4）条形码识别

条形码识别是一种通过扫描设备读取条形码中数据的技术。条形码本质上是一种数据编码方式，通常以黑白条纹或矩阵图案的形式表示。条形码识别的过程会使用光学扫描设备（如条形码扫描仪或智能手机的摄像头），来捕捉条形码图像，然后通过特定的算法解码其中包含的信息。

在 Vuforia 中，VuMarks 是一种独特的条形码形式（图 3-4），可以进行定制，并且可以包含更多复杂的数据信息。通过 Vuforia，设备能够识别和解码这些 VuMarks，从而在增强现实（AR）应用中触发特定的动作或内容。这使得 VuMarks 特别适合企业级应用，如产品追踪、设备管理和交互式广告等场景。

图 3-3　圆柱体识别

图 3-4　VuMarks

3.2.2　跟踪对象

模型识别（Model Recognition）功能使用 Vuforia 构建的应用程序，能够根据对象的形状识别、跟踪真实世界中的特定对象，如图 3-5 所示。

图 3-5　模型识别

3.2.3　跟踪环境

（1）区域识别

区域识别（Area Targets）是 Vuforia 支持的跟踪环境功能，可让用户跟踪和扩大区域及空间。通过使用 3D 扫描获取空间的精确模型来创建区域目标设备数据库，用户可以轻松地为扫描环境中的静态对象提供 AR 功能。这使得创建游戏、导航应用程序和空间指令成为可能，它们都将周围环境用作要探索的交互元素。办公室、工厂车间、公寓、博物馆和许多其他区域是区域识别的理想应用场景，如图 3-6 所示。

图 3-6 区域识别

（2）地平面扫描

Vuforia 的地平面扫描（Ground Plane）可将数字内容放置在 AR 环境中的水平面上，例如地板和桌面。它支持水平面的检测和跟踪，能够使用锚点将内容放置在半空中，如图 3-7 所示。

图 3-7 地平面扫描

开发 AR 应用需要使用 AR 开发的相关插件，而 Vuforia 是当下流行的一款 SDK，Vuforia 的识别速度快且稳定，可在各种硬件上实现强大的跟踪功能，并且支持许多第三方设备，例如 AR/MR 眼镜等。Vuforia 也受众多 AR SDK 开发者的青睐，拥有众多的强大功能，如图片识别、多目标识别、文字识别、云识别等，以及高质量识别的技术。学习好该插件，有利于开发者快速进行 AR 应用开发。

图片识别是 Vuforia 的核心功能之一，也是本次 AR 应用开发中的重要功能，如图 3-8 所示。在开发 AR 应用过程中，需要注意 Vuforia 识别图制作的有关原理和规则。

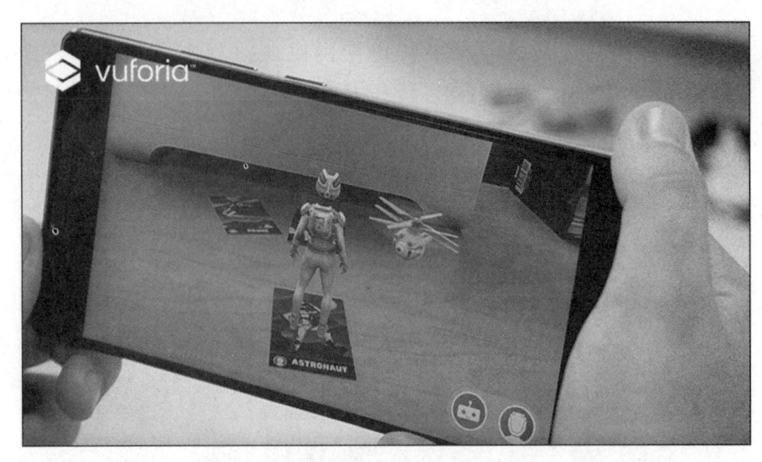

图 3-8　图片识别

3.3 Vuforia 的识别原理及过程

微课视频

知识点 07

Vuforia 是一个静态链接库，作为客户端封装进最终的 App 中，用来实现最主要的识别功能，Vuforia 官方提供的示例包含 9 种应用效果，这里主要讲的是图像目标识别的基本原理。

图像目标示例展示了 Vuforia 如何检测图像目标，并在其上渲染简单的 3D 对象。主要功能如下。

① 同时检测和多目标跟踪。

② 加载和激活多个设备中的数据库。

③ 激活扩展跟踪。

④ 管理相机功能：闪光灯和连续自动对焦。

Vuforia 中图像目标（见图 3-9）识别的原理是通过检测自然特征点完成图片的识别、匹配过程。将 Target Manager 中 Image 检测出的特征点保存在数据库中，然后实时检测出真实世界图像中的特征点并与数据库中模板图片的特征点进行数据匹配。

图 3-9　图像目标

Vuforia 的特征点识别如图 3-10 所示，图像目标识别过程可以归纳为以下 4 点。

① 在服务器端对上传的图片进行灰度处理，将图片变为黑白图像。

② 提取黑白图像特征点。

③ 将特征点数据打包。

④ 程序运行时对比特征点数据包。

图 3-10　特征点识别

3.4　Vuforia 识别图的设计规则

Vuforia 支持的图片必须是 8 位或 24 位的 PNG 格式或者 JPG 格式图片。JPG 格式图片必须是 RGB 无灰度（非灰色）的，最大支持的文件大小为 2.25MB；对于桌面、近场、产品货架以及类似场景，物理印刷的图像目标尺寸应至少为 12cm 宽，并且位于合理的高度上，以提供良好的 AR 体验。建议的图像目标尺寸大小根据实际的目标等级和到物理图像目标的距离而有所不同。Vuforia 中不同的基本图形的特征点有所不同，同时，Vuforia 会对识别图按照星级评定，最高为五星，星级越高，识别速度越快，显示物体越稳定，越不易出现抖动现象。接下来将介绍 Vuforia 中的基本图形的特征点和五星识别图的特征。

Vuforia 中的基本图形的特征点如下。

① 圆形没有特征点，因为它没有尖锐或棱角分明的细节。

② 方形有 4 个特征点，方形的每个角点均是特征点。

③ 半圆形有 2 个特征点，它的两个尖锐角点是特征点。

Vuforia 五星识别图具有以下特征。

① 图片具有丰富的细节（如街景图、行人图、拼贴画）。

② 具有良好的对比性信息（有明亮和黑暗的对比区域）。

③ 没有大量重复元素（如草地和现代房屋前的相同款式的窗户或其他规则的网格或图案）。

④ 图片中的细节有棱角，且棱角数量较多。

⑤ 图片细节的棱角分布均匀。

⑥ 单个元素所占面积小。

需要注意的是，图像目标至少为一星级才可以被识别、使用，零星级的图像目标不会被识别，所以为了保证开发顺利，应尽可能地提高识别图的星级。不同星级的识别图如图 3-11～图 3-14 所示。

图 3-11　一星识别图

图 3-12　三星识别图

图 3-13　五星识别图

图 3-14　特征点识别图

3.5 组件

Vuforia 有 3 个重要的组件，包括 Vuforia Engine、Tools 以及 Cloud Recognition Service。

3.5.1 Vuforia Engine

Vuforia Engine 是一个客户端库，它可以被静态链接到 App 中。该引擎提供了客户端 SDK，支持 Android 和 iOS 平台。此外，开发者可以使用 Eclipse、Xcode 或 Unity 引擎等工具进行跨平台 App 的开发。

3.5.2 Tools

Vuforia 提供 Tools 来创建对象、管理对象数据库以及加密许可证。

① The Vuforia Object Scanner（Android 可用），用户可以轻松地扫描 3D 物体并生成与 Vuforia 兼容的对象格式，从而可以方便地将其用于 AR 体验的开发。

② The Target Manager 是一个 Web App，用户可以在设备和云上创建对象的数据库。

③ The Calibration Assistant，开发者为 AR 眼镜开发 App 时可以使用这个工具。

④ The License Manager，所有的 App 都需要一个许可证密钥才能工作，这个工具能够让用户创建和管理自己的许可证密钥和关联服务计划。

3.5.3　Cloud Recognition Service

当开发者的 App 需要识别大量的图像目标时或者数据库频繁更新时，Vuforia 提供了 Cloud Recognition Service。Vuforia 的 Web 服务 API 可以在云端高效地管理这些大型的图像目标数据库，让用户将图像目标数据库直接自动地集成到自身的内容管理系统。

任务 1　Android 开发环境配置

微课视频

实操 04

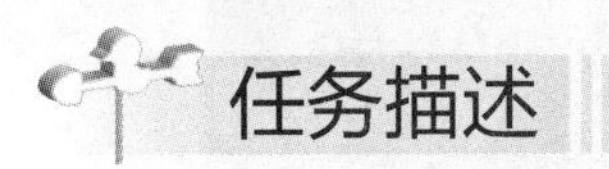

任务描述

通过前面的学习，相信开发者已经大致掌握了 Unity 基础知识。本任务将主要讲述通过 Unity Hub 创建项目、自动配置 Android 开发环境、手动配置 Android 开发环境，以及打包 Android 应用的基本流程。通过本任务的学习，开发者将了解 Android 开发环境的配置方法，为下一阶段开发 AR 应用做准备。

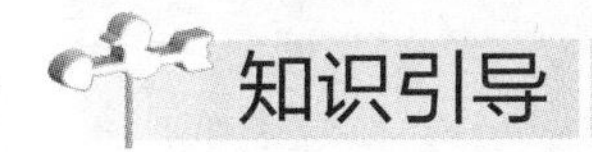

知识引导

在本任务中，开发者需要下载并安装 Unity 编辑器，并熟悉 Unity Hub 的相关模块功能。重点介绍 Unity 引擎的 Android 开发环境配置和 Android 应用打包流程。开发者将学习如何通过 Unity Hub 创建新项目，并进行 Android 开发环境的配置与打包。

任务实施

1. 创建新项目

开发者可通过 Unity Hub 创建 Unity 项目。打开 Unity Hub，在默认界面中选择“新项目”，然后选择“编辑器版本→所有模板→3D”，如图 3-15 所示。

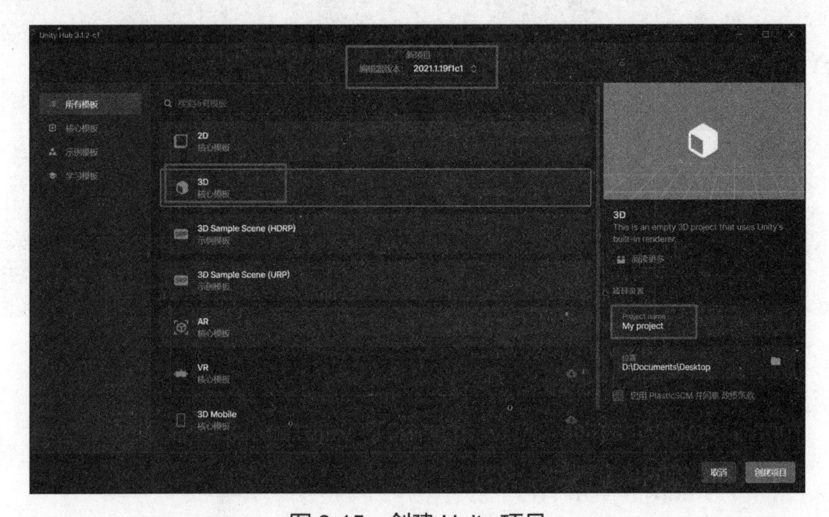

图 3-15　创建 Unity 项目

对“Project name”和“位置”进行设置之后，便可以选择“创建项目”，然后打开项目，效果如图 3-16 所示。

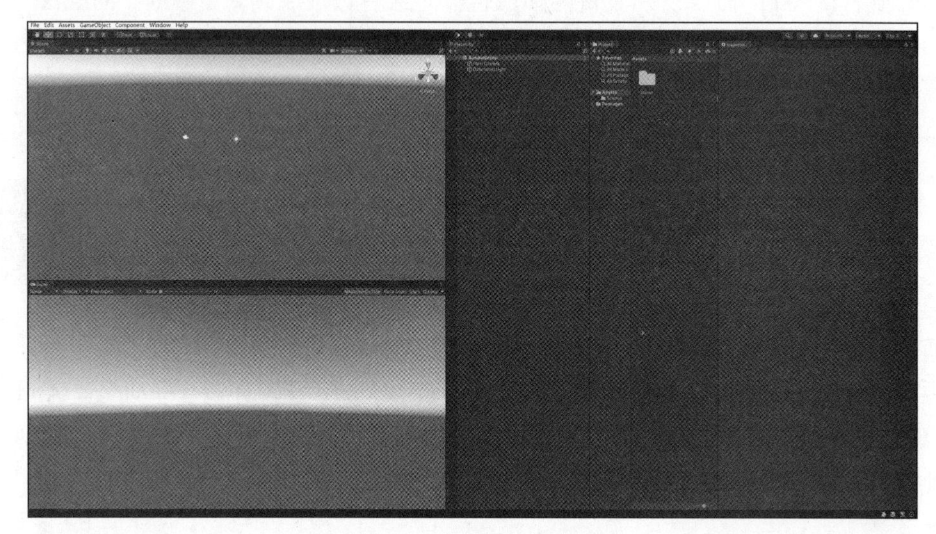

图 3-16　打开 Unity 项目

2. 自动配置 Android 开发环境

本部分主要为开发者介绍如何在 Unity Hub 中进行 Android 开发环境自动配置，即如何在 Unity Hub 中添加“Android Build Support”模块。首先，开发者需要打开 Unity Hub，找到需要添加模块的 Unity 版本，然后单击相应版本右上角的“设置”按钮，选择添加模块，在添加模块中找到“Android Build Support”模块（该模块包括 Android SDK & NDK Tools、Open JDK）并单击“继续”按钮，如图 3-17 所示。

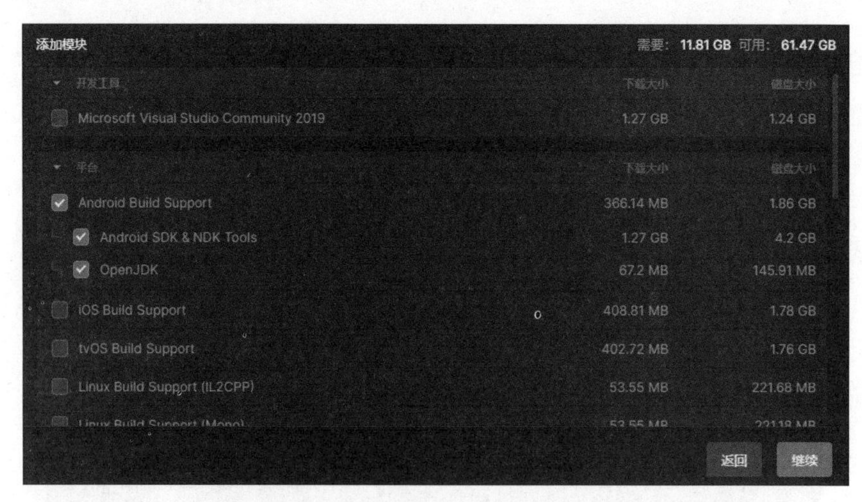

图 3-17　在 Unity Hub 中添加“Android Build Support”模块

3. 手动配置 Android 开发环境

手动配置 Android 开发环境需要开发者下载 Android SDK 和 JDK，建议版本如下。

Android SDK：Android SDK API Level 29 及以上。

JDK：JDK 1.8.0 及以上。

（1）JDK 环境变量配置

对 Java 程序开发而言，主要用到 JDK 的两个命令，即 javac.exe、java.exe，它们位于 C:\Java\jdk\bin 路径下。但是由于这些命令不属于 Windows 操作系统的命令，所以使用前需要进行环境变量配置。

① 单击“计算机→属性→高级系统设置”，打开“系统属性”对话框，如图 3-18 所示。单击“环境变量”，打开“环境变量”对话框。

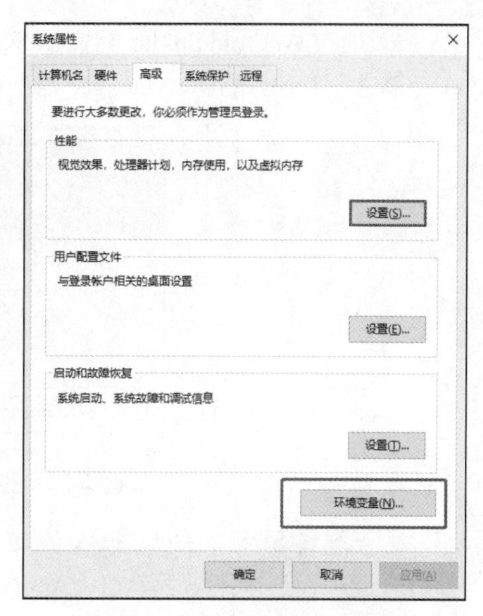

图 3-18　“系统属性”对话框

② 在“系统变量”列表框下单击“新建”按钮，将“变量名”设置为“JAVA_HOME”，将“变量值”设置为“C:\Program Files\Java\jdk1.8.0_161”（即 JDK 的安装路径）。

③ 选中“Path”，单击“编辑”按钮，在“变量值”的后面加上“;%JAVA_HOME%\bin;%JAVA_HOME%\jre\bin”。

④ 单击“新建”按钮，将“变量名”设置为“CLASSPATH”，将“变量值”设置为“.;%JAVA_HOME%\lib;%JAVA_HOME%\lib\dt.jar;%JAVA_HOME%\lib\tools.jar”。

JAVA_HOME 系统变量配置如图 3-19 所示。

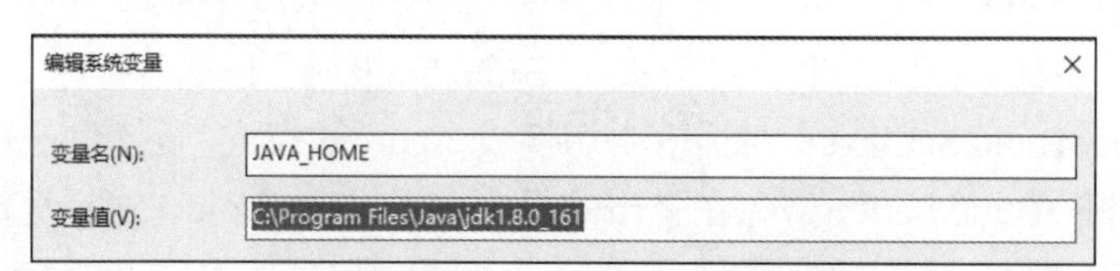

图 3-19　JAVA_HOME 系统变量配置

（2）Android SDK 环境配置

① 安装 Android Studio。

从 Android 官网下载 Android Studio 并安装，安装完成后创建空项目，如图 3-20 所示。

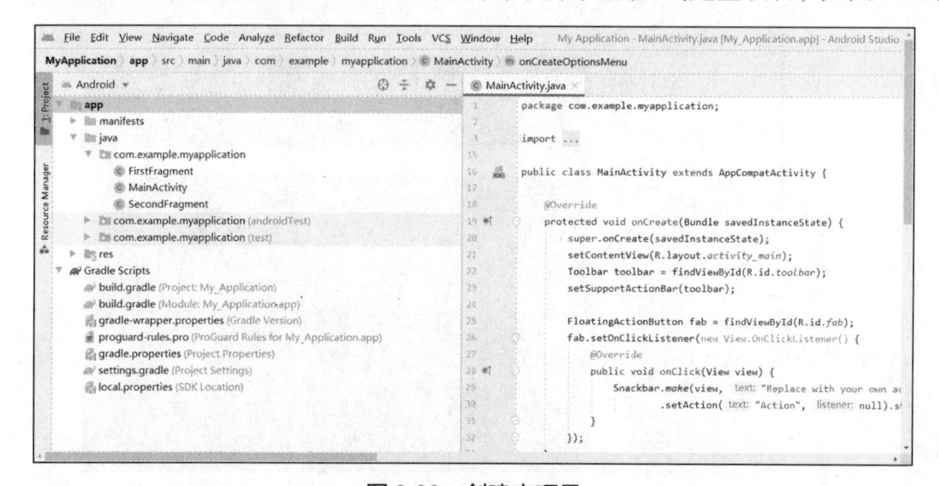

图 3-20　创建空项目

② 通过 Android Studio 配置 SDK。

单击“Tools→SDK Manager”进入 SDK 配置界面，如图 3-21 所示。

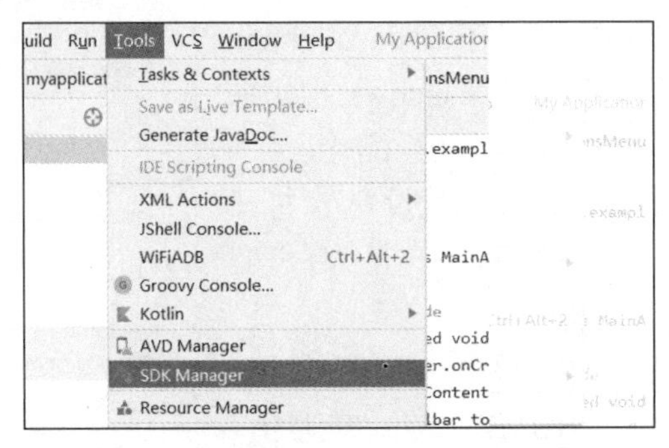

图 3-21　通过 Android Studio 配置 SDK

首先编辑 SDK 的存放目录，选定要安装的 SDK，建议在选择 8.0 版本或更高版本时选择所有选项，选择完毕后单击“Apply”按钮，再单击“OK”按钮，便可等待 SDK 自行安装完毕。

4. Android 应用打包流程

完成了 Android 开发环境的配置，接下来需要开发者到 Unity 引擎中进行 Android 打包环境配置。

（1）打包环境检查

① 为 Unity 2021.1.19f1c1 添加“Android Build Support”模块。

② 在“Unity Build Settings”对话框中切换成 Android 模式。创建 Unity 项目后，单击菜单栏中的“File→Build Settings”，在弹出的界面中选择 Android，选择完成后，单击界面左下角的“Switch Platform”转换平台。

③ 单击菜单栏中的“Edit→Perferences”，在弹出的界面中选择“External Tools”，设置 Android 中的 SDK 和 JDK 相关内容。单击“Browse”选择文件所在位置。其中 SDK 需要选择的详细位置为“D:/AndroidSDK”，JDK 需要选择的详细位置为“D:/JavaSDK/jdk1.8.0_291”，如图 3-22 所示。

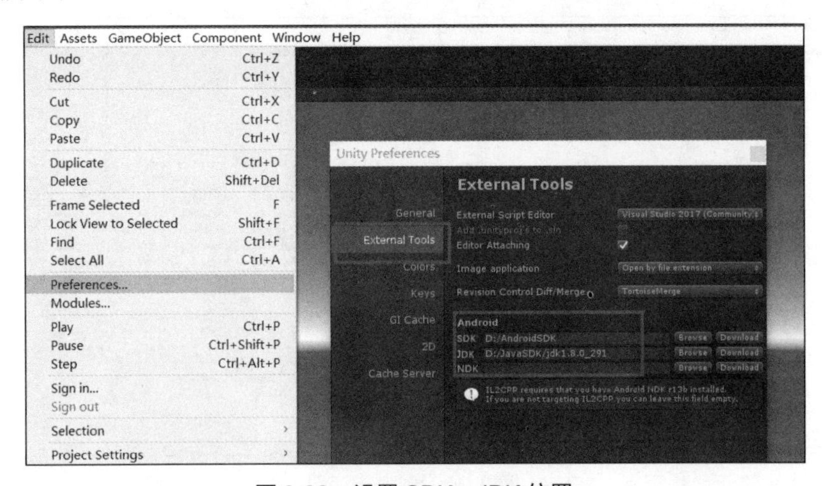

图 3-22　设置 SDK、JDK 位置

（2）打包参数设置

① 注意事项：项目工程文件不可以有中文路径。

② 打开 Unity 的打包设置界面，单击“File→Build Settings”，把需要运行的场景添加到“Scenes In Build”里去。

③ 打开对应的包就需要把项目切换到对应的平台下，在“Unity Build Settings”对话框中切换成 Android 模式（提前安装“Android Build Support”模块）。

④ 将“Minimum API Level”设置为“Android8.0‘Oreo’(API level 26)”（仅为建议，具体根据需要使用的 Android 设备进行设置）。

⑤ “Target API Level”可以设置为“Automatic（highest installed）”。

⑥ “Company Name”为公司名；“Product Name”为应用的名字，手机中显示在屏幕上的 App 名称；“Default Icon”为安装在手机上的 App 图标。

⑦ “Resolution and Presentation”：手机上旋转方向的；“Default Orientation”可以设置为“Auto Rotation”（自动旋转）。

⑧ “Other Settings”（其他设置）中的设置如下。

Version：App 版本号。

Package Name：包名，App 安装到手机时会检测该包名 App 是否存在，若存在则覆盖原本 App。

⑨ APK（Android application package，Android 应用程序包）打包完成后，可以通过数据线进行 App 传输，传输前需要在手机设置内打开开发者模式。

部分打包参数设置如图 3-23 所示。

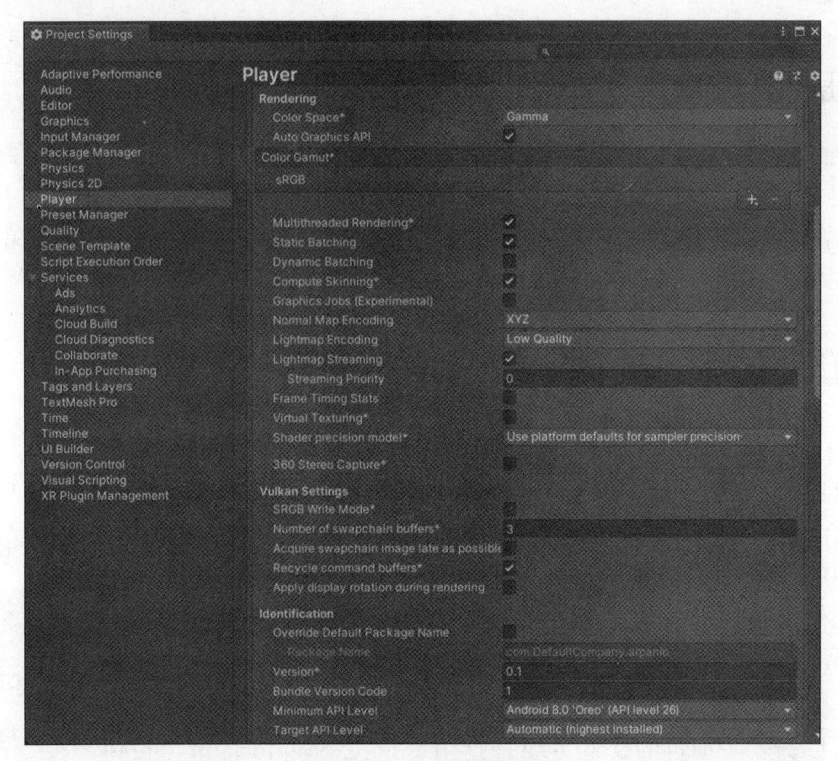

图 3-23　打包参数设置

（3）打包操作步骤

按照以上内容进行 Android 打包环境检查与参数设置后，将项目场景添加到“Scenes In Build”中，单击“Build”，创建新的文件夹用于存放导出的文件。检查上述步骤是否操作无误。导出需要导出的场景，保存的类型为“apk”，导出文件如图 3-24 所示。

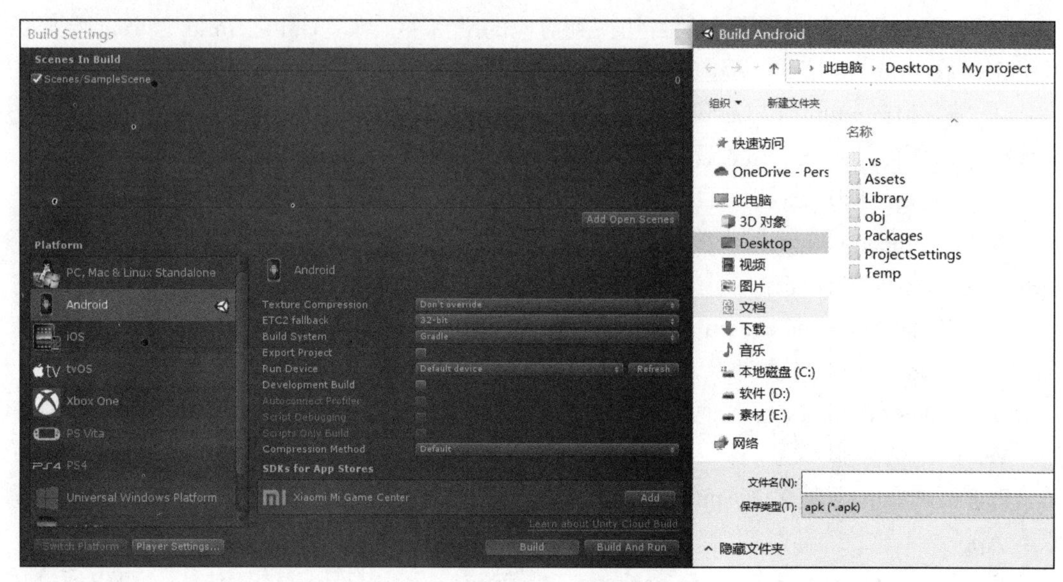

图 3-24　导出文件

任务 2　AR 应用开发

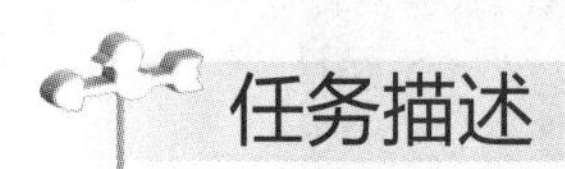

任务描述

通过前面的学习，开发者初步了解了 AR 的基础知识、开发 AR 应用的引擎和环境的配置流程，本任务将进一步讲述开发 AR 应用，巩固前面学习的知识，同时学习如何注册识别图、学习虚拟按钮的交互实现以及学习 Android 平台的打包来开发一款属于自己的 AR 应用。

知识引导

接下来将在任务实施中详细介绍识别图的上传流程。完成识别图的制作后，将讲述如何提升项目的交互性，以及 Vuforia 的重要交互组件——虚拟按钮，实现虚拟世界与真实世界的交互。本任务的项目基于 Android 平台开发。

项目开发主要有以下几个方面的要求。

① 制作识别图。主要制作 Vuforia 识别图，将图片上传至 Vuforia 官网，Vuforia 官网将上传的图片处理成数据包后再下载、导入 Vuforia 中，系统才能识别到需要交互的物体。

② 项目交互。项目的交互主要是指用手指按下 Vuforia 虚拟按钮

后与虚拟内容的交互。

③ 项目导出。本任务的项目使用一种方法导出，即 Android APK 的导出，导出的文件可应用于 Android 操作系统的手机和平板电脑。

微课视频

实操 05

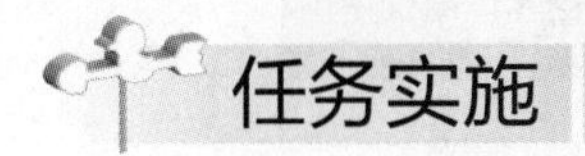

任务实施

1. Vuforia 下载及安装

Step1：在 Vuforia 官网注册账号，如图 3-25 所示。

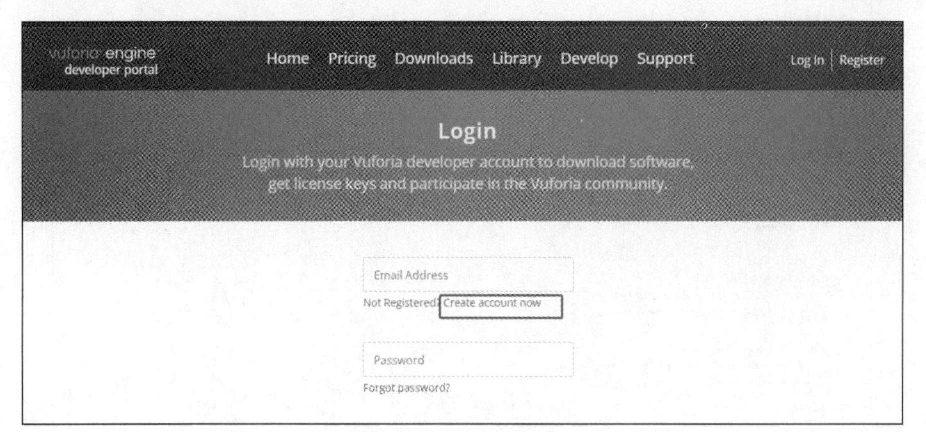

图 3-25　注册账号

Step2：输入基本信息来完成注册，如图 3-26 所示。

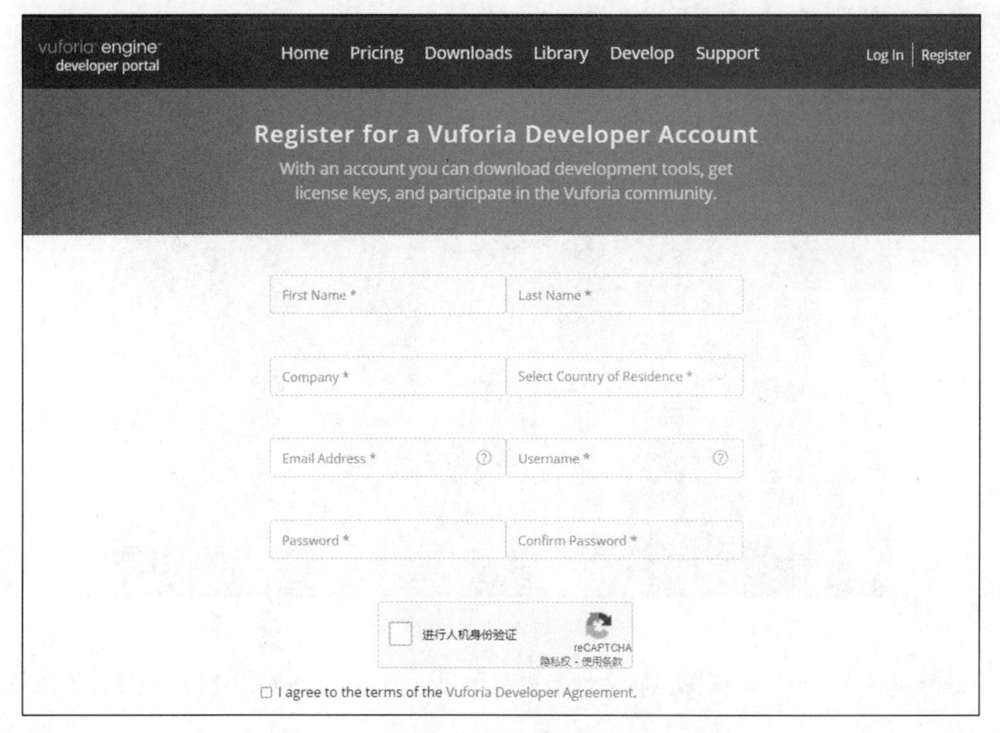

图 3-26　输入基本信息

Step3：下载 Vuforia 资源包，在 Vuforia 官网单击“Downloads→SDK”，找到与 Unity 对应的 Vuforia 资源包进行下载，如图 3-27 所示。

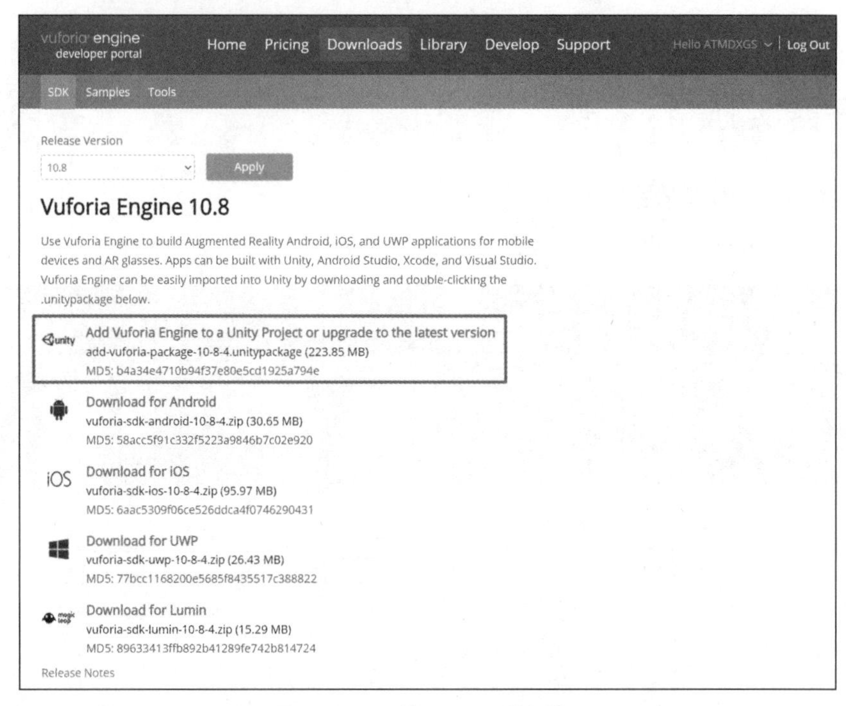

图 3-27　下载 Vuforia 资源包

Step4：下载完成后，使用 Unity 2021.1.19f1c1 创建项目，并单击“Import”按钮，将下载的 Vuforia 资源包导入项目中，如图 3-28 所示。

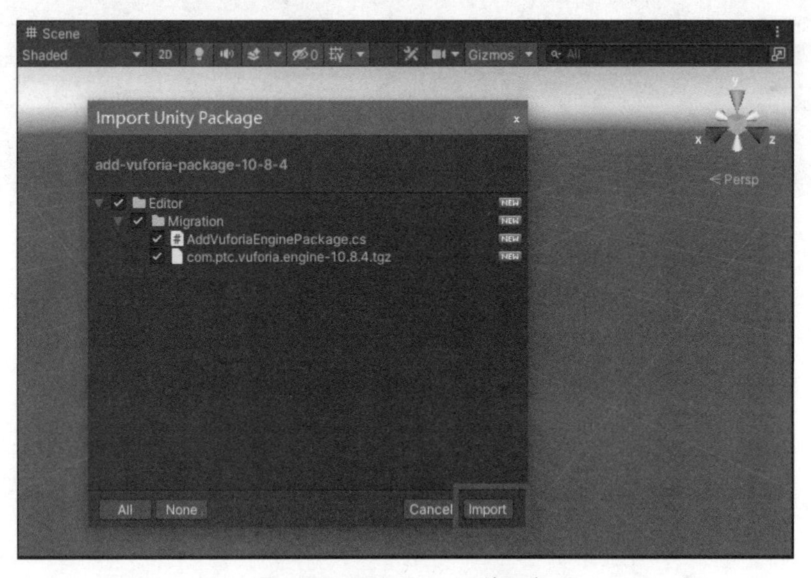

图 3-28　导入 Vuforia 资源包

Step5：导入 Vuforia 资源包后会提醒更新项目，单击“Update”按钮即可，如图 3-29 所示。

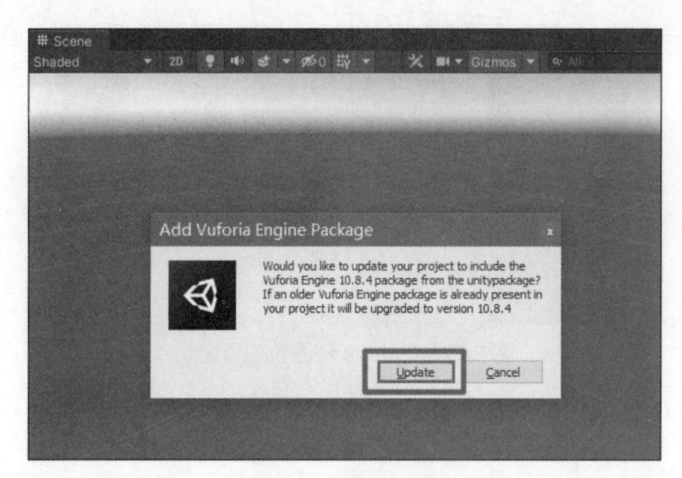

图 3-29　更新项目

Step6：将平台切换为 Android，单击“File→Build Settings”，选择 Android 平台并单击“Switch Platform”，如图 3-30 和图 3-31 所示。

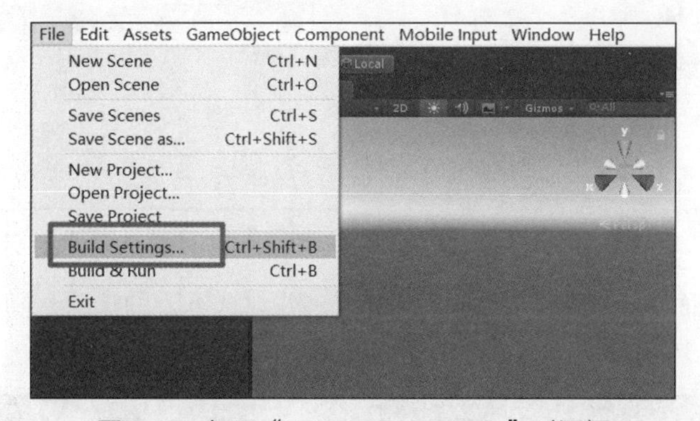

图 3-30　打开“Unity Build Settings”对话框

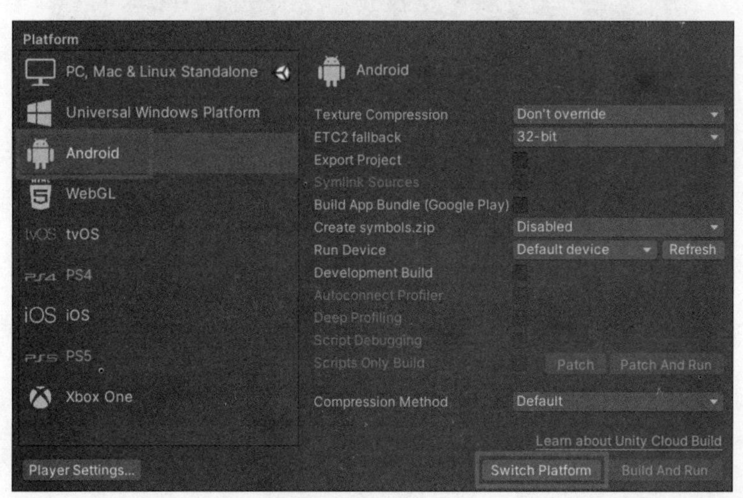

图 3-31　切换平台

在顶部菜单栏中单击“GameObject”可以看到“Vuforia”选项，证明 Vuforia 资源包配置成功，如图 3-32 所示。

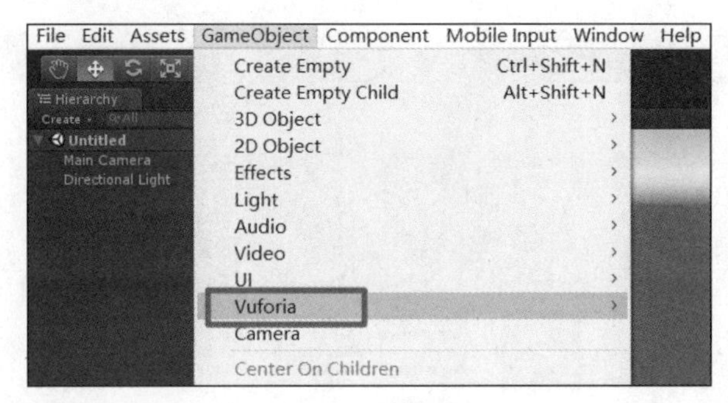

图 3-32 Vuforia 资源包配置成功

Step7：在 Vuforia 官网的“Develop”页面单击“Get Basic”按钮，获取密钥，如图 3-33 所示。

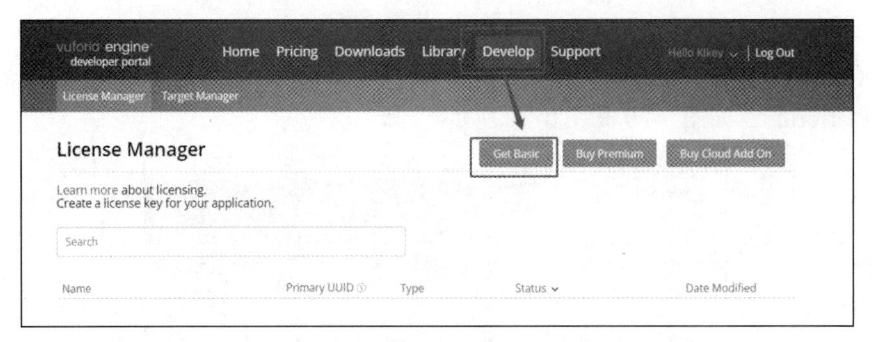

图 3-33 获取密钥

之后在新的页面中填写好“License Name”，并勾选下方的选项，随后单击“Confirm”生成密钥，如图 3-34 所示。

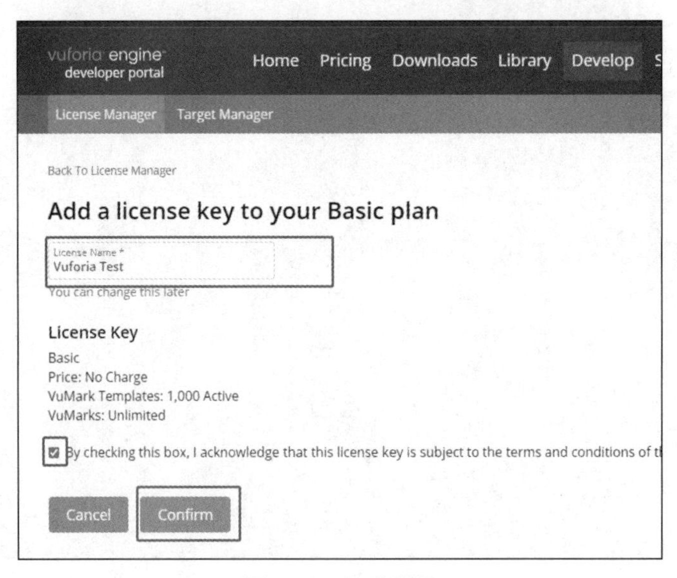

图 3-34 生成密钥

密钥生成后，单击刚刚创建好的项目查看内容，如图 3-35 所示。进入项目后复制密钥，如图 3-36 所示。

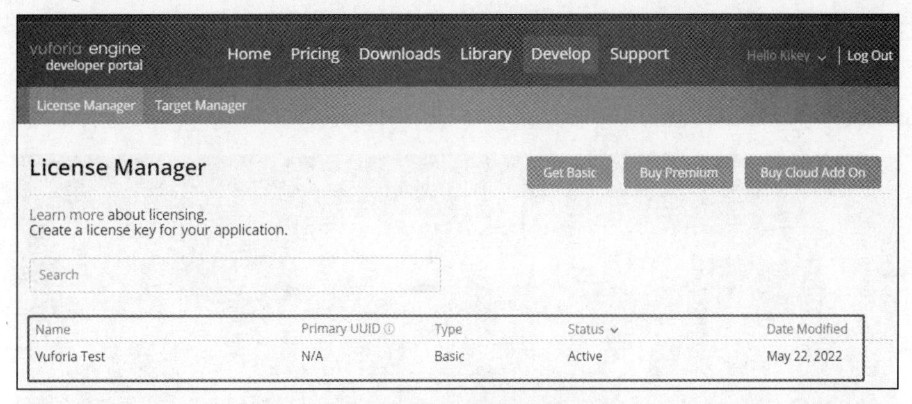

图 3-35　查看内容

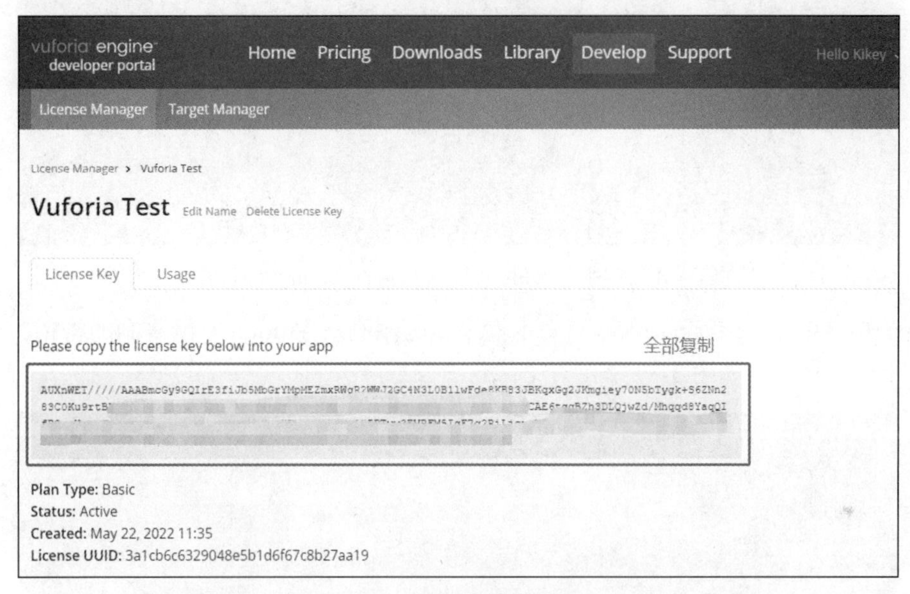

图 3-36　复制密钥

Step8：返回 Unity 引擎中，在菜单栏中单击“GameObject”，选择“Vuforia→AR Camera”创建“ARCamera”，如图 3-37 所示。

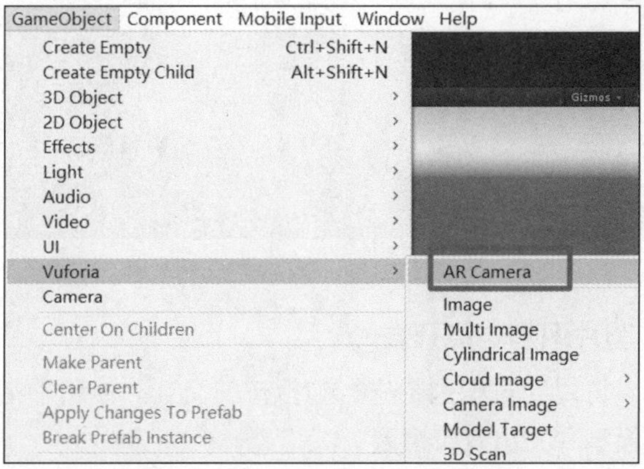

图 3-37　创建“ARCamera”

首次使用 Vuforia 时会弹出一个许可协议的选项，单击“Accept”即可。

Step9：选中刚刚创建的“ARCamera”，在“Inspector”窗口中选择“Open Vuforia Engine configuration”，如图 3-38 所示。

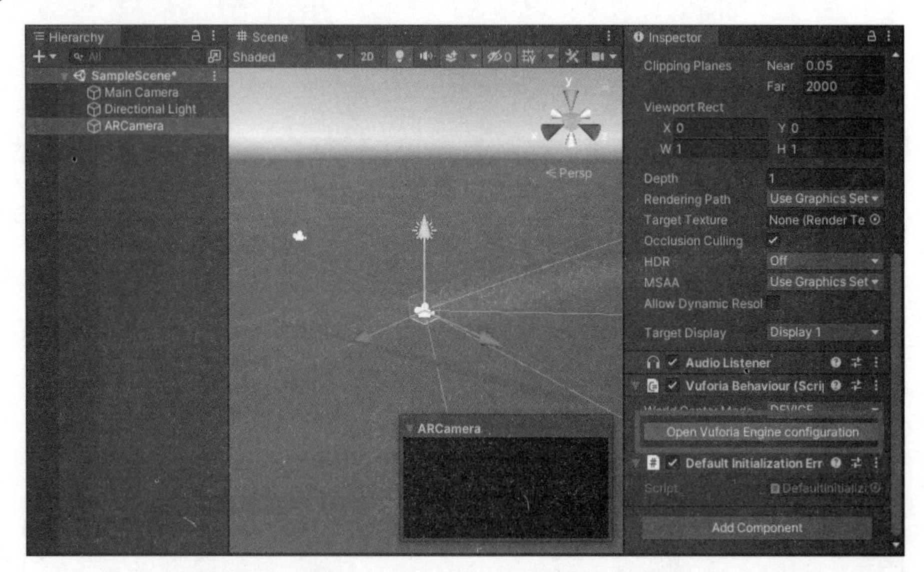

图 3-38　选择“Open Vuforia Engine configuration”

Step10：在“App License Key”文本框中填写刚刚从 Vuforia 官网复制的密钥，这样就完成了密钥的输入，如图 3-39 所示。

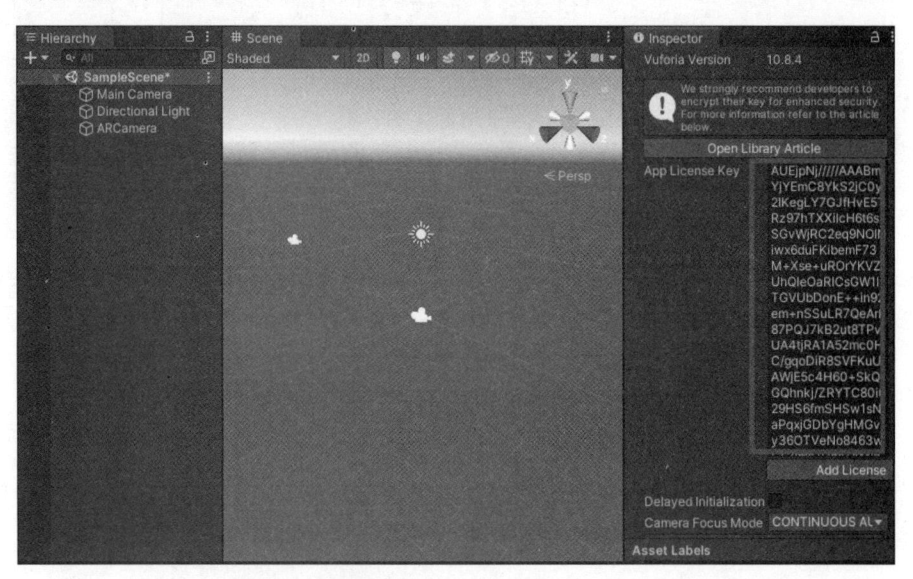

图 3-39　输入密钥

2. Vuforia 基本图片识别功能开发

实现整个功能后，可以通过识别图进行虚拟按钮交互。使用手指点击识别图上的虚拟按钮，即可显示旋转模型并发出音符声音。

Vuforia 在进行图片识别时，并不是所有图片都能识别，而是需要先把图片上传到

Vuforia 数据库中，Vuforia 数据库会对上传的图片进行自然特征点的识别，然后返回一个特征点数据包并由开发者将其导入 Unity 中。完成项目开发后，用摄像机捕捉图片时，Unity 会将其与数据库中的特征点匹配，如果匹配成功，就会显示之前设置好的模型，以后再遇到这张图片就可以识别这张图片。

图片的选择需注意以下几点。

① 图片最好是无光泽、较硬材质的卡片，因为较硬的材质基本不会有弯曲和褶皱的地方，可以使摄像机在扫描图片时更好地聚焦。

② 图片要包含丰富的细节、具有较高的对比度以及无重复的图像，例如街道、人群、运动场的场景图片，重复度高的图片的星级往往会比较低，甚至没有星级。

③ 上传到 Vuforia 官网的整幅图片有 8%的区域被称为功能排斥缓冲区，该区域不会被识别。

④ 带有轮廓分明、有棱有角的图案的图片星级通常较高，其追踪效果和识别效果较好。

⑤ 在扫描图片时，环境也是十分重要的因素，图片应该处在漫反射灯光照射的适度明亮的环境中，图片表面应被均匀照射，这样图片的信息才会被更有效地收集，更加有利于 Vuforia 的检测和追踪。

图 3-40 所示为一张经过裁剪的方块 K。

图 3-40 方块 K

3. 图片上传和识别简单图案

本学习情境的知识储备部分描述了 Vuforia 的图片识别原理以及如何选择正确的图片，接下来就要上传一张易识别的图片制作识别图，如图 3-41 所示。

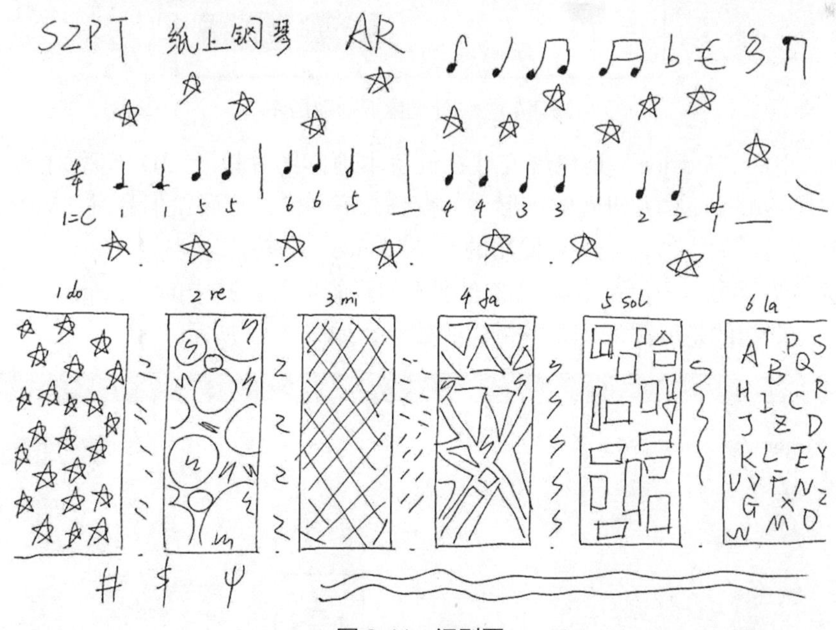

图 3-41 识别图

这里已经选择了一张图片，要注意需在图片的周围留出一定的空白区域，以方便系统识别。

Step1：打开 Vuforia 官网，打开“Develop”下面的“Target Manager”，这里是用来上传照片生成点云图的地方，如图 3-42 所示。

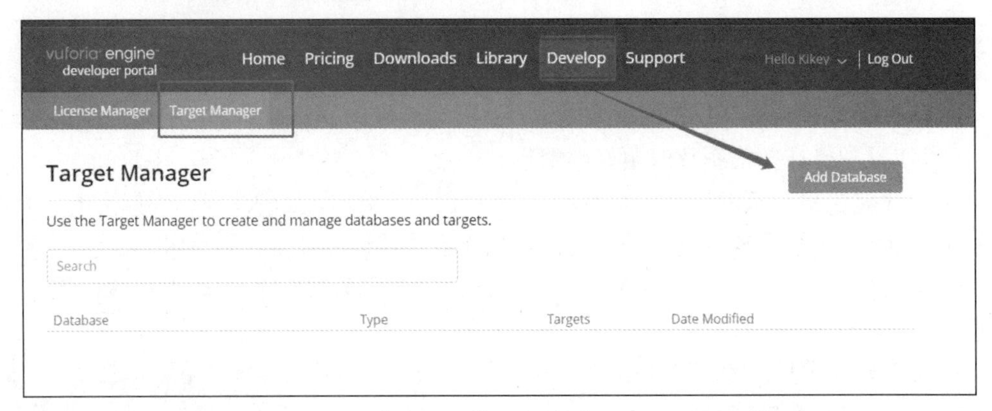

图 3-42　打开“Develop”下面的“Target Manager”

Step2：单击“Add Database”新建数据库，在“Database Name”中填写数据库名称，将“Type”设置为“Device”，然后单击“Create”按钮创建图像识别数据库，如图 3-43 所示。

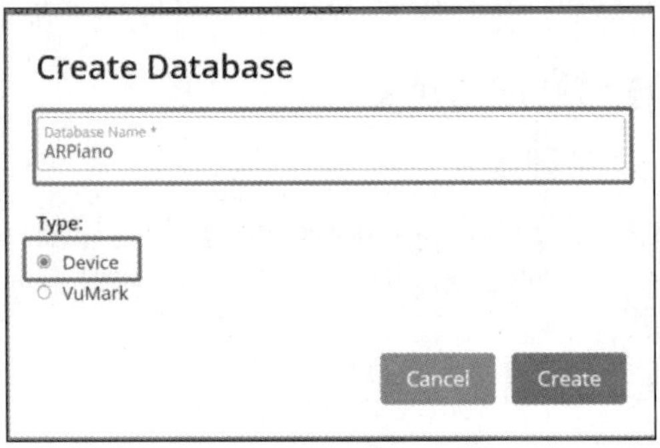

图 3-43　创建图像识别数据库

“Type”中的“Device”是包含安装在设备本地的图片以及 3D 模型对象的数据库，“VuMark”是 Vuforia 官方研发的条形码，被誉为下一代条形码，但是对“VuMark”功能的需求现在暂时不大，所以，主要使用的是“Device”的功能。

创建完成后，可以看到列表下已经有刚刚创建的项目，其中的“Targets”为“0”，这里的“Targets”指的是所添加识别的目标的数量，如图 3-44 所示。

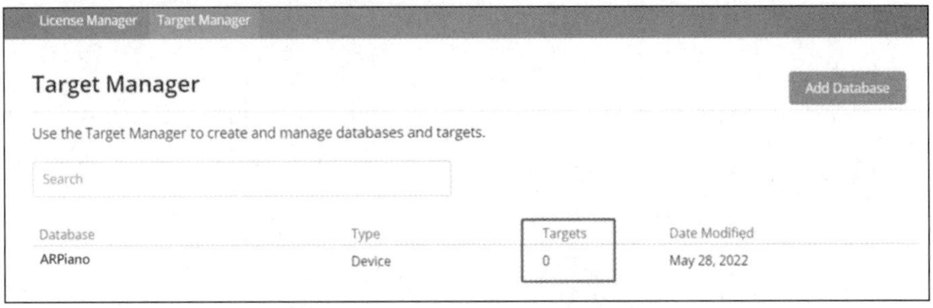

图 3-44　添加识别的目标的数量

Step3：选择创建的数据库，单击“Add Target”添加需要识别的目标，在“Type”中选择“Single Image”（普通的图片），接着单击“Browse”，然后选择需要上传的图片（图片大小需小于 2MB）；上传后可以任意设置“Width”，其默认值为 1，最后设置数据库的名称，并单击“Add”按钮即可，如图 3-45 所示。

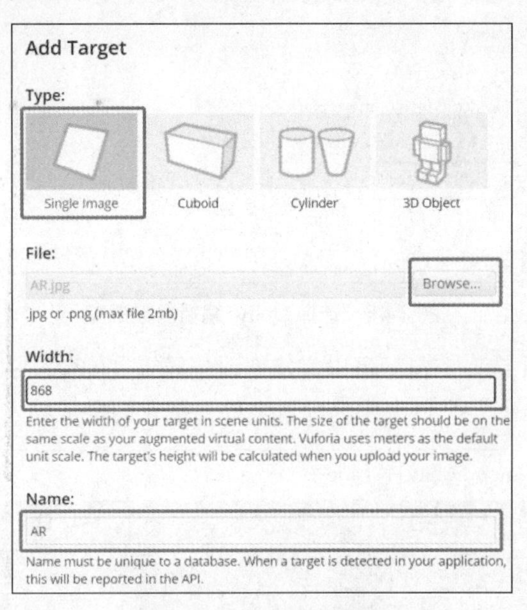

图 3-45　添加识别目标

可以看到刚上传的图片已经在列表里显示了，该图片为五星识别图，能被系统顺利识别出来，如图 3-46 所示。

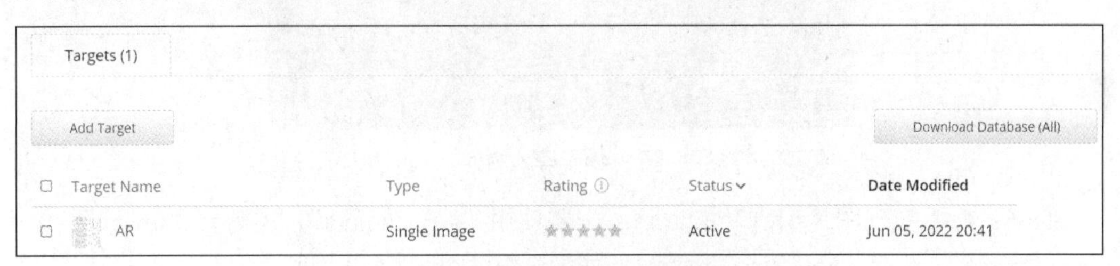

图 3-46　成功上传识别图

Step4：选择创建好的数据库进行下载，如果有多张识别图也可以进行多选下载，单击“Download Database”下载，如图 3-47 所示。

图 3-47　下载图片数据库

因为开发平台为 Unity，所以选中“Unity Editor”选项，然后单击“Download”按钮，如图 3-48 所示。

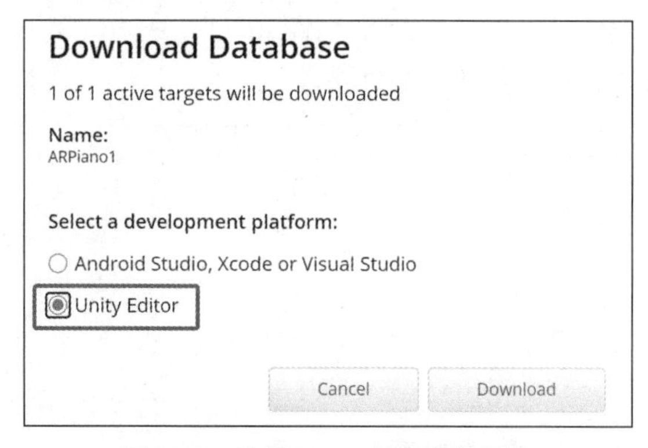

图 3-48 选择 Unity 编辑器数据库

Step5：下载的文件是一个包，可以直接把该包导入 Unity，“Editor”文件夹中为数据库文件，“StreamingAssets”文件夹中为配置文件，把它们全选导入，如图 3-49 所示。

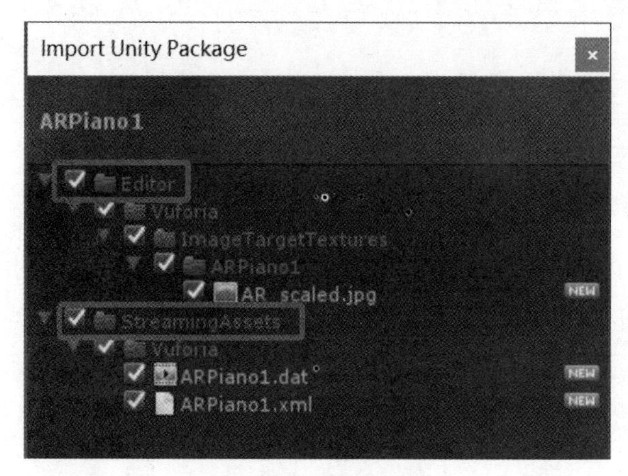

图 3-49 导入文件

Step6：想要实现图片识别功能，除了需要使用“AR Camera”，还需要“Image”。单击“GameObject”，选择“Vuforia→Image”，如图 3-50 所示。

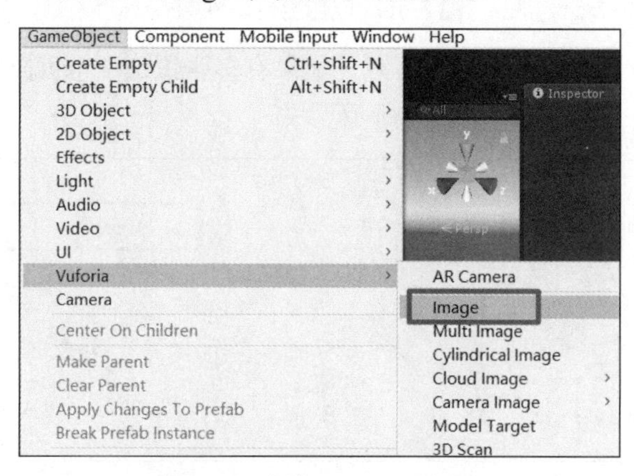

图 3-50 添加 Image Target

“ImageTarget”为指定数据库中的某张识别图，现在因为数据库中只有一张图片，所以默认系统自动选择该图片，如图 3-51 所示。

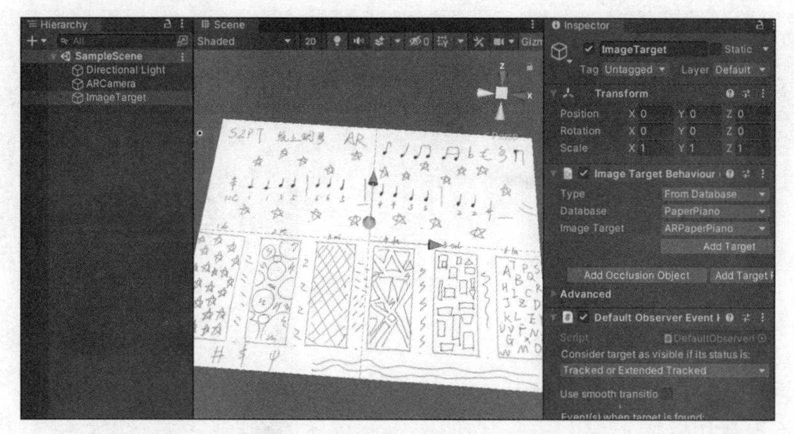

图 3-51　“ImageTarget”图片

Step7：删除场景原有的“Main Camera”，若场景中无 AR Camera，则创建并选中“ARCamera”，打开“Inspector”窗口，单击下方“Vuforia Behaviour (Script)”组件中的“Open Vuforia Engine configuration”，如图 3-52 所示。

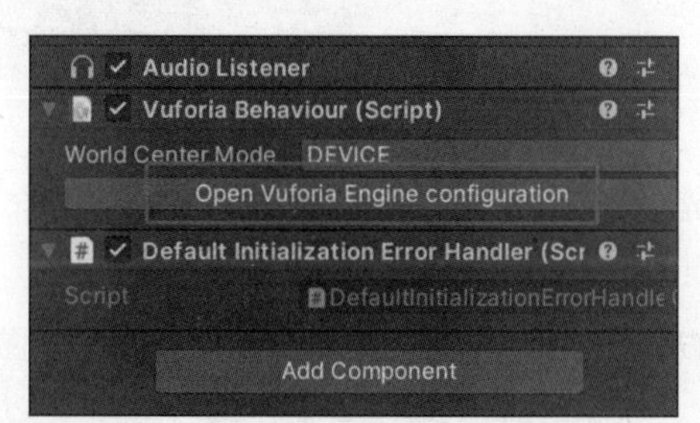

图 3-52　单击“Open Vuforia Engine configuration”

Step8：在“App License Key”中添加密钥，如图 3-53 所示。

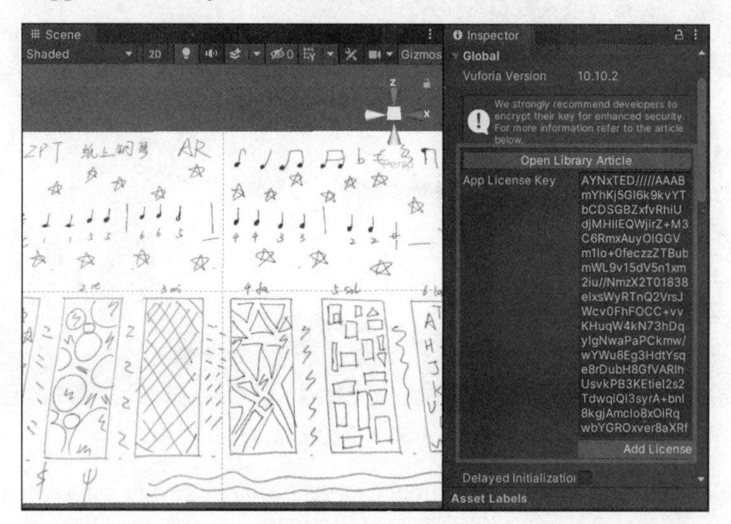

图 3-53　添加密钥

Step9：选择相机的类型。开发者在有外设相机的条件下，可以在这里选择“Integrated Camera”并运行项目进行调试，如图 3-54 所示。

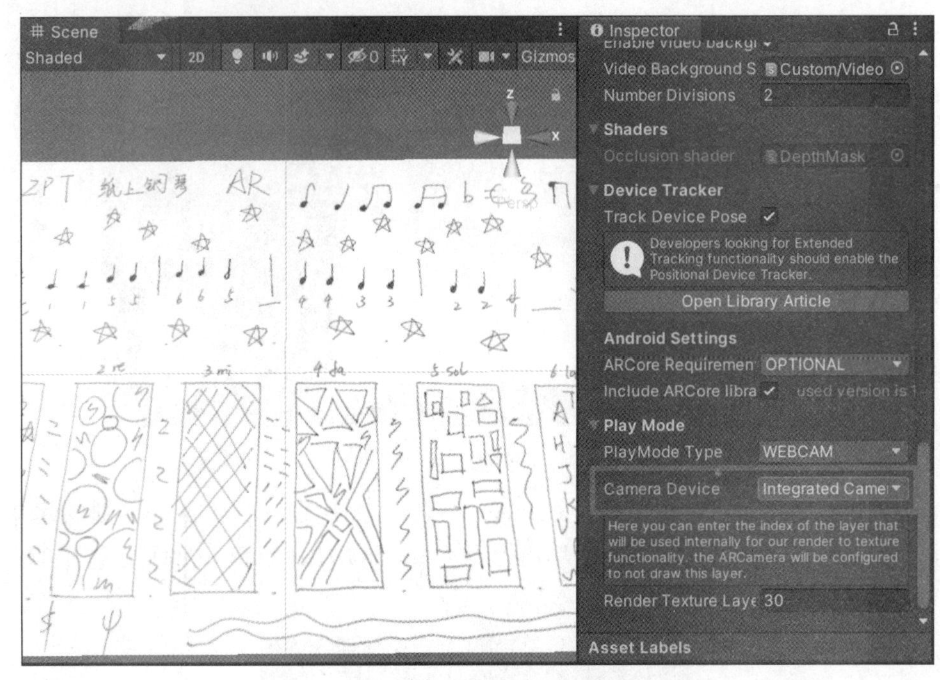

图 3-54　选择外设相机

Step10：在“ImageTarget”下创建空物体并将其命名为“NoteModel”，将音符模型拖动到“NoteModel”下并调整至合适的位置，如图 3-55 所示。

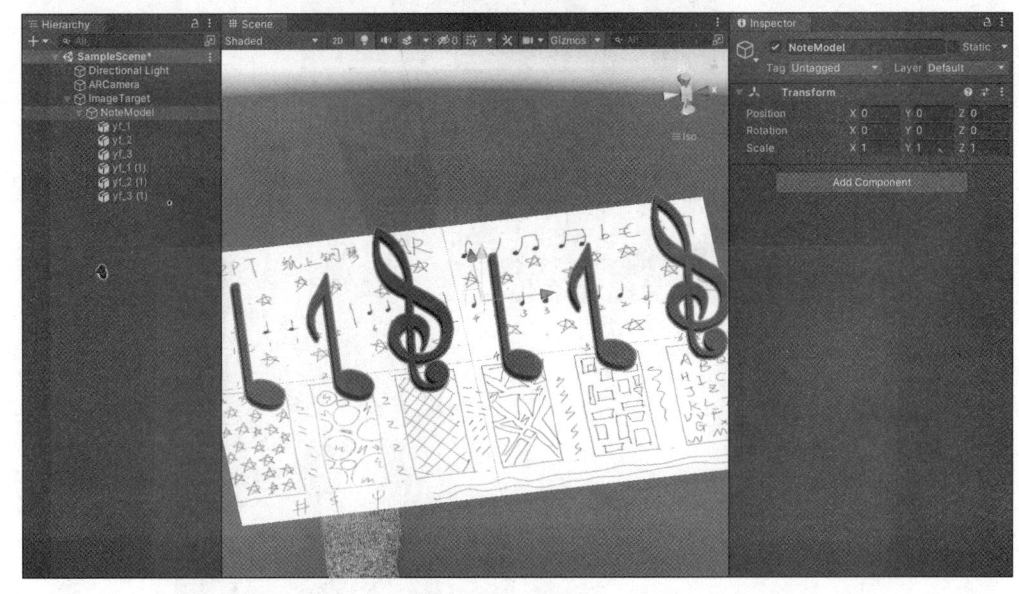

图 3-55　摆放模型

Step11：添加虚拟按钮功能，选择“ImageTarget”，单击“Image Target Behaviour(Script)”中的“Advanced”，单击“Add Virtual Button”按钮添加虚拟按钮，如图 3-56 所示。

图 3-56　添加虚拟按钮

Step12：选择添加的“Virtual Button”，勾选“Virtual Button Behaviour(Script)”，将“Name”设置为“01_do”，将“Sensitivity Setting”设置为“HIGHT”，如图 3-57 所示。

图 3-57　设置虚拟按钮参数

Step13：选择矩形工具（快捷键为“T”），调整虚拟按钮的大小，使其完整覆盖按键位置，具体操作如图 3-58 所示。

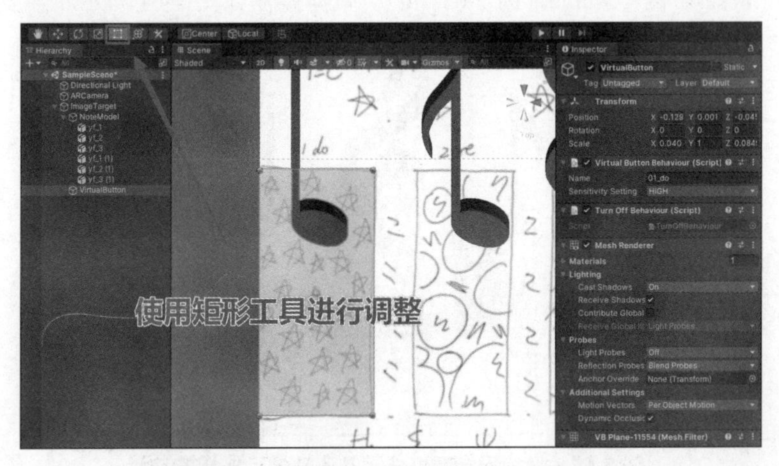

图 3-58　使用矩形工具调整虚拟按钮的大小

Step14：复制虚拟按钮（选中“Virtual Button”并按“Ctrl+D”组合键进行复制），将“Virtual Button(1)”的“Name”设置为“02_re”，具体操作如图 3-59 所示。

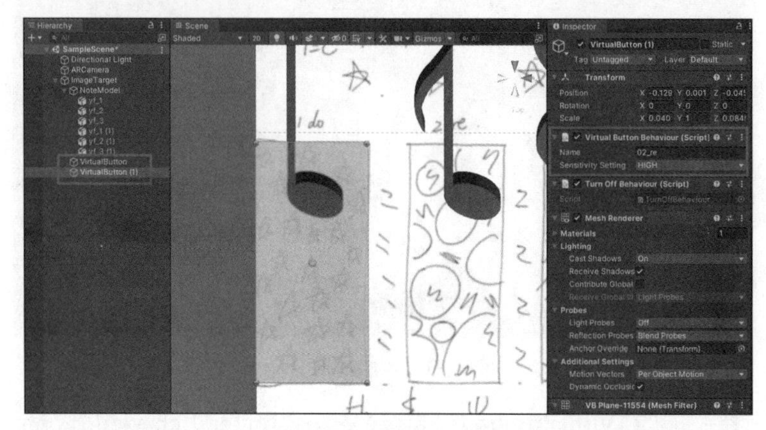

图 3-59　复制虚拟按钮

Step15：将复制的“Virtual Button(1)”向右移动，如图 3-60 所示。

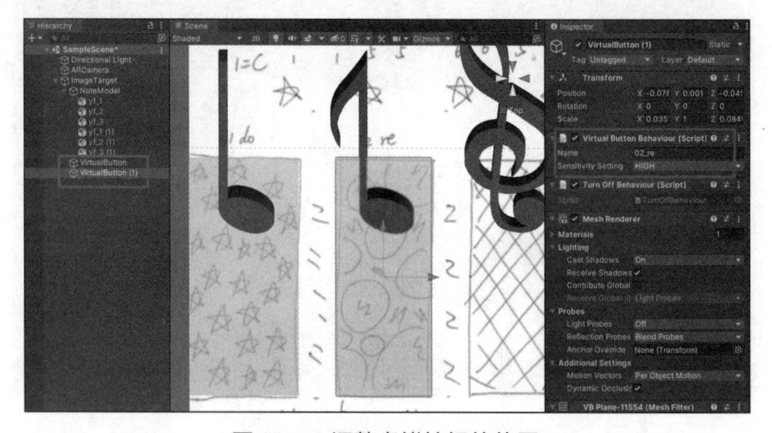

图 3-60　调整虚拟按钮的位置

Step16：继续复制虚拟按钮，移动其覆盖的位置，并修改“Virtual Button Behaviour(Script)”下的“Name”为“03_mi”，具体操作如图 3-61 所示。

图 3-61　继续复制虚拟按钮并调整虚拟按钮的位置

Step17：重复以上操作，分别添加“Virtual Button Behaviour(Script)”中“Name”为“04_fa”“05_sol”“06_la”的虚拟按钮，具体效果如图 3-62 所示。

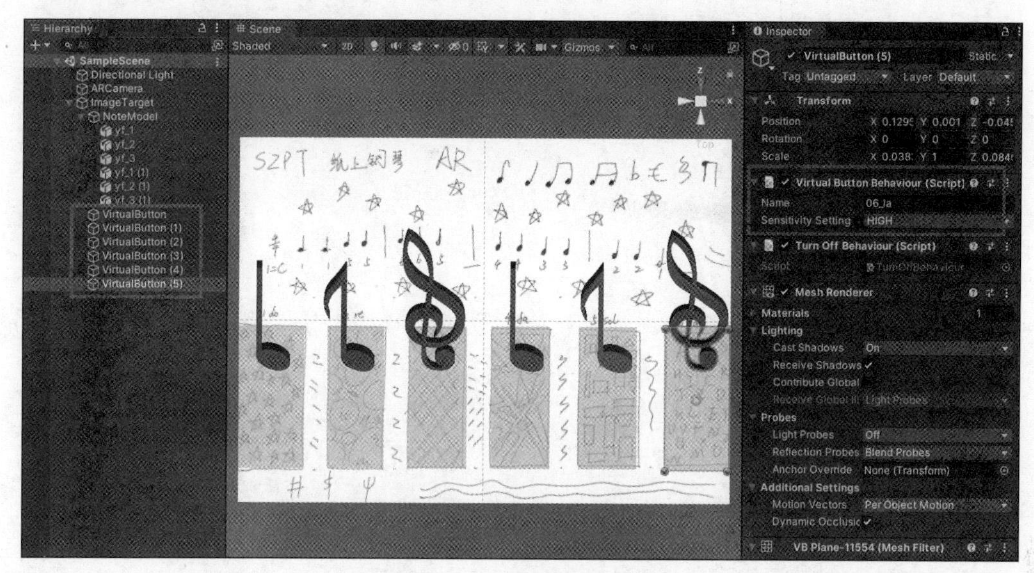

图 3-62　添加其他虚拟按钮

Step18：创建脚本“VirtualButtonTest”，并将其挂载在“ImageTarget”上。具体代码如下：

```
using System;
using System.Collections;
using System.Collections.Generic;
using UnityEngine;
using Vuforia;
public class VirtualButtonTest : MonoBehaviour
{
public GameObject[] audioModel;
void Start()
{
    //获取虚拟按钮的“Virtual Button Behaviour(Script)”组件
    VirtualButtonBehaviour[]vbs=GetComponentsInChildren<VirtualButtonBehaviour>();
    for (int i = 0; i < vbs.Length; i++)
    {
        vbs[i].RegisterOnButtonPressed(OnButtonPressed);
        vbs[i].RegisterOnButtonReleased(OnButtonReleased);
    }
}
//按下虚拟按钮
public void OnButtonPressed(VirtualButtonBehaviour vb)
{
    switch (vb.VirtualButtonName)
    {
        case "01_do":
            audioModel[0].SetActive(true);
            break;
        case "02_re":
```

```
            audioModel[1].SetActive(true);
            break;
        case "03_mi":
            audioModel[2].SetActive(true);
            break;
        case "04_fa":
            audioModel[3].SetActive(true);
            break;
        case "05_sol":
            audioModel[4].SetActive(true);
            break;
        case "06_la":
            audioModel[5].SetActive(true);
            break;
        default:
            break;
    }
    Debug.Log("OnButtonPressed: " + vb.VirtualButtonName);
}
//释放虚拟按钮
public void OnButtonReleased(VirtualButtonBehaviour vb)
{
    switch (vb.VirtualButtonName)
    {
        case "01_do":
            audioModel[0].SetActive(false);
            break;
        case "02_re":
            audioModel[1].SetActive(false);
            break;
        case "03_mi":
            audioModel[2].SetActive(false);
            break;
        case "04_fa":
            audioModel[3].SetActive(false);
            break;
        case "05_sol":
            audioModel[4].SetActive(false);
            break;
        case "06_la":
            audioModel[5].SetActive(false);
            break;
        default:
            break;
    }
    Debug.Log("OnButtonReleased: " + vb.VirtualButtonName);
}
```

Step19：将音符模型的激活状态设置为“false”，并按顺序将音符赋值至“ImageTarget”下的“Virtual Button Test(Script)”中，具体操作如图 3-63 所示。

Step20：创建脚本“NoteController”，并挂载在每个音符模型上，具体代码如下：

```
void OnEnable()
{
```

```
        GetComponent<AudioSource>().time = 0.3f;
        GetComponent<AudioSource>().Play();
    }
    void Update()
    {
        transform.Rotate(Vector3.up * Time.deltaTime * 120);
    }
```

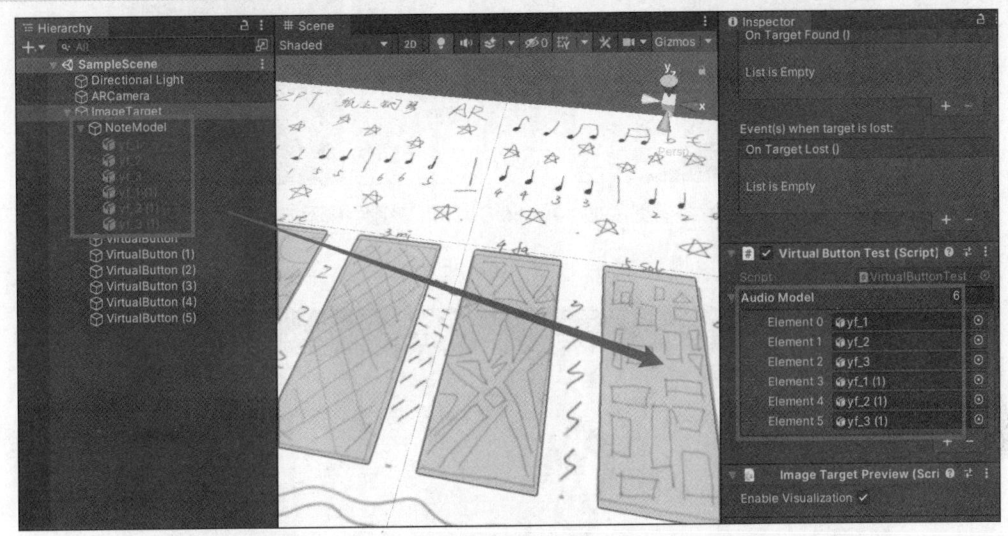

图 3-63　关闭音符模型激活状态并进行赋值

Step21：选中音符模型，添加“Audio Source”组件，并添加相应的音频资源，如图 3-64 所示。

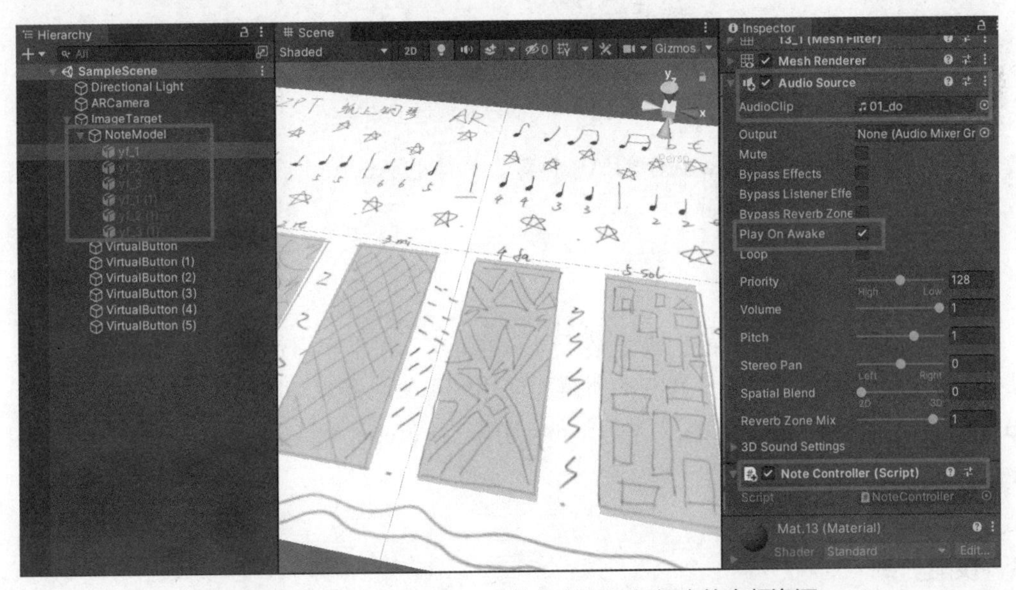

图 3-64　添加“Audio Source”组件并添加相应的音频资源

Step22：使用和 Step21 相同的方法为其他音符模型添加“Audio Source”组件，添加完成后需要为每个音符模型添加相应的音频资源，如图 3-65 所示。

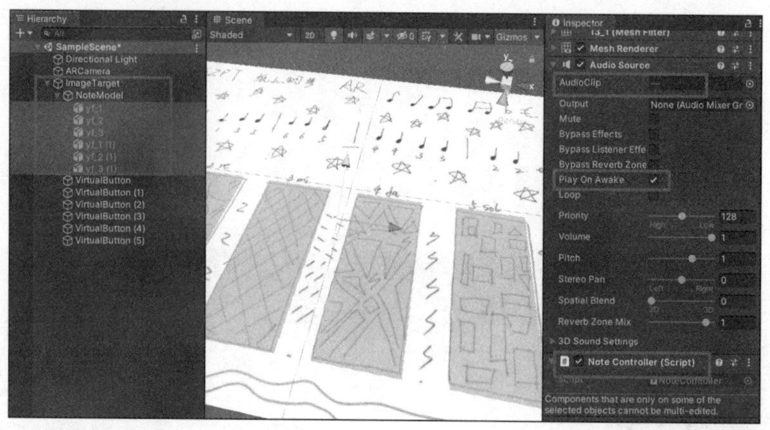

图 3-65　为其他音符模型添加“Audio Source”组件并添加相应的音频资源

Step23：运行 AR 钢琴，最终效果如图 3-66 所示。

图 3-66　AR 钢琴最终运行效果

以上内容为基于 Vuforia 制作的 AR 钢琴，具体的 Android 打包步骤请参考上一任务中 Android 开发环境配置的讲解。

微课视频

问答 02

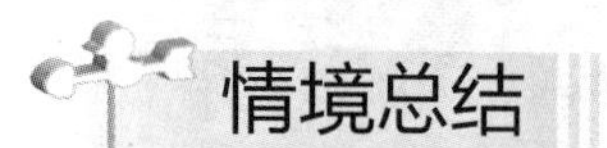

情境总结

开发 AR 应用，学习开发引擎是必不可少的环节。在本学习情境的学习中，开发者了解到了开发 AR 应用所需要使用的引擎、开发环境，基于 Vuforia 的开发流程，为后续深入学习 Unity 引擎、Vuforia 等打下基础。

课后习题

技能训练

（1）实现 Android 应用打包与 Vuforia 图像识别开发。

（2）通过本学习情境的学习，开发者根据 Vuforia 官网的功能介绍进行其他 Vuforia 功能的学习。

项目篇

学习情境 4 基于 Vuforia 的“圆柱环游”项目开发

学习目标

知识目标：学习基于 Vuforia 的文化娱乐项目开发流程，掌握 AR 参考图像库的制作和管理的方法，利用 AR 图像识别技术在设定的圆柱体中识别出相应的内容。

能力目标：学习基于 Vuforia 圆柱体识别技术开发文化娱乐项目，掌握应用场景搭建与交互实现，最终将项目发布至移动端。

素养目标：通过学习基于 Vuforia 的文化娱乐项目开发，掌握文化娱乐项目的开发流程，为开发者后续学习其他文化娱乐项目开发奠定基础。

引例描述

小曾是一名游戏工程师，也是一名户外爱好者。有一天他产生了新的想法，希望将游戏和现实结合，实现虚拟世界和真实世界的交互。AR 能改变传统的应用模式，更能改变生活。当生活中需要满足更高层次的文化娱乐需求时，AR 的优势便体现出来。本学习情境介绍通过 Vuforia 实现的“圆柱环游”项目的开发及其应用。

项目介绍

4.1 项目背景

AR 技术是一种实时地计算摄影机影像的位置及角度，并且加上相应的图像、视频、3D 模型的技术。AR 的功能是将设备中的虚拟内容放在真实世界中并使人与之互动，帮助人们更快捷、更直观地获取信息。

随着一些商家的营销，AR 识别技术在人们的生活中越来越普遍。2017 年，QQ-AR 制作了《神偷奶爸》《变形金刚 5》的彩蛋，把 AR 的酷炫呈现给人们，为人们带来 AR 交互体验。近几年来，人们的生活中很多产品都利用 AR 识别技术去营销，比如雪碧、可口可乐等。

由此可见，现在的 AR 识别技术已经走进了人们的生活，本项目将利用 AR 识别技术，制作一个农夫山泉 AR 环游的应用。

4.2 项目内容

本学习情境中的“圆柱环游”项目是一款基于 Vuforia 开发的 AR 游戏，是结合 Unity

和 Vuforia 开发的应用程序，该程序可以运行于多种设备，例如智能手机、计算机等。打开应用程序后扫描圆柱体，例如矿泉水瓶、水杯等，完成识别后，游戏画面就会绑定在这个圆柱体上，将真实的物体和虚拟的场景完美融合，实现在真实世界中玩虚拟游戏。

4.3 项目规划

本项目将会分两部分（即场景搭建、交互实现）来进行讲述，通过任务 1 和任务 2 的完整项目开发流程，让开发者快速学习圆柱环游知识。有了这个项目经验后，开发者可以拓展学习其他项目。

项目规划如图 4-1 所示。

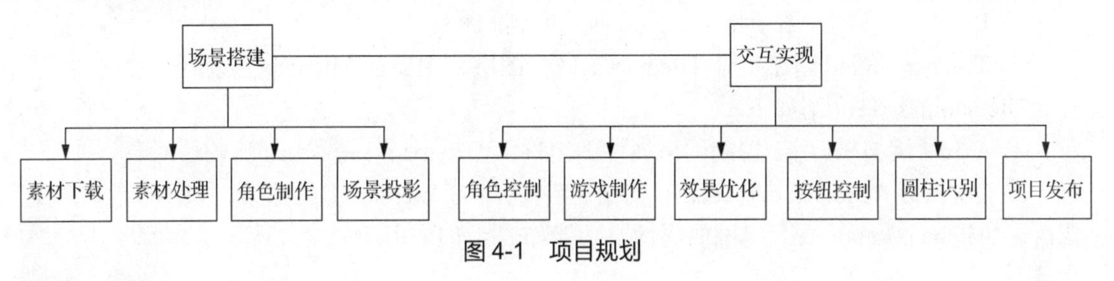

图 4-1　项目规划

任务 1 场景搭建

任务描述

Unity Asset Store 是 Unity 的官方资源下载商店，本任务中开发者将学习如何通过 Unity Asset Store 下载游戏项目所需要的或开发者喜欢的素材并导入 Unity 中来丰富自己的游戏场景，并学习如何使用 Tilemap 来切割下载的素材，以及进行场景搭建。

知识引导

在 Unity 项目中，Tilemap（瓦片地图或平铺地图）是开发者搭建场景的好帮手。Tilemap 是 Unity 2017 中新增的功能，是官方提供的一套 Tilemap 编辑器，主要用于快速编辑 2D 项目中的场景，通过复用资源的形式提升地图的多样性。

Unity 将 Tilemap 视为一种 2D 资源来处理，创建 Tilemap 和创建其他资源一样，可以在“Hierarchy”窗口右击，在弹出的快捷菜单中选择“2D Object→Tilemap”来创建一个空的 Tilemap，如图 4-2 所示，其中包含“Grid”父物体与“Tilemap”子物体。

图 4-2　创建 Tilemap

“Grid”确定了 Tilemap 的布局，类似 UGUI 的“Canvas”，在选中“Grid”时，“Scene”视图会出现可视化网格，方便开发者进行编辑、查看。Tilemap 挂载了“Tilemap”组件和“Tilemap Renderer”组件，“Tilemap”组件主要负责图层区分，“Tilemap Renderer”组件主要负责渲染工作（包括调整图层的顺序）。“Grid”可以管理多个“Tilemap”，当场景中存在多个“Tilemap”时，可以理解为有多个图层。

Tilemap 的主要作用是绘制 2D 地图，它由 5 个基本部分组成。

① Sprite（精灵图）：纹理容器，大型纹理图集可以转换为精灵图集（Sprite Sheet）。

② Tile（瓦片）：包含一个精灵图片，可以修改该图片的颜色和碰撞体类型。

③ Palette（调色板）：调色板的功能是保存瓦片，将瓦片绘制到网格上。

④ Brush（笔刷）：用于将画好的东西绘制到画布上。

⑤ Tilemap：可以创建多个 Tilemap 来区分图层，主要在 Tilemap 上绘制瓦片。

Tilemap 的组件介绍如下。

① Grid（网格）：用于控制网格属性的组件。“Tilemap”是“Grid”的子对象。

② Tilemap Renderer（渲染器）：用于控制瓦片在 Tilemap 上的渲染，如图层、材质遮罩等。“Tilemap Renderer”组件的属性及功能如表 4-1 所示。

表 4-1 “Tilemap Renderer”组件的属性及功能

属性	功能
Animation Frame Rate	Unity 播放瓦片动画的速率。修改此属性会根据等效因子更改速度（例如，如果将此属性设置为 2，Unity 将以两倍速度播放瓦片动画）
Color	选择一种颜色作为 Tilemap 上的瓦片的色调。设置为白色（默认颜色）可使 Unity 不带色调地渲染瓦片
Tile Anchor	输入 Tilemap 上瓦片沿 *x*、*y*、*z* 轴偏移瓦片锚点位置的数量（以单元格为单位）
Orientation	选择 Tilemap 上瓦片的方向。如果需要在特定平面定位瓦片，请使用此属性
XY	Unity 在 *xy* 平面上定位瓦片
XZ	Unity 在 *xz* 平面上定位瓦片
YX	Unity 在 *yx* 平面上定位瓦片
YZ	Unity 在 *yz* 平面上定位瓦片
ZX	Unity 在 *zx* 平面上定位瓦片
ZY	Unity 在 *zy* 平面上定位瓦片
Custom	选择此选项可启用自定义方向设置
Position	设置自定义方向的位置偏移。默认情况下禁用此选项，在 Tilemap 的方向设置为 Custom 时启用
Rotation	设置自定义方向的旋转。默认情况下禁用此选项，在 Tilemap 的方向设置为 Custom 时启用
Scale	设置自定义方向的比例。默认情况下禁用此选项，在 Tilemap 的方向设置为 Custom 时启用
Info	展开它以显示 Tilemap 中使用的资产
Tiles	显示 Tilemap 中使用的 Tile Asset 列表
Sprites	显示 Tilemap 中使用的 Sprite 列表

任务实施

1. 素材下载

本任务需要开发者阅读学习情境 2 的任务 1，学习如何从 Unity Asset Store 获取资源并处理资源，本学习情境中对素材资源不做要求，开发者可以自行查找感兴趣的 2D 资源进行下载。单击“Window→Asset Store”，例如输入“Sunny Land”查找资源，如图 4-3 所示。

图 4-3　查找资源

微课视频

实操 06

2. 素材处理

Step1：导入资源包后，需要将素材资源进行切割。首先选中所有需要进行切割的素材，将“Texture Type”设置为“Sprite(2D and UI)”图片素材类型，如图 4-4 所示。然后单击“Apply”即可修改。

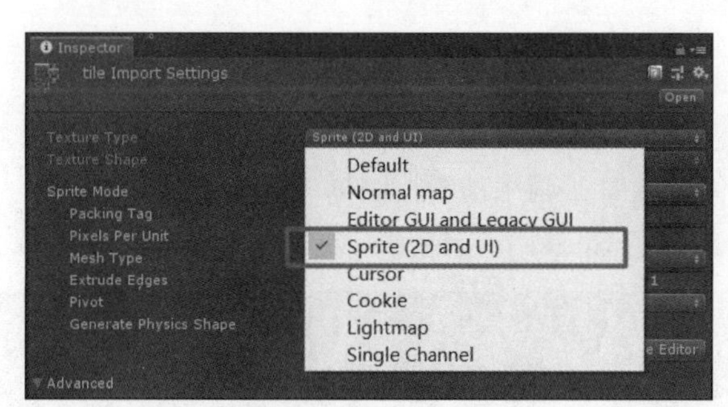

图 4-4　修改图片素材类型

Step2：将“Sprite Mode”设置为“Multiple”可以进行素材切割；将“Mesh Type”设置为“Full Rect”，其主要作用为将素材平铺切割，如果“Mesh Type”为“Tight”，则会基于 Alpha 尽可能多地裁剪像素，建议为需要平铺切割的素材选中“Full Rect”，如图 4-5 所示。

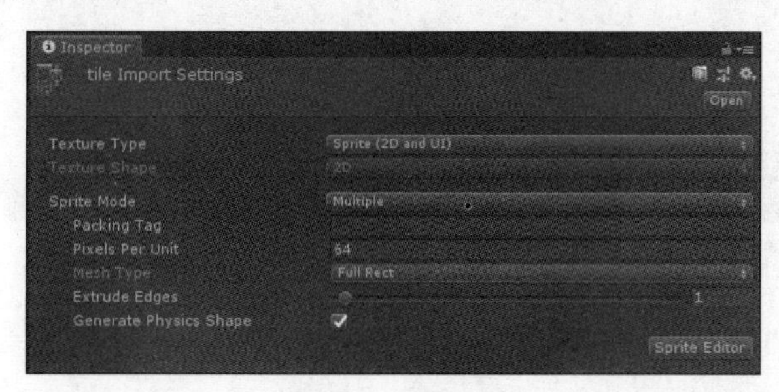

图 4-5　设置参数

Step3：“Pixels Per Unit”表示以多少像素为一个单位（具体参数由素材大小决定），后续为方便使用 Tilemap，需要将素材的每一块都切割为 1 像素。

设置完成后，单击“Sprite Editor”。单击左上角的“Slice”，将“Type”设置为“Grid By Cell Size”，单击“Slice”按钮即可进行素材切割，如图 4-6 所示。切割完成后单击右上角的“Apply”。

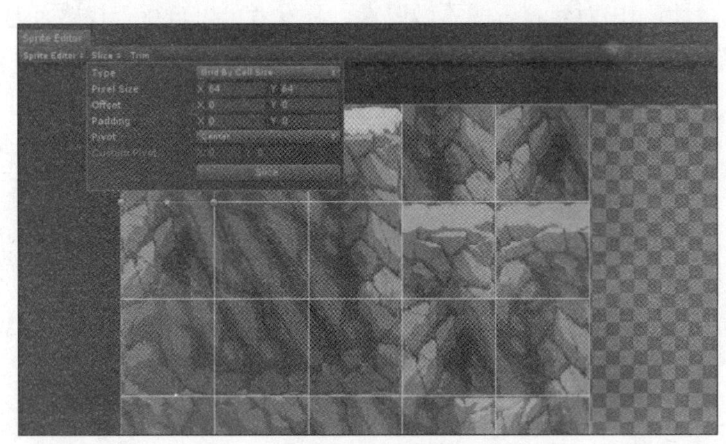

图 4-6　素材切割

对所有需要进行处理的素材（包括人物素材）进行切割，后面学习利用 Tilemap 进行场景搭建时会讲解如何使用切割后的素材。

3. 角色制作

（1）制作序列帧动画

本部分内容中角色动画以序列帧动画片段为主，为每个动作创建一个动画（Animation）片段，当需要调用角色动画时，调用动画控制器中的动画片段即可。

Step1：将切割后的角色 Sprite 直接拖动到场景中，创建人物形象，如图 4-7 所示。

图 4-7　创建人物形象

Step2：单击“Window→Animation→Animator”（或按“Ctrl+6”组合键），打开“Animation”窗口，创建“待机”动画如图 4-8 所示。

图 4-8　创建“待机”动画

Step3：将“待机”动画的序列帧拖动到“Animation”窗口中，即可实现“待机”动画片段的制作，如图 4-9 所示。

图 4-9　制作“待机”动画片段

Step4：重复以上步骤，制作角色的“跑”动画片段和“跳”动画片段。

（2）设置动画控制器

创建动画控制器，将角色的“待机”动画片段、“跑”动画片段、“跳”动画片段放置到“Animator”窗口中，单击“Window→Animation→Animator”打开动画控制器。

Step1：选中“待机”动画片段，右击，在弹出的快捷菜单中选择“Set as Layer Default State”，将“待机”动画片段设置为默认动画，如图 4-10 所示。在左侧“Parameters”视图中添加“velocityX”和“velocityY”（浮点类型），以及“grounded”（布尔类型）。

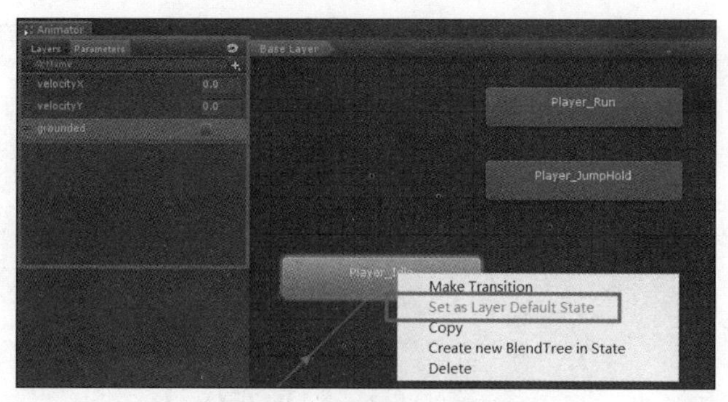

图 4-10　设置默认动画

Step2：现在需要将每个动画片段进行连接，方便后续在代码中调用动画控制器去播放动画片段。右击“待机”动画片段，选择“Make Transition”后，单击“跑”动画片段，具体操作如图 4-11～图 4-15 所示。

① 连接“待机”动画片段到“跑”动画片段（参数设置以图 4-11 中的“Inspector”窗口为参考）。

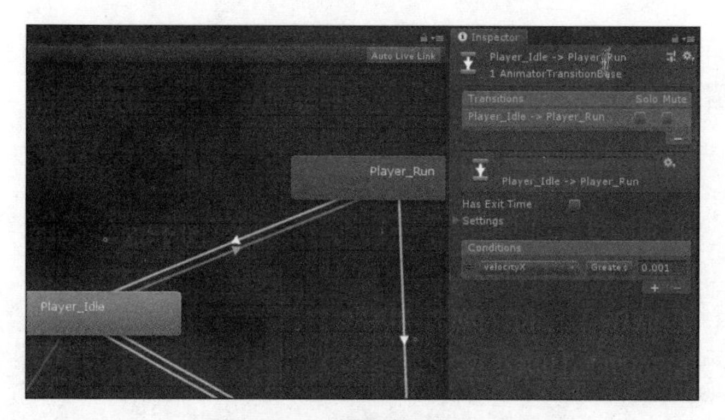

图 4-11　连接动画片段 1

② 连接“跑”动画片段到“待机”动画片段（参数设置以图 4-12 中的“Inspector”窗口为参考）。

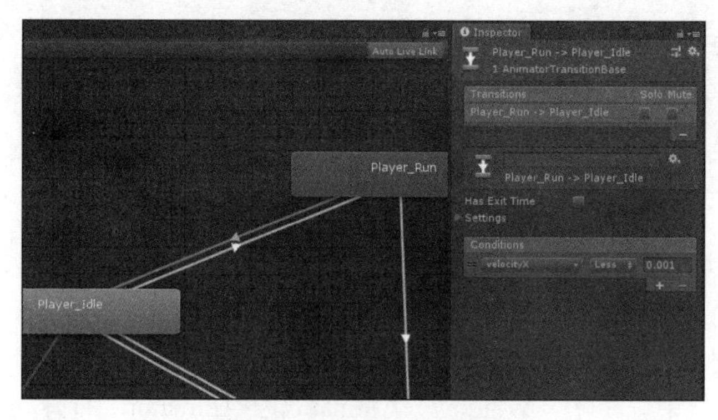

图 4-12　连接动画片段 2

③ 连接“待机”动画片段到“跳”动画片段（参数设置以图 4-13 中的“Inspector”窗口为参考）。

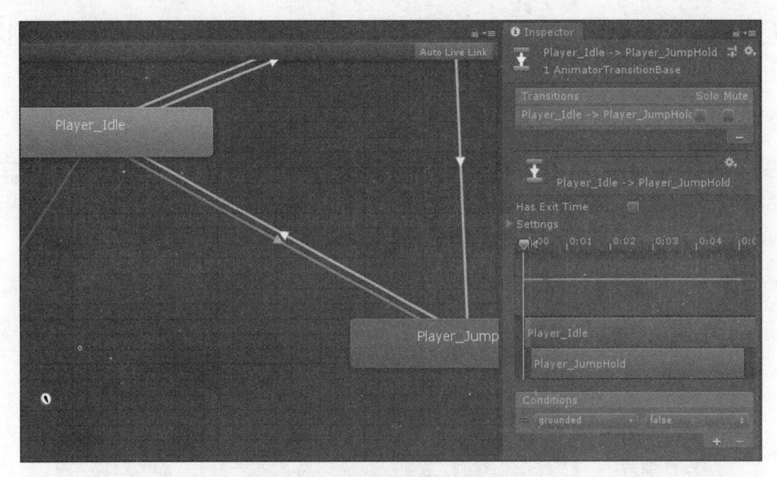

图 4-13　连接动画片段 3

④ 连接“跳”动画片段到“待机”动画片段（参数设置以图 4-14 中的“Inspector”窗口为参考）。

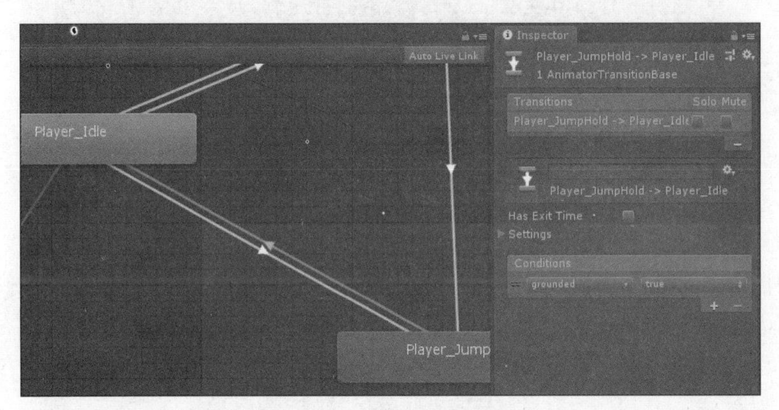

图 4-14　连接动画片段 4

⑤ 连接“跑”动画片段到“跳”动画片段（参数设置以图 4-15 中的“Inspector”窗口为参考）。

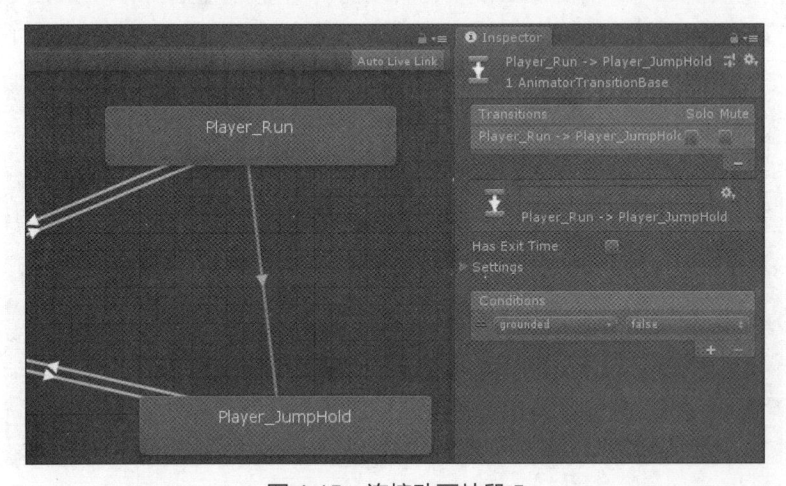

图 4-15　连接动画片段 5

需要注意的是，若以上 3 个动画片段未开启循环播放，可在“Assets”中找到“资源”，勾选“Loop Time”即可实现动画片段循环播放，具体的动画片段切换会在代码中表现。

（3）添加角色组件

在“Hierarchy”窗口中找到创建的角色，添加“Animator”组件，将上一部分内容中创建的动画控制器拖动到“Controller”中。创建“Rigidbody 2D”组件与“Capsule Collider 2D”组件，将“Rigidbody 2D”组件中的“Body Type”设置为“Kinematic”，为后续通过代码调用人物走、跑、跳做好准备，具体参数如图 4-16 所示。

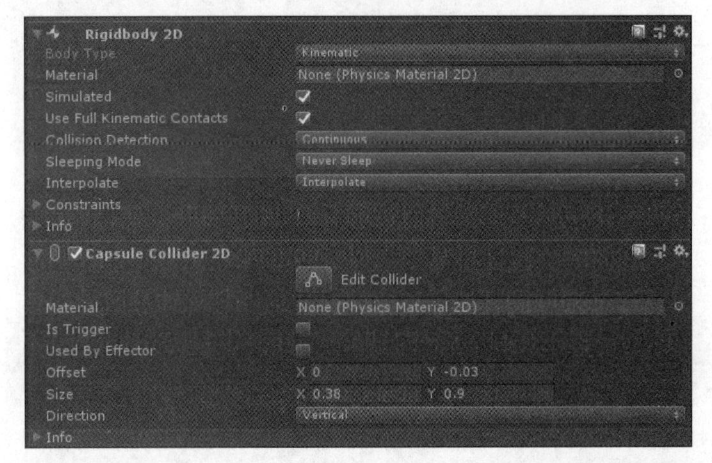

图 4-16　添加“Rigidbody 2D”组件与“Capsule Collider 2D”组件

（4）制作宝石素材

在场景中导入任意宝石模型，对宝石模型创建自转脚本，将自转脚本挂载在模型上即可，具体代码如下：

```
public float speed = 200;
void Update()
{
    transform.Rotate (Vector3.forward * speed * Time.deltaTime);
}
```

当宝石模型被拾取时，需要隐藏模型，所以需要给宝石模型添加“Circle Collider 2D”组件，勾选“Is Trigger”复选框，具体的效果实现将在下一部分内容中介绍，如图 4-17 所示。

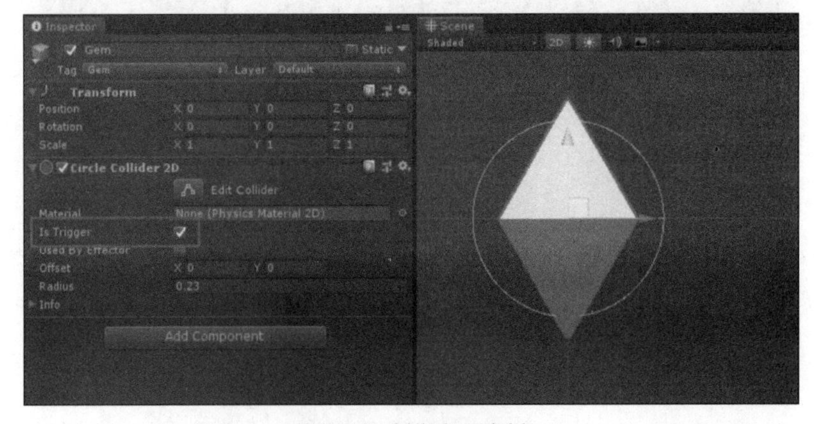

图 4-17　制作宝石素材

4．场景投影

本部分主要讲述如何利用相机的“Target Texture”（目标纹理）属性将相机视野画面渲染到纹理上，再利用材质球将纹理赋值到圆柱体上，从而实现将 2D 游戏场景渲染到 3D 物体上的效果。

Step1：在“Project”窗口单击“Create→Render Texture”来新建渲染纹理，将其命名为“Main”并拖到相机上的“Target Texture”属性中。

Step2：创建一个额外的“Camera”组件（目的是让相机能够跟随角色移动），将其“Projection”属性设置为“Orthographic”（正交）、“Size”属性设置为 4，将 Step1 中创建的“Main”赋值给“Camera”组件的“Target Texture”属性，如图 4-18 所示。

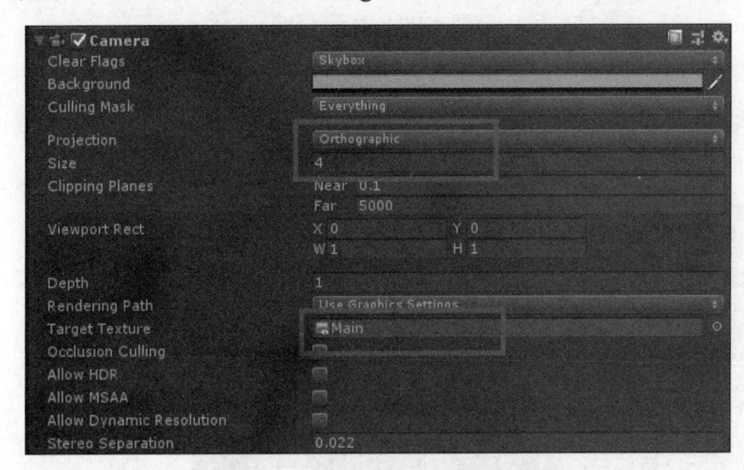

图 4-18　“Camera”组件参数设置

Step3：在“Main”（场景主相机）的视野前方创建一个新的 3D 物体，本部分内容中添加的是圆柱体（经过特殊处理的圆柱体，具体如何处理请看本部分内容的最后一步）。然后创建新材质球，将其“Shader”属性设置为“Mobile/Particles/Alpha Blended”，再将 Step1 创建的“Main”（Render Texture）拖到材质球的“Main Texture”属性中，如图 4-19 所示。

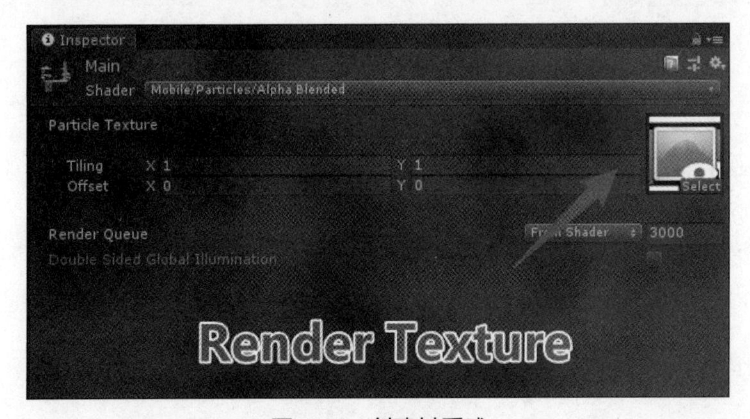

图 4-19　创建材质球

经过以上的处理基本实现了本部分内容的项目效果，如图 4-20 所示，后续将讲述如何对项目进行交互实现。

图 4-20　项目效果

注意：圆柱体需要进行特殊处理，未处理的圆柱体底面与顶面会造成材质贴图复用，无法实现游戏场景环绕圆柱体等效果，需要在建模软件中将圆柱体顶面与底面进行删除，再开启圆柱体的背面消隐效果，如图 4-21 所示。

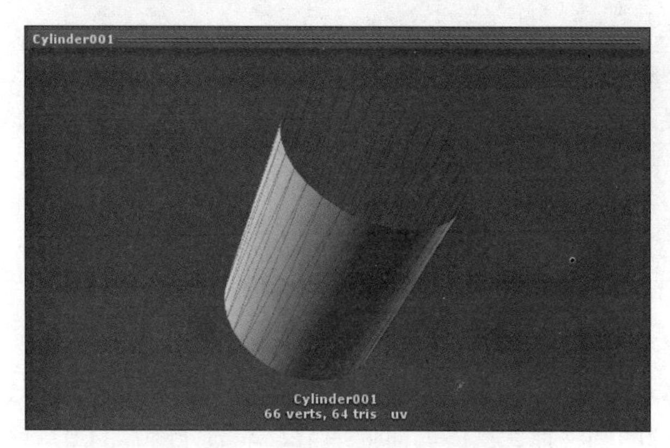

图 4-21　对圆柱体进行特殊处理

微课视频

动画 07

任务 2　交互实现

任务描述

本任务将会讲述如何编写脚本实现使用虚拟轴控制角色进行移动、随机生成物品、交互等功能，使用 Particle System（粒子系统）来为物品添加对应的粒子效果，丰富游戏场景；学习利用 Vuforia 对物体进行识别与交互；完成该项目后对其进行打包发布。

知识引导

在开始对项目进行交互实现前，开发者需要知道 Unity 内置的粒子系统。粒子系统是 Unity 内置的实现不同粒子效果的引擎系统，主要用于解决大量按一定规则运动或变化的微小物质在计算机上的生成和显示问题。它的应用非常广泛，大到模拟炸弹爆炸、星云变化，小到模拟水波、火焰、烟火、云雾等，而这些现象用常规的图形算法是很难逼真再现的。粒子运动的变化规则可以很简单，也可以很复杂，这取决于所模拟的对象。

在场景中放置一个粒子系统就是添加一个预先制作好的游戏对象（单击“GameObject→Effects→Particle System”）或添加粒子系统组件到已存在的游戏对象中（单击“Component→Effects→Particle System”）。因为粒子系统组件十分复杂，所以“Inspector”窗口被分为许多可折叠的子部分或组件，分别包含一组相关属性。此外，可以通过“Inspector”窗口中的“Open Window”按钮，使用单独的“Editor”窗口，同时编辑一个或多个粒子系统。

开发者可以通过修改每个模块的参数进行效果查看，根据需求去制作粒子系统。需要注意的是粒子系统对计算机资源的消耗是较大的，开发者需要根据项目需求去使用粒子，当生成后的粒子数量较多时，可以使用 Renderer 模块代替。

当一个有“Particle System”的游戏对象被选中时，“Scene”视图就会出现一个“Particle Effect”面板，其中有一些简单的控制参数，用于实时查看控制参数对其粒子的影响。“Playback Speed”允许加快或减慢粒子模拟速度，因此可以看到其后续状态。“Playback Time”表示粒子系统开始运行的时间，它取决于“Playback Speed”。“Particle Count”表示粒子系统中目前有多少粒子。“Particle Effect”面板如图 4-22 所示。

图 4-22　“Particle Effect”面板

任务实施

微课视频

实操 07

1. 角色控制

任务 1 主要讲述了角色的动画片段制作、动画控制器制作以及角色需要添加的组件，本部分将讲述如何添加角色控制脚本和宝石交互脚本。

（1）角色控制脚本

项目暂时使用“W/A/S/D”键来控制角色移动，后面部分将讲述如何用按钮代替“W/A/S/D”键控制角色移动。首先需要创建脚本“PlayerController”，具体代码如下：

```
    //控制角色移动变量
using System.Collections;
using System.Collections.Generic;
using UnityEngine;
public class PlayerPlatformerController : PhysicsObject
{
    public float maxSpeed = 7;
    public float jumpTakeOffSpeed = 7;
    private SpriteRenderer spriteRenderer;
    private Animator animator;
    //初始化项目
    void Awake ()
    {
        spriteRenderer = GetComponent<SpriteRenderer> ();
        animator = GetComponent<Animator> ();
```

```
}
protected override void ComputeVelocity()
{
    Vector2 move = Vector2.zero;
    move.x = Input.GetAxis ("Horizontal");
    if (Input.GetButtonDown ("Jump") && grounded)
    {
        velocity.y = jumpTakeOffSpeed;
    }
        else if (Input.GetButtonUp ("Jump"))
        {
            if (velocity.y > 0)
            {
                velocity.y = velocity.y * 0.5f;
            }
        }
        if(move.x > 0.01f)
        {
            if(spriteRenderer.flipX == true)
            {
                spriteRenderer.flipX = false;
            }
        }
        else if (move.x < -0.01f)
        {
            if(spriteRenderer.flipX == false)
            {
                spriteRenderer.flipX = true;
            }
        }
        //控制角色移动
        animator.SetBool ("grounded", grounded);
        animator.SetFloat ("velocityX", Mathf.Abs (velocity.x) / maxSpeed);
        targetVelocity = move * maxSpeed;
        }
    }
```

（2）宝石交互脚本

Step1：本部分主要介绍角色与宝石的交互用到的触发检测，需要先给角色添加标签。选中场景中的角色，在“Inspector”窗口左上角将“Tag”设置为“Player”，如图 4-23 所示。

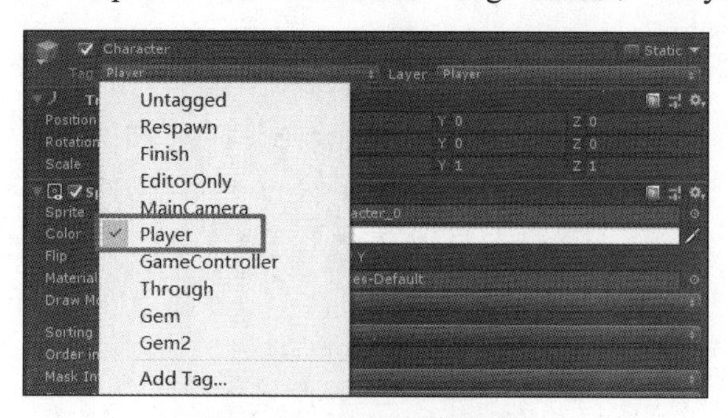

图 4-23　给角色添加标签

Step2：宝石可以自行放置，在宝石的自转脚本上继续添加代码，具体如下：

```
private CircleCollider2D gemCollider2D;
void Start()
{
    gemCollider2D = gameObject.GetComponent<CircleCollider2D>();
}
void OnTriggerEnter2D(Collider2D theCollider)
{
    //进行触发检测
    if (theCollider.CompareTag ("Player"))
    {
    GemCollected ();}
    }
    void GemCollected()
    {
    gemCollider2D.enabled = false;
    gameObject.SetActive (false);
    }
```

目前开发者可以直接运行项目，利用“W/S/A/D”键进行角色移动控制，后续将主要学习游戏制作、效果优化、按钮控制、圆柱识别、项目发布。

2. 游戏制作

在场景内多个地点随机生成宝石，玩家可以进行宝石收集，收集的宝石数量在界面左上角显示。

Step1：在场景内创建多个空物体作为宝石的随机生成点，布置场景如图 4-24 所示。

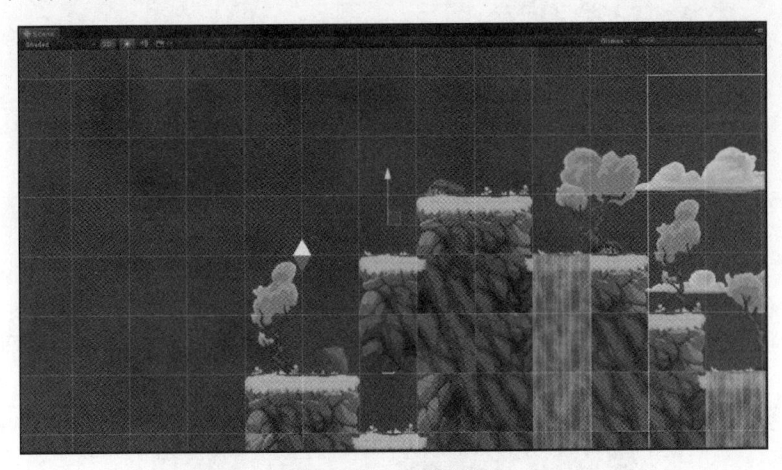

图 4-24　布置场景

Step2：在“Hierarchy”窗口中选择宝石，在“Inspector”窗口中将宝石的“Tag”设置为“Gem”，再将宝石从“Hierarchy”窗口拖动到“Project”窗口中，将宝石制作成预制体。

Step3：创建资源池“GemPool”脚本。具体如下：

```
public int poolCount = 3;
public GameObject GemPrefab;
//“GemPrefab”为宝石预制体，“GemPoint”为宝石随机出现的位置
public GameObject[] GemPoint;
```

```
    private List<GameObject> cubeLiset = new List<GameObject>();
    private void Start()
    {
      //初始化资源池
      InitPool();
    }
    void InitPool()
    {
        for (int i = 0; i < poolCount; i++)
        {
            GameObject go = GameObject.Instantiate(GemPrefab);
            cubeLiset.Add(go);
            go.SetActive(false);
            go.transform.parent = this.transform;
        }
        //初始化的时候，先随机生成一颗宝石
        GetGem();
        }
    //获取资源
    public GameObject GetGem()
    {
        foreach (GameObject go in cubeLiset)
        {
        //如果资源池内有资源未被使用，则将资源返回
        if (go.activeInHierarchy == false)
        {
             go.SetActive(true);
             //将宝石放置在随机的位置
             go.transform.position = GemPoint[Random.Range(0, GemPoint.Length)].
transform.position;
             return go;
        }
    }
        return null;
    }
```

本脚本的主要作用是在场景内随机生成宝石，目前生成的宝石数量为 1，开发者可以通过调用 GetGem()函数在场景内随机地点生成多颗宝石。

Step4：将“GemPool”脚本挂载在场景中，并对其进行赋值，如图 4-25 所示。

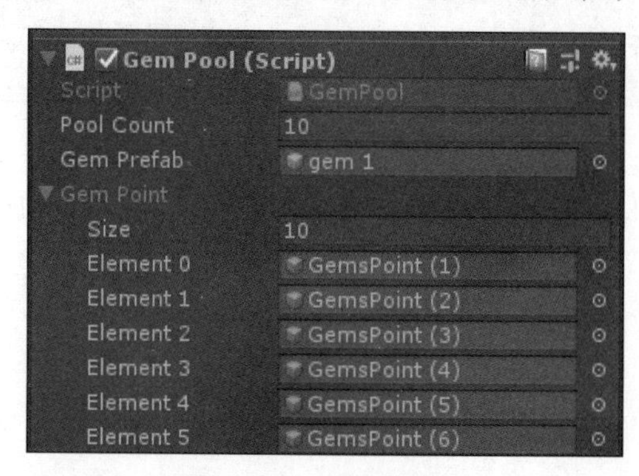

图 4-25　脚本赋值 1

在场景中单击挂载“GemPool”脚本的游戏对象，单击“Inspector”窗口右上角的“锁定”按钮对“Inspector”窗口进行锁定，此时从“Hierarchy”窗口拖动游戏对象到“Inspector”窗口不会改变“Inspector”窗口的内容。

Step5：在角色控制脚本中添加角色与宝石的触发检测，将挂载“GemPool”脚本的游戏对象赋值给“Player Platformer Controller”脚本中的“Object Pool”游戏对象，如图 4-26 所示。

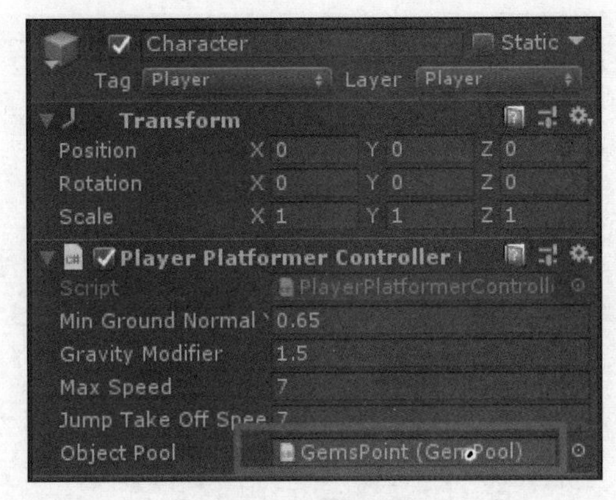

图 4-26　脚本赋值 2

具体代码如下：

```
public GemPool objectPool;
void OnTriggerEnter2D(Collider2D theCollider)
  {
     if (theCollider.CompareTag("Gem"))
     {
         //拾取宝石
         theCollider.gameObject.SetActive(false);
         //在其他地方随机生成新宝石
         objectPool.GetGem();
     }
  }
```

Step6：在“GemPool”脚本中添加宝石拾取变量。

```
public int pickUpCount = 0;
```

当角色拾取宝石时，需要进行统计。

```
//拾取宝石
public void PickUpGem()
{
  pickUpCount++;
}
//查看宝石数量
public int ReturnGemCount()
{
  return pickUpCount;
}
```

当角色拾取宝石时，调用“PickUpGem”脚本，进行拾取宝石数量记录，所以需要在角色控制脚本的触发检测下添加 objectPool.PickUpGem()函数。

Step7：分数记录已经实现了，现在需要将分数呈现在画布上。在“Canvas”下创建“Text”，将字体颜色设置为白色（若文字不明显，可以给“Text”添加“Outline”组件进行描边），并且创建脚本“UpdateScore”，在拾取宝石时将“GemPool”脚本下的“ReturnGemCount”变量值传递给“UpdateScore”脚本，具体操作如下。

（1）搭建 UI 部分，如图 4-27 所示。

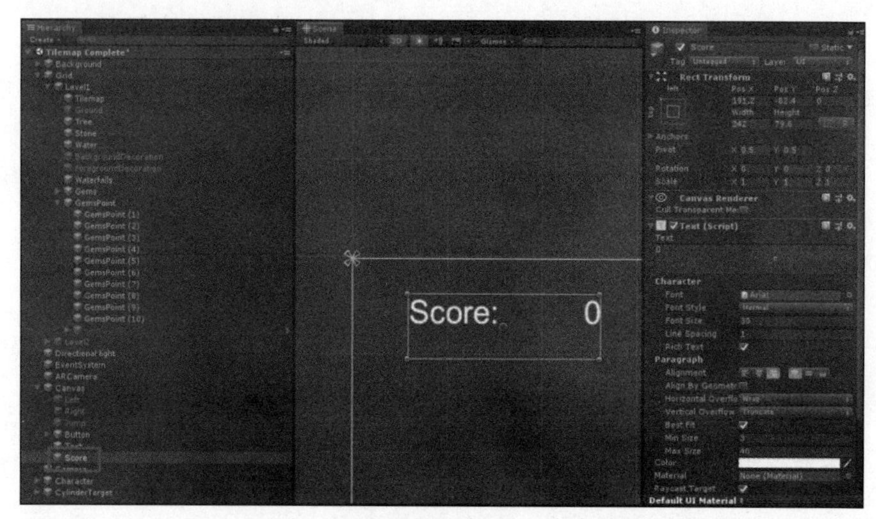

图 4-27　搭建 UI

（2）创建“UpdateScore”脚本，挂载在“Score”（记录分数的“Text”）上，脚本代码如下：

```
private Text txt_Score;
void Start()
{
    txt_Score = gameObject.GetComponent<Text>();
}
public void updateScore(int score)
{
    txt_Score.text = score.ToString();
}
```

在代码中无法直接引用“Text”类型，需要先引用“using UnityEngine.UI”。

（3）对角色控制脚本中的触发检测代码进行优化，拾取宝石时进行分数更新，代码如下：

```
//拾取宝石
    void OnTriggerEnter2D(Collider2D theCollider)
    {
        if (theCollider.CompareTag("Gem"))
        {
            //拾取宝石
            theCollider.gameObject.SetActive(false);
            objectPool.PickUpGem();
            //在其他地方随机生成新宝石
```

```
            objectPool.GetGem();
            ScoreUI.updateScore(objectPool.ReturnGemCount());
        }
    }
```

（4）代码部分已经完成，接下来需要在场景中对脚本进行赋值，具体操作如图 4-28 所示。

图 4-28　脚本赋值

Step8：目前“在场景内随机生成宝石并进行拾取记录”已经实现，但在游戏过程中，经常会因为角色到达地图边界而不得不返回，下面将对角色移动进行判断，当角色到达地图边界时，将角色移动到地图的另一端，需要在角色控制脚本中添加 FixedUpdate()函数进行判断。具体代码如下：

```
    private void FixedUpdate()
    {
        if (go.transform.position.x > 12.5)
        {
            go.transform.position = new Vector3(-11, go.transform.position.y, go.transform.
position.z);
    }
    else if (go.transform.position.x < -11.5f)
    {
    go.transform.position = new Vector3(12, go.transform.position.y, go.transform.
position.z);
    }
    }
```

至此，游戏制作部分已经结束了，接下来将学习使用粒子系统进行效果优化。

3. 效果优化

效果优化部分主要讲述粒子系统，当角色拾取宝石时隐藏宝石，出现爆炸粒子，具体步骤如下。

Step1：在场景中右击，在弹出的快捷菜单中选择“Effects→Particle System”创建粒子。

Step2：设置粒子参数，如图 4-29 所示。

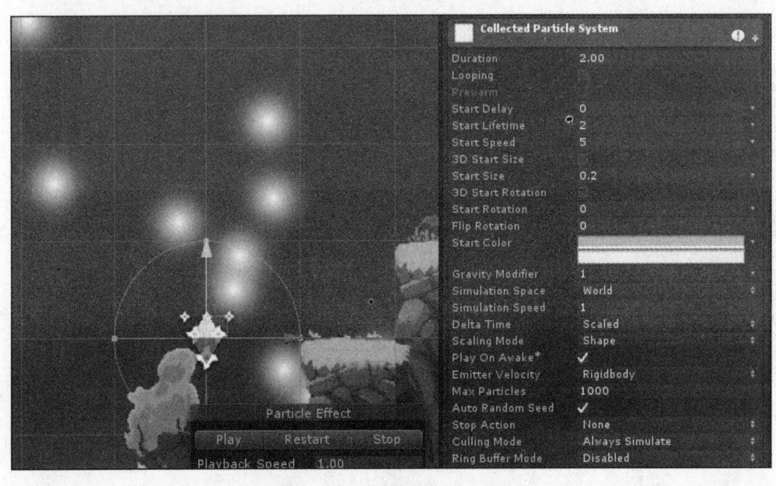

图 4-29　设置粒子参数

Step3：设置“Emission”参数与“Shape”参数，使粒子有爆炸效果，参数设置如图 4-30 所示。

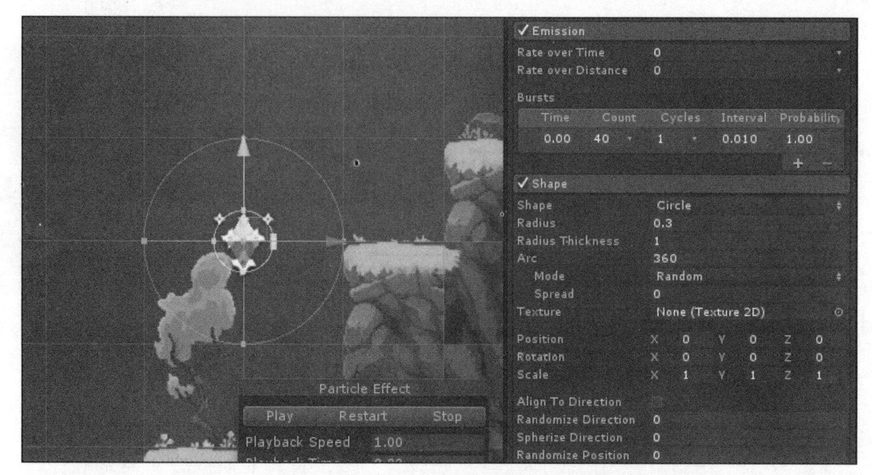

图 4-30　设置“Emission”参数与“Shape”参数

Step4：设置“Color over Lifetime”参数，使粒子呈现逐步消失的效果，参数设置如图 4-31 所示。

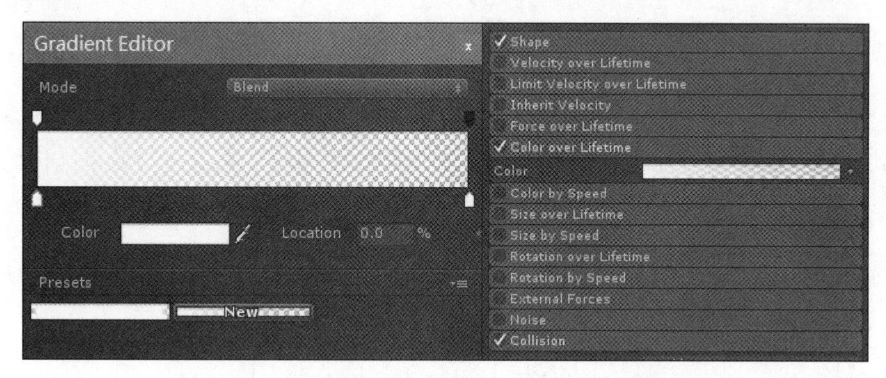

图 4-31　设置“Color over Lifetime”参数

Step5：设置“Collision”参数，让粒子与地面进行碰撞，参数设置如图 4-32 所示。

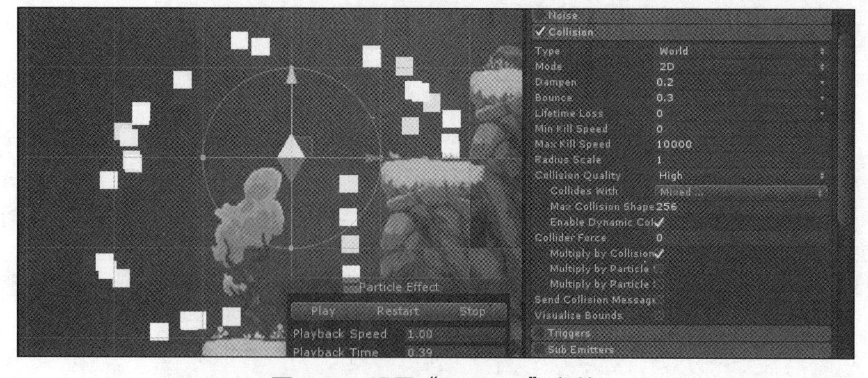

图 4-32　设置“Collision”参数

Step6：设置“Renderer”参数，实现最终粒子效果，参数设置如图 4-33 所示。

图 4-33　设置“Renderer”参数

Step7：粒子系统效果设置完成后，进行脚本制作，当角色拾取到宝石时，修改粒子的位置到碰撞检测点，然后进行粒子播放。设置宝石被拾取时激活，取消勾选“Collected Particle System”组件中的“Play On Awake”，关闭粒子激活时自动播放，改用脚本激活，在角色控制脚本内添加代码。

具体代码如下：

```
    public GameObject particleObj;
    //当进行宝石触发检测时移动粒子系统，随后使用代码激活粒子
    particleObj.gameObject.transform.position = theCollider.gameObject.transform.
position;
    particleObj.GetComponent<ParticleSystem>().Play();
```

需要注意的是角色控制脚本中的“particleObj”对象需要手动进行拖动赋值。

到这里已经实现了效果优化，角色拾取宝石时会有爆炸效果，开发者可以参照更多的粒子效果对游戏进行优化。

微课视频

实操 09

4．按钮控制

Step1：在“Canvas”下创建空物体并将其命名为“ControllerPanel”，在“ControllerPanel”下创建 3 个“Button”控件，将其命名为“Left”“Right”“Jump”，按钮布局如图 4-34 所示。

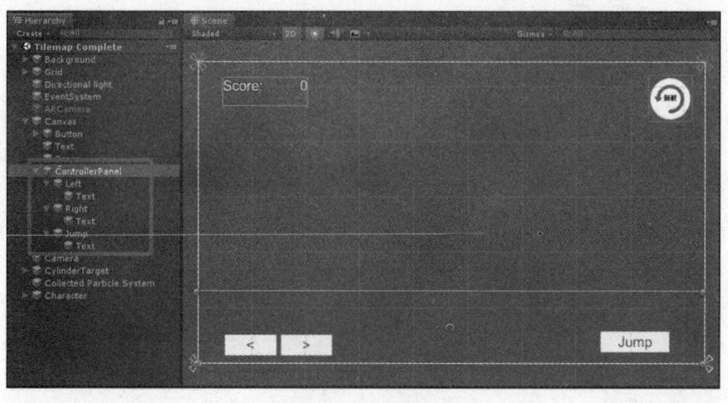

图 4-34　按钮布局

Step2：修改角色控制脚本中的 ComputeVelocity()函数，以便通过单击按钮控制角色移动，具体代码如下：

```
    public bool isLeftMove = false;
    public bool isRightMove = false;
```

```
    public bool isJumpButtonDown = false;
    public bool isJumpButtonUp = false;
    protected override void ComputeVelocity()
    {
        Vector2 move = Vector2.zero;
        move.x = Input.GetAxis("Horizontal");
        //模拟虚拟按钮
        if (Input.GetKey(KeyCode.D) || isRightMove)
        {
            move.x = Mathf.Lerp(move.x, 1, Time.deltaTime * maxSpeed);
        }
        else if (Input.GetKey(KeyCode.A) || isLeftMove)
        {
            move.x = Mathf.Lerp(move.x, -1, Time.deltaTime * maxSpeed);
        }
        else
        {
            move.x = Mathf.Lerp(move.x, 0, Time.deltaTime * maxSpeed);
        }
        if ((isJumpButtonDown) && grounded)
        {
            velocity.y = jumpTakeOffSpeed;
        }
        else if (!isJumpButtonDown)
        {
            if (velocity.y > 0)
            {
                velocity.y = velocity.y * 0.5f;
            }
        }
        if (move.x > 0.01f)
          {
            if (spriteRenderer.flipX == true)
            {
                spriteRenderer.flipX = false;
            }
        }
        else if (move.x < -0.01f){
        {
            if (spriteRenderer.flipX == false)
            {
                spriteRenderer.flipX = true;
            }
        }
        animator.SetBool("grounded", grounded);
        animator.SetFloat("velocityX", Mathf.Abs(velocity.x) / maxSpeed);
        targetVelocity = move * maxSpeed;
    }
```

在“Inspector”窗口中将“Max Speed”调整为“15”，可以确保通过单击按钮移动角色时有一定的流畅度。

Step3：在“Assets”下创建C#脚本并将其命名为“ButtonListener”，具体代码如下：

```
using System.Collections;
using System.Collections.Generic;
```

```
using UnityEngine;
using UnityEngine.EventSystems;
using UnityEngine.UI;
public class ButtonListener : MonoBehaviour,IPointerDownHandler,IPointerUpHandler
{
      public PlayerPlatformerController controller;
      //按钮按下时触发
      public void OnPointerDown(PointerEventData eventData)
      {
         if (transform.name=="Left")
         {
            controller.isLeftMove = true;
         }
         else if (transform.name=="Right")
         {
            controller.isRightMove=true;
         }
         else if (transform.name=="Jump")
         {
            controller.isJumpButtonDown = true;
         }
      }
      //按钮抬起时触发
      public void OnPointerUp(PointerEventData eventData)
      {
            if (transform.name == "Left"|| transform.name == "Right")
            {
              controller.isLeftMove = false;
              controller.isRightMove = false;
            }
            else if (transform.name == "Jump")
            {
              controller.isJumpButtonDown = false;
            }
      }
}
```

Step4：将“ButtonListener”脚本挂载到“Left”“Right”“Jump”这 3 个“Button”控件上，并将对象“Character”拖动赋值到 3 个“Button Listener(Script)”组件的“Controller”参数中，具体操作如图 4-35 所示。

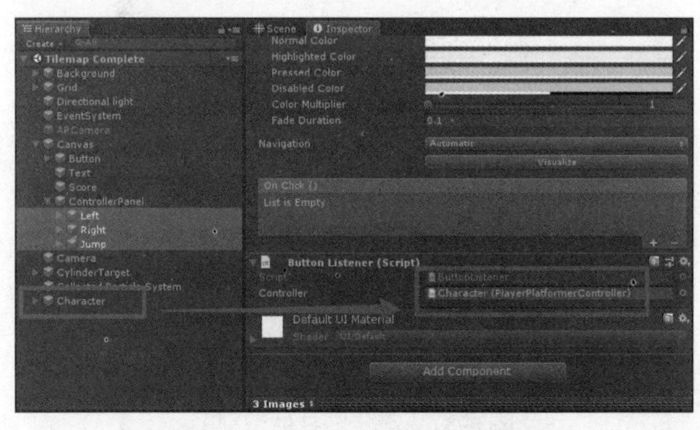

图 4-35　“Button”控件参数设置

赋值完成后即可运行项目进行效果测试，后面仅需将圆柱体识别图导入 Unity 中并进行参数与位置调整即可。

5. 圆柱识别

Step1：获取圆柱体识别图，可以用任意搜索引擎查找圆柱体识别图，如图 4-36 所示。对于圆柱体识别图没有特定要求，圆柱体识别图拥有足够的特征点即可。

图 4-36　搜索圆柱体识别图

Step2：上传圆柱体识别图到 Vuforia 官网，在 Vuforia 官网注册并使用 Vuforia 生成点云图。可参照学习情境 3 的任务 2 的任务实施中的内容进行操作。单击“Develop→Target Manager→Add Database”创建数据库，“Type”选择“Device”，创建好后可以看到列表下面出现刚创建的数据库。单击“Add Target”添加圆柱体识别图，其类型为“Cylinder”，添加完成后的效果如图 4-37 所示。

图 4-37　上传圆柱体识别图

Step3：添加完成后，单击“Download Database”，勾选“Unity Editor”下载数据库，下载完成后把资源包导入 Unity 中。

Step4：在 Unity 的“Hierarchy”窗口右击“Cylindrical Image”，在创建的“CylinderTarget”中找到“Cylinder Target Behaviour(Script)”组件，将“Database”设置为“VuforiaARTest1 Database”，在“Cylinder Target”中选择圆柱体识别图，如图 4-38 所示。

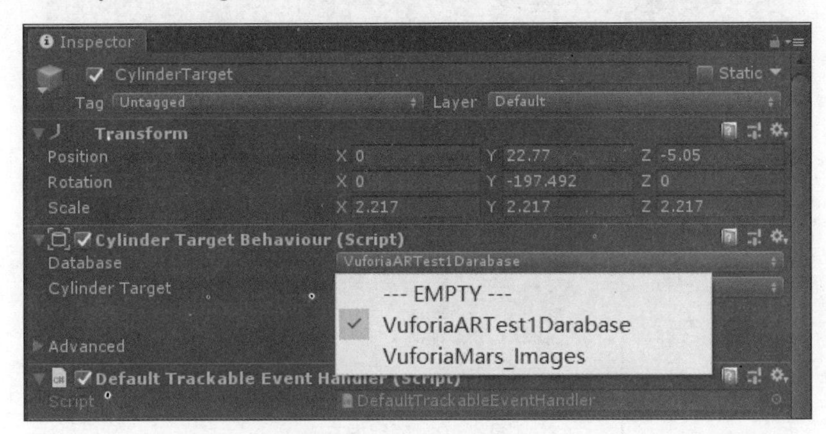

图 4-38　设置“Cylinder Target Behaviour”组件

Step5：将圆柱体识别图放置在“CylinderTarget”下，调整圆柱体识别图的位置和比例，如图 4-39 所示。

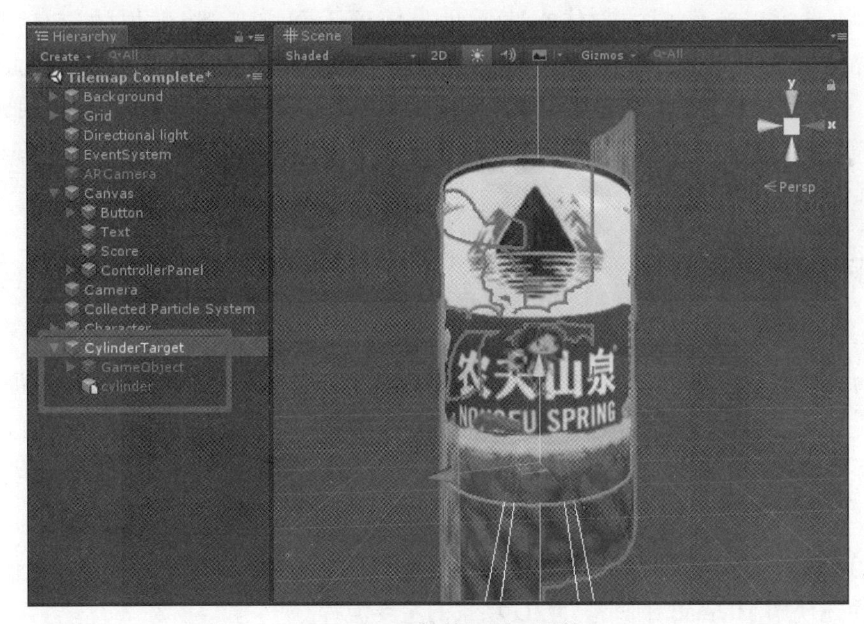

图 4-39　圆柱体识别图调整

6．项目发布

选择“File→Build Settings”，单击“Add Open Scenes”，将当前场景添加到打包环境中，并选择“Android”平台，单击“Build”按钮，选择项目文件打包路径即可完成项目发布，如图 4-40 所示。

图 4-40　项目发布

情境总结

AR 技术可以让虚拟的物体在真实世界中展示和交互，将虚拟的信息应用到真实的世界，被人类感官所感知。在本学习情境中，主要介绍了如何使用 Tilemap 进行地图绘制，对场景进行处理，使其经过相机渲染能够在指定物体上显示出来。项目开发分多个不同方面进行讲解，针对性明显，能够让开发者了解绘制 2D 场景的工具，掌握 AR 游戏开发的相关知识。

课后习题

一、填空题

“Animation”和“Animator”虽然都用于控制动画的播放，但是它们的用法和相关语法大有不同。______________用于控制一个动画的播放，而__________________用于控制多个动画之间相互切换，并且________________________有一个动画控制器，俗称动画状态机。

二、简答题

1. 简述使用 Tilemap 工具搭建 2D 场景的主要流程。
2. 简述如何使用 Vuforia 进行图像识别。

学习情境 5 基于 Vuforia 的“房产漫游”项目开发

学习目标

知识目标：学习基于 Vuforia 的行业应用项目开发流程，掌握 AR 参考图像库的制作和管理方法，利用 AR 图像识别技术在设定的图片中识别出相应的内容。

能力目标：学习基于 Vuforia 图像识别技术开发的行业应用项目，掌握应用场景搭建与交互实现，最终将项目发布至移动应用端。

素养目标：通过学习基于 Vuforia 的行业应用项目开发，帮助开发者掌握行业应用项目的开发流程，为开发者后续学习其他行业应用项目开发奠定基础。

引例描述

小张是一位 Unity 工程师，他近期需要制作一款 AR 看房软件，让用户在云端就能真切地看到楼盘位置和可购置房产的房间、位置和布局等。本学习情境将会介绍如何在 Unity 中通过使用 Vuforia 相关功能进行项目开发，并会具体讲解 Vuforia 的图像识别功能，以及相应的环境配置、处理项目资源、搭建场景、设计 UI、交互、第一人称漫游交互等一系列开发流程。

项目介绍

5.1 项目背景

时下，传统的房地产商还在纷纷训练销售人员组织话术，以情理动人地打开销售局面，客户却早已厌倦实地看房的耗时耗力、效率低下、信息不全、夸大其词。

VR/AR 看房软件为房地产营销提供了一个更广阔的空间，也势必在未来成为房地产营销的主要趋势与潮流。利用 AR 技术，不用走一步就能看遍各种样板间，不仅能大大节省看房时间，也能让客户异地看房更便捷。VR/AR 房地产如图 5-1 所示。

另外，房地产商通过 VR 技术、AR 技术能够为自己、为客户带来以下便捷。

其一是通过 VR 技术可以将未完工的建筑楼盘提前完整地呈现给客户，让客户直观地感受到小区的绿化、安保、物业等体系。通过 VR 镜头可带给潜在客户直观的沉浸式体验，使其全面了解小区。

其二是通过 AR 技术可以减少成本、提升广告宣传效果。在楼盘兴建之时，一般房地产商都会制作出所有户型的样板间并展示不同的装修风格样例。但通过 AR 技术，可省去样板间的建造，直接将所有样板间投影到合适的空地，让客户感受到与真实搭建样板间一样的效果。相比于传统办法，AR 样板间可以让客户直观地查看所有户型和不同的装修风格，同时，开发商投资搭建样板间的费用、开发成本、占地使用成本将会大大减少。

图 5-1　VR/AR 房地产

5.2 项目内容

AR 看房软件是基于 Vuforia 开发的一个虚拟看房的应用程序，联合使用了 Unity 引擎与 Vuforia，客户通过智能设备（手机、平板电脑等）的摄像头装置扫描识别图，便可以在屏幕上观看与之对应的 3D 房子模型、场景动画等，此外，可通过手机陀螺仪模拟场景漫游。该应用将真实物体和虚拟物体与客户环境结合起来，为客户提供虚拟看房体验。

5.3 项目规划

行业应用项目规划主要按行业需求进行分析与设计，需要先对需求进行收集与整理，再根据需求进行项目开发，具体项目设计流程如下。

5.3.1 整合需求

在传统的房地产项目中，客户为了去现场看房，往往需要花大量的时间、精力在奔波路程上，并需要在众多小区中挑选户型、质量、设计等都满意的房子，而在 AR 看房软件中，客户只需通过 AR 软件来观看立体的户型，相比现场看房，AR 看房软件大大节约时间，并同样可以在任意的角度来观看户型，还能够进行简单的交互。

根据 AR 的特性，可供实现 AR 看房软件的硬件方案主要有以下 2 种。

① 手机或者平板电脑。如果需要现场向客户解说，那么使用平板电脑会是更好的选择。如果是提供 App 给客户下载、安装，使用手机即可。

② Windows 操作系统的计算机和带 USB 接口的摄像头。客户如果在售楼现场看房，那么配置计算机和摄像头，AR 看房软件也可以提供非常好的看房体验。

5.3.2　项目设计

AR 看房软件项目可以使用摄像头扫描识别图，进行室外大楼模型和室内模型之间的交互。项目设计的主要侧重点更多还是在于交互的制作和模型是否精细，项目规划如图 5-2 所示。

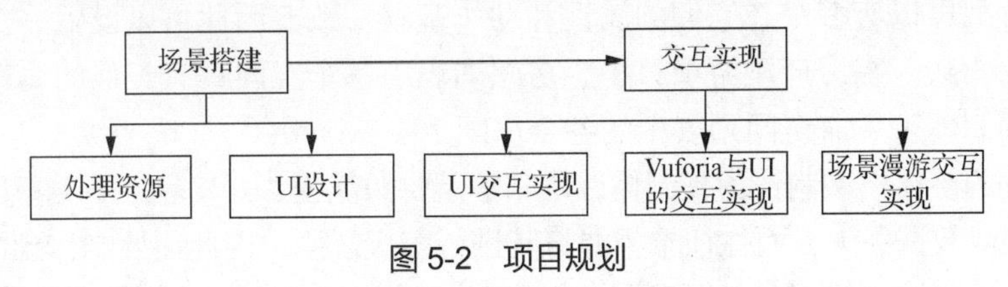

图 5-2　项目规划

项目开发主要有以下几个方面的要求。

① 要求房地产商提供户型图，用于制作 CAD 图，需要按照户型图进行比例上的详细调整，以防出现模型比例不对、变形等问题。

② 进行现场实景拍摄。在建模的过程中，必须以实景照片作为参考进行建模和贴图的制作，所以必须将室内场景和室外大楼场景拍摄成照片。

③ 模型的制作。在 AR 房地产项目中，因为有室外大楼场景和室内场景之间的切换，所以需要制作室外大楼模型和室内模型这两类模型。

④ 模型优化。在移动设备展示 AR 模型是有性能局限性的，如果模型的面数太多，可能会因移动设备性能不够强而出现画面卡顿、闪退等问题，所以在模型的制作时必须注意模型的面数，尽量减少模型的面数，可以将一些看不到的面删除。

⑤ 项目交互。项目的交互主要体现在各种模型之间的交互上，主要开发手指触摸手机屏幕进行 UI 和模型之间的交互功能。

⑥ 项目导出。本项目有两种导出方式，第一种是导出 Android APK，应用于 Android 操作系统的手机和平板电脑；另一种是导出 Windows 应用，主要应用于 Windows 操作系统的计算机。

⑦ 项目上线。开发者可以将 App 上线到各大应用平台，但本学习情境不涉及上线的任何内容。

任务 1　场景搭建

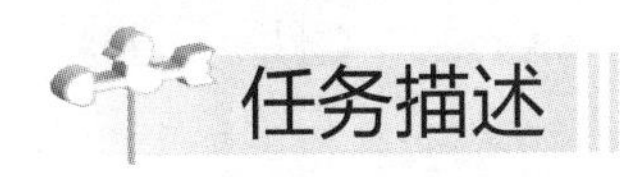

本任务将会讲述资源包的几种不同资源导入方式，并会介绍如何处理相关模型资源、如何对场景进行搭建以及配置预制体的方法，还会介绍利用 Unity 的“UGUI”中的“Image”控件、“Button”控件、“Text”控件设计简易的 UI。

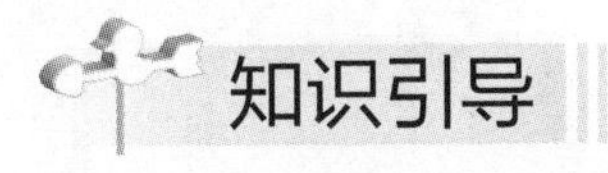

在 Unity 项目的场景搭建过程中，预制体会给开发者带来很多的便

捷。Unity 中的预制体类似配置文件，或者说是序列化后的游戏对象。

在搭建 Unity 场景的过程中，需要生成许多具有相同属性和操作的组件时，就可用到预制体。预制体相当于一个组件模板，用于批量地套用工作，比如在一些冒险游戏中生成士兵。由于士兵可以有多个，它们的属性和动作基本一致，因此可以设置一个预制体，用于生成一个个士兵。在房产漫游项目中，房间列表中各个房间具有类似的属性和操作，因此可以使用预制体来生成房间列表中的各个房间。

将配置好的整体模型制作为预制体，是非常重要的流程，开发者并不希望因为错误的操作而导致模型或数据丢失，而往往希望能将其进行多次复用，因此需要制作预制体，将独立的对象制作为预制体，将预制体在场景搭建过程中进行多次复用，达到快速搭建场景的效果。

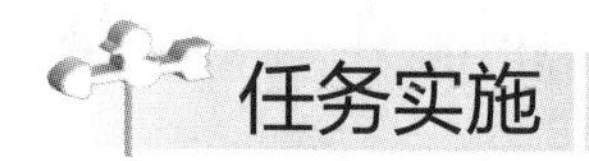

任务实施

微课视频

实操 11

1. 处理资源

Step1：打开 Unity Hub，利用 Unity 2021.1.19f1c1 创建新项目，用于处理模型资源，如图 5-3 所示。

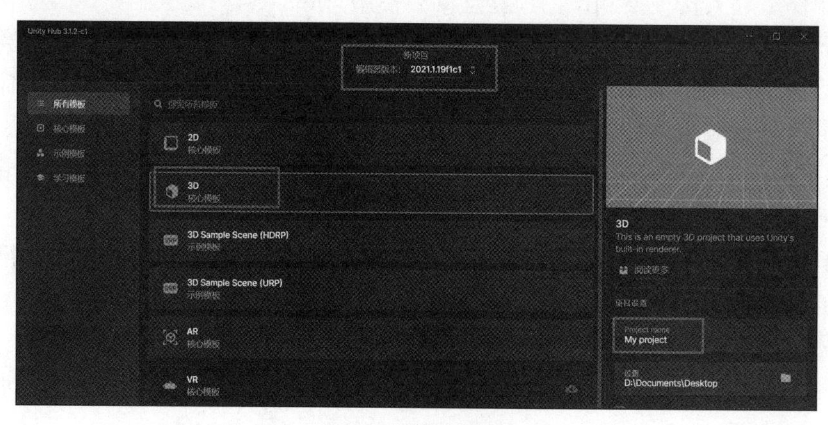

图 5-3　新建项目

Step2：将“EvermotionBuildCity.unitypackage”室外场景资源包和“Mobile Interiors 1.0.unitypackage”室内场景资源包导入项目中。打开 Unity 项目，双击资源包即可导入，若无法通过双击资源包导入资源，则可在“Assets”文件夹下创建“Packages”文件夹，并将资源包放入“Packages”文件夹中，如图 5-4 所示。

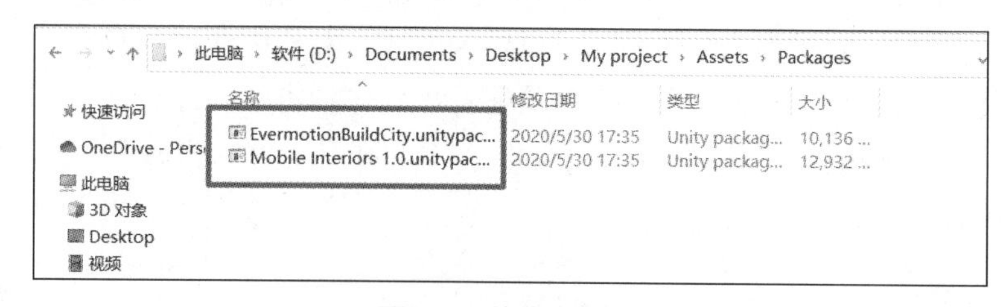

图 5-4　放置资源包

Step3：在 Unity 项目中双击第一个资源包并单击“Import”进行资源导入，如图 5-5 所示。

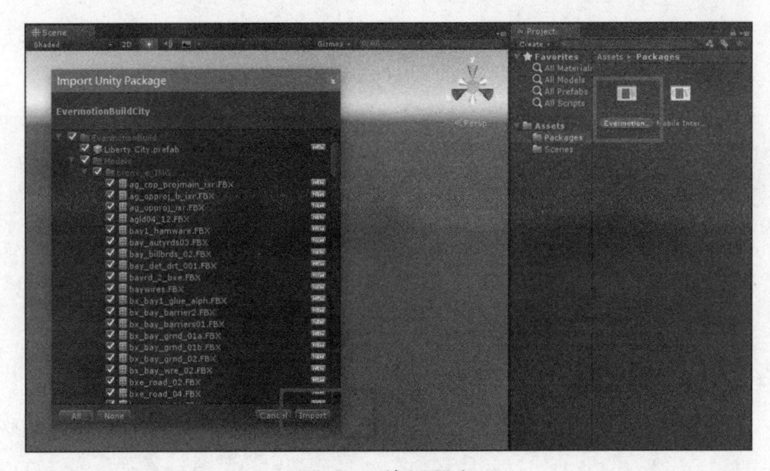

图 5-5　资源导入

Step4：第一个资源包导入完成后，继续导入另一个资源包“Mobile Interiors 1.0.unitypackage”，操作与 Step3 的一致。

Step5：在“Hierarchy”窗口中右击，在弹出的快捷菜单中选择“Create Empty”创建空物体，将空物体重命名为“EvermotionBuild”，并将其“Transform”组件的“Position”参数与“Rotation”参数设置为“(0,0,0)”，具体操作如图 5-6 所示。

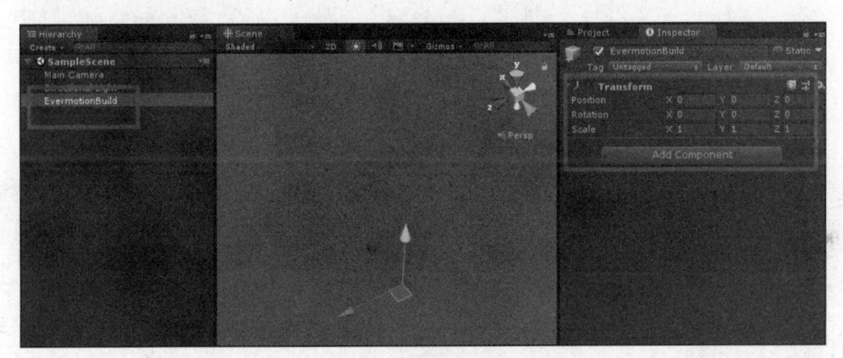

图 5-6　创建空物体

Step6：将“Assets”文件夹下的“EvermotionBuild→Models→bronx_e_IMG”中的部分模型资源拖动到场景中“EvermotionBuild”物体下，具体操作如图 5-7 所示。

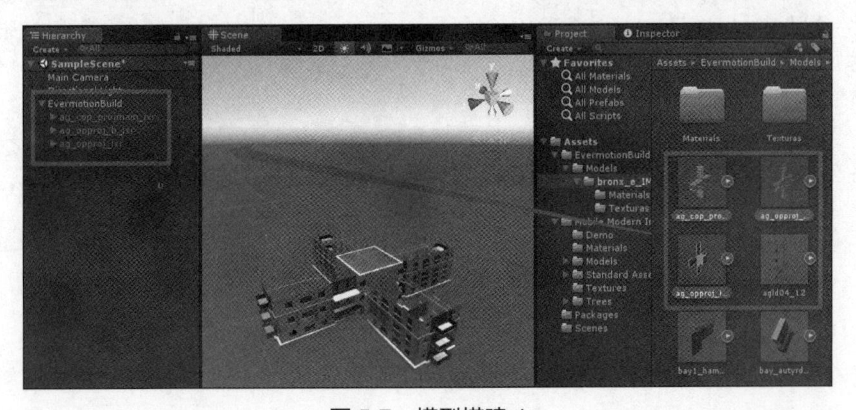

图 5-7　模型搭建 1

Step7：拖动完成后，继续对“EvermotionBuild”对象进行搭建，将其搭建成一座高楼大厦，具体效果如图 5-8 所示。

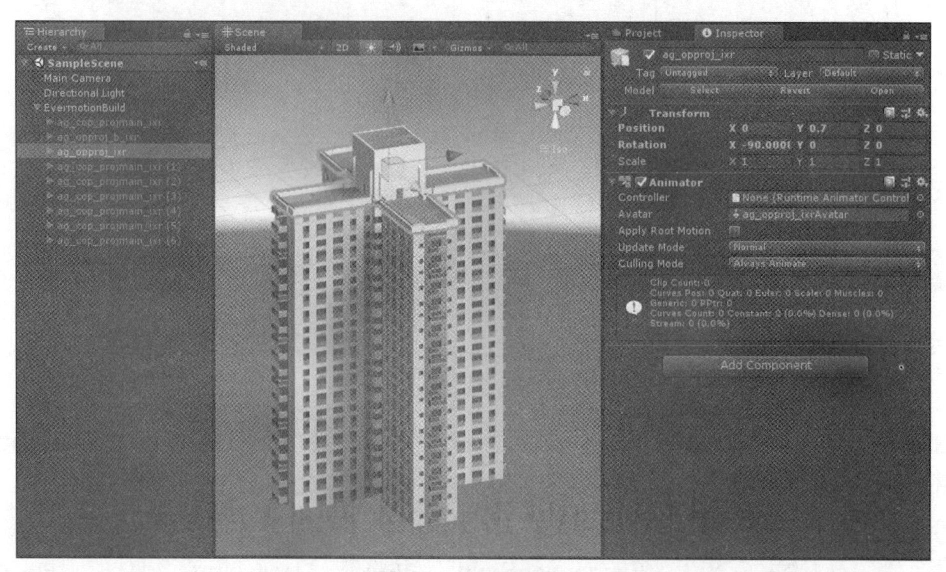

图 5-8　模型搭建 2

Step8：在“Assets”文件夹下创建“Prefabs”文件夹（在“Project”窗口中“Assets”文件夹下右击，在弹出的快捷菜单中选择“Create→Folder”创建新文件夹），并将场景中的“EvermotionBuild”对象拖动到“Prefabs”文件夹下，将其制作成预制体，具体操作如图 5-9 所示。

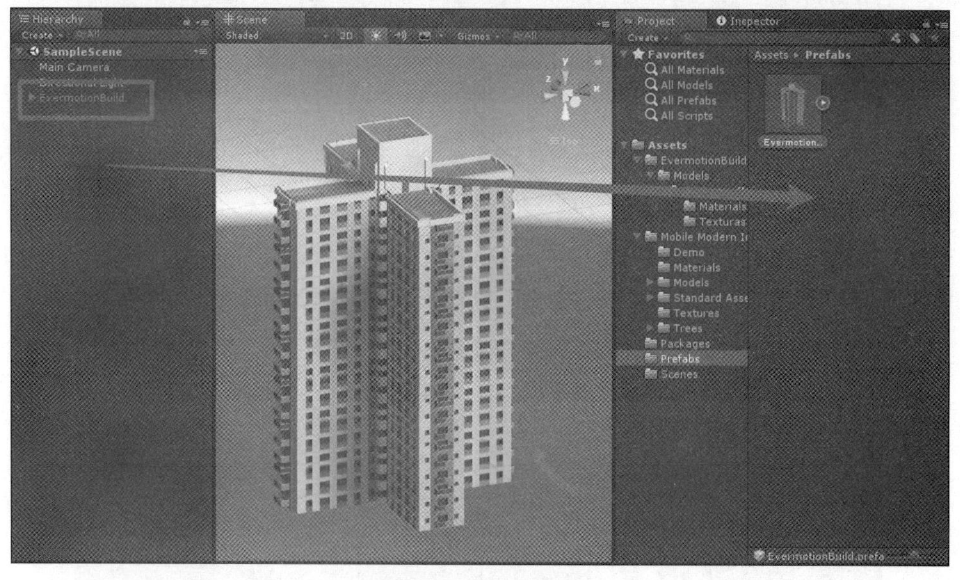

图 5-9　制作预制体

当“Hierarchy”窗口中的“EvermotionBuild”名称变为蓝色，则证明该物体为预制体，若开发者在“Assets”文件夹下修改预制体，则场景中的预制体模型会跟着一起被修改。

如果需要断开预制体，可以在场景中选中物体，单击“GameObject→Break Prefab

Instance”即可，如图 5-10 所示。不同版本的 Unity 断开预制体的交互不一样，在高版本的 Unity 中，可以在场景中选中物体右击断开预制体。

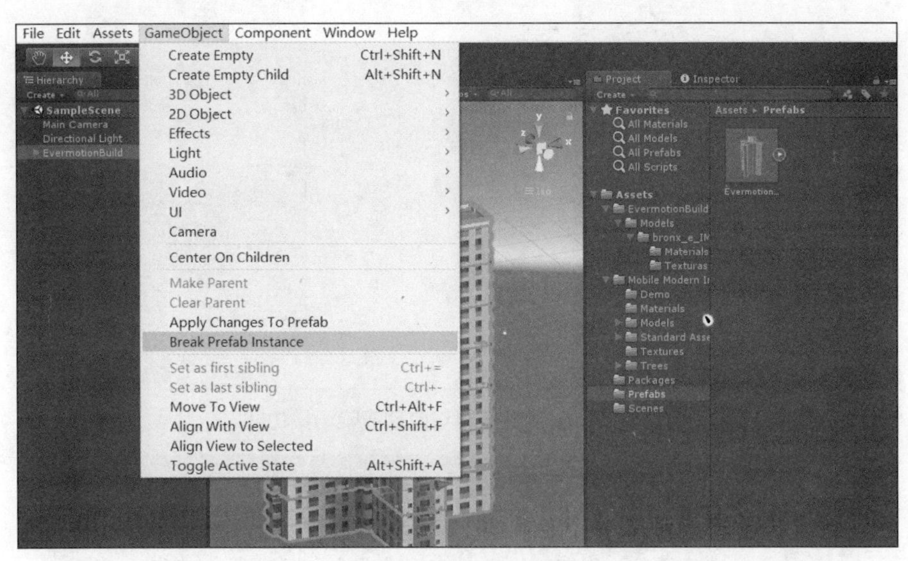

图 5-10　断开预制体

Step9：接下来继续处理室内场景资源包，双击打开“Assets→Mobile Modern Interiors→Demo→Modern_mobile”场景，如图 5-11 所示。

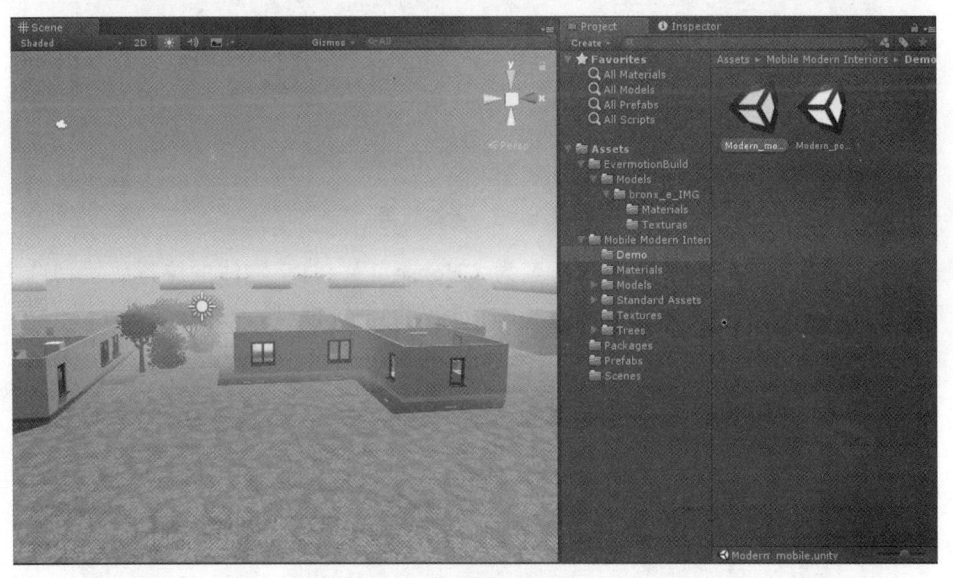

图 5-11　打开室内场景

Step10：单击“Window→Lighting→Settings”，打开“Lighting”窗口，取消勾选“Other Settings”下的“Fog”复选框以及“Debug Settings”下的“Auto Generate”复选框，关闭雾效果与自动渲染场景功能，如图 5-12 所示。

由图 5-13 的场景效果可知，“Modern_mobile”场景中有 7 个室内模型，可以在这 7 个室内模型中选择任意 2 个模型在后续开发中使用。

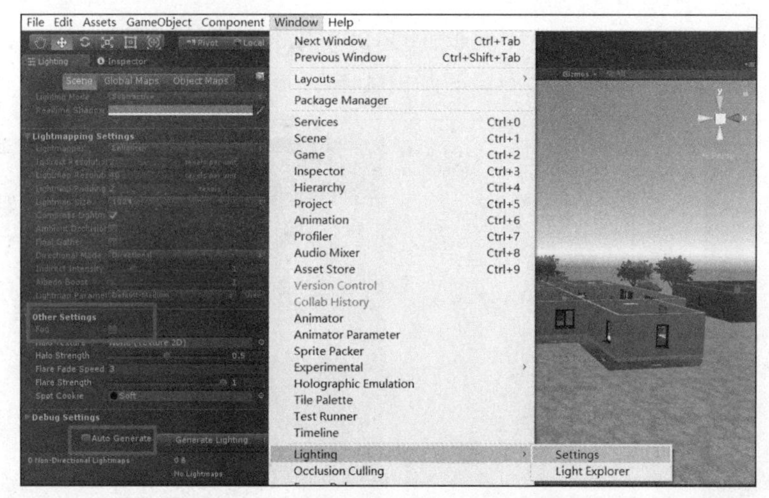

图 5-12　关闭雾效果与自动渲染场景功能

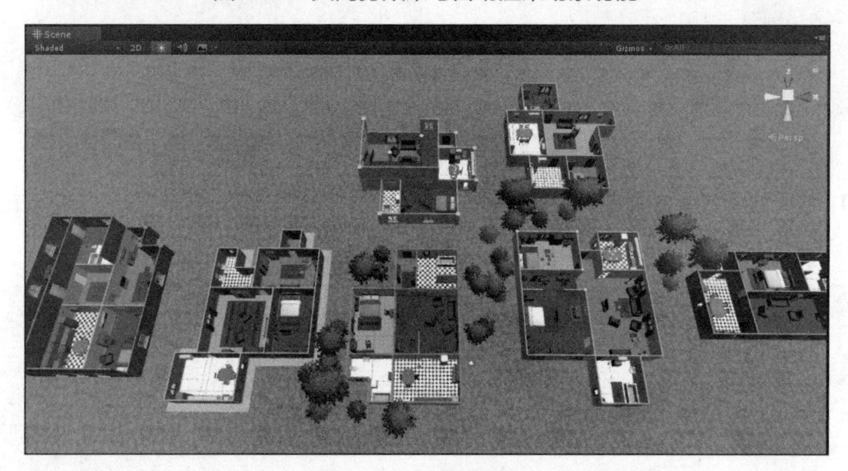
图 5-13　场景效果

Step11：创建一个空物体并将其命名为“House_1”，将空物体的位置放置到选中的室内场景的正中间，然后在场景中长按并拖动鼠标左键框选模型，如图 5-14 所示。

图 5-14　框选模型

Step12：将框选的模型拖动到“House_1”空物体下作为子物体，如图 5-15 所示。该步骤的目的主要是方便对室内场景进行管理。

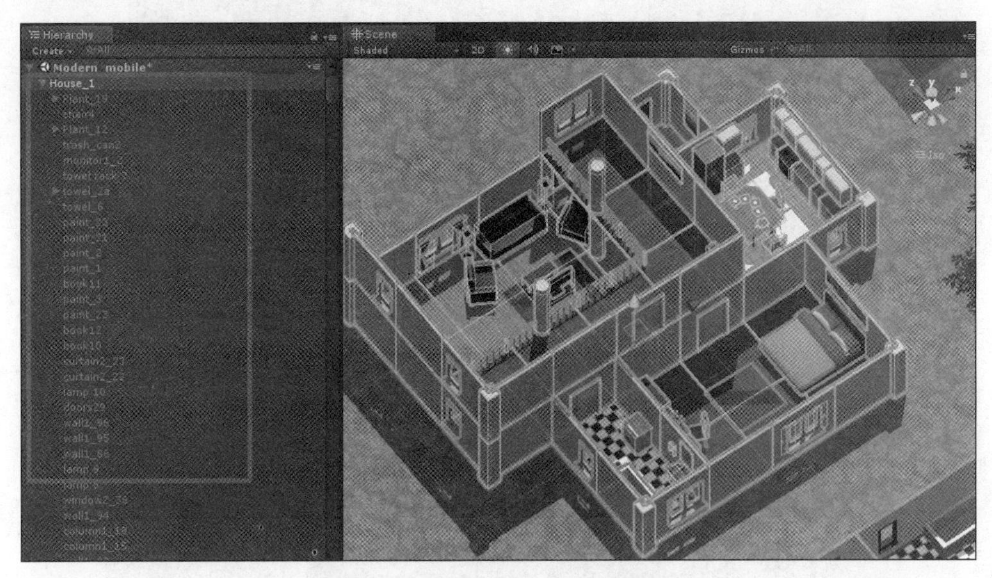

图 5-15　制作“House_1”模型

Step13：重复以上操作制作“House_2”模型，如图 5-16 所示。

图 5-16　制作“House_2”模型

Step14：处理完成后需要删除“House_1”模型与“House_2”模型中的门模型，具体效果如图 5-17 所示。项目后续将在场景中漫游，因此开发者可以有选择地打开门或者删除门。

Step15：将场景中的“House_1”模型与“House_2”模型拖动到“Assets”文件夹下的“Prefabs”文件夹中，将其制作成预制体，具体操作如图 5-18 所示。

图 5-17　删除门模型后的效果

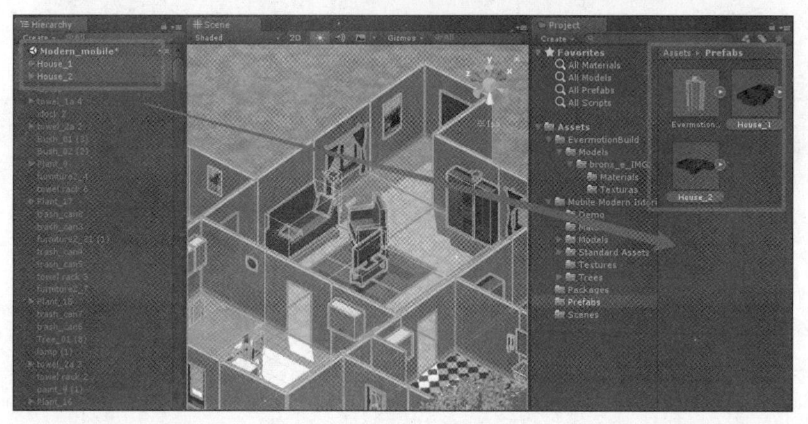

图 5-18　制作模型预制体

Step16：将室外大楼模型与两个室内模型制作成预制体后，右击“Prefabs”文件夹，单击“Export Package”后继续单击“Export”导出预制体模型，将其导出的资源包命名为“ModelResources”，为后续进行项目开发做好准备，如图 5-19 所示。

图 5-19　导出模型资源包

2. UI 设计

Step1：创建一个新的项目，将其命名为“AREstate_ ExperimentFive”，如图 5-20 所示。

图 5-20　创建项目

Step2：创建完项目后，按“Ctrl+N”组合键创建新场景，并使用“Ctrl+S”组合键保存场景，将场景命名为“AREstate_Scene”，如图 5-21 所示。

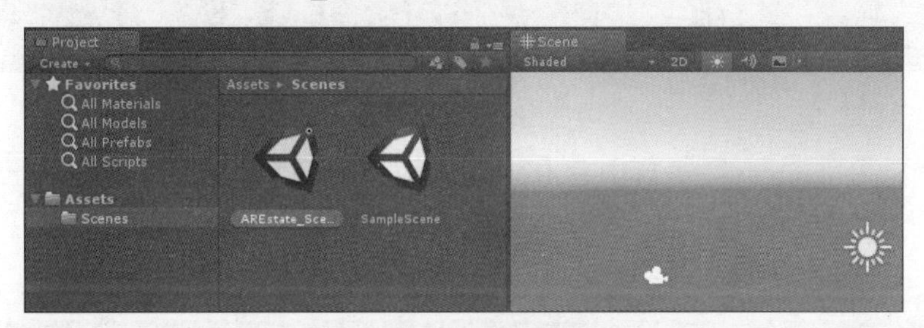

图 5-21　保存新场景

Step3：单击“File→Build Settings”，打开“Build Settings”窗口，添加当前场景到“Scenes In Build”。然后将项目模式转换成 Android 平台（选择 Android 并单击“Switch Platform”进行切换），具体操作如图 5-22 所示。

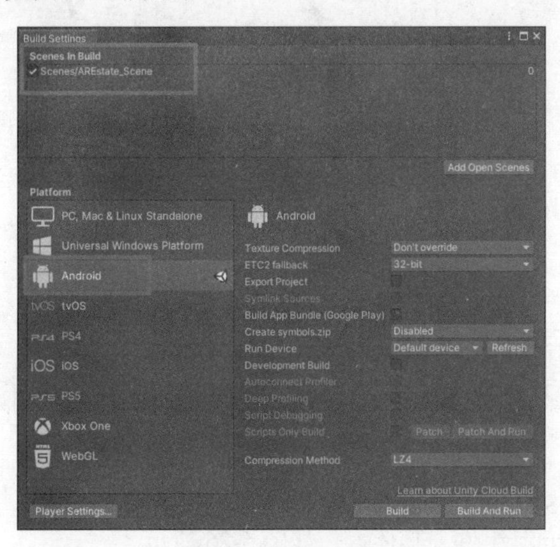

图 5-22　项目设置

将平台切换为 Android，是因为本项目最终导出 Android APK，在 Android 环境下编辑项目，会尽量减少一些错误。

Step4：在“Hierarchy”窗口中单击“UI→Canvas”创建 UI 画布，然后设置“Canvas”的组件参数，用于屏幕自适应，将“Render Mode”设置为“Screen Space – Overlay”，“UI Scale Mode”设置为“Scale With Screen Size”，“Reference Resolution”中“X”的值设置为“800”，“Y”的值设置为“480”，具体操作如图 5-23 所示。

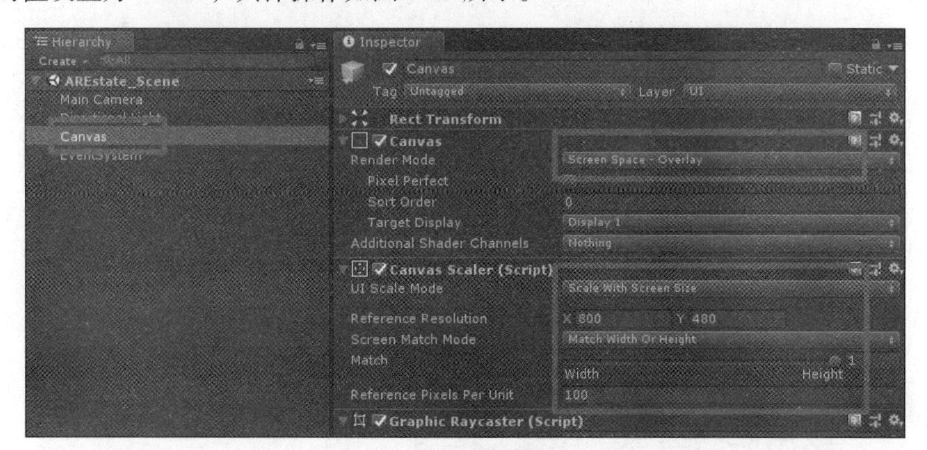

图 5-23　设置画布参数

Step5：在“Hierarchy”窗口中右击，在弹出的快捷菜单中选择“UI→Image”创建一个“Image”控件，然后将其重命名为“ChangeHousePanel”，将透明度改为 1，具体操作如图 5-24 所示。

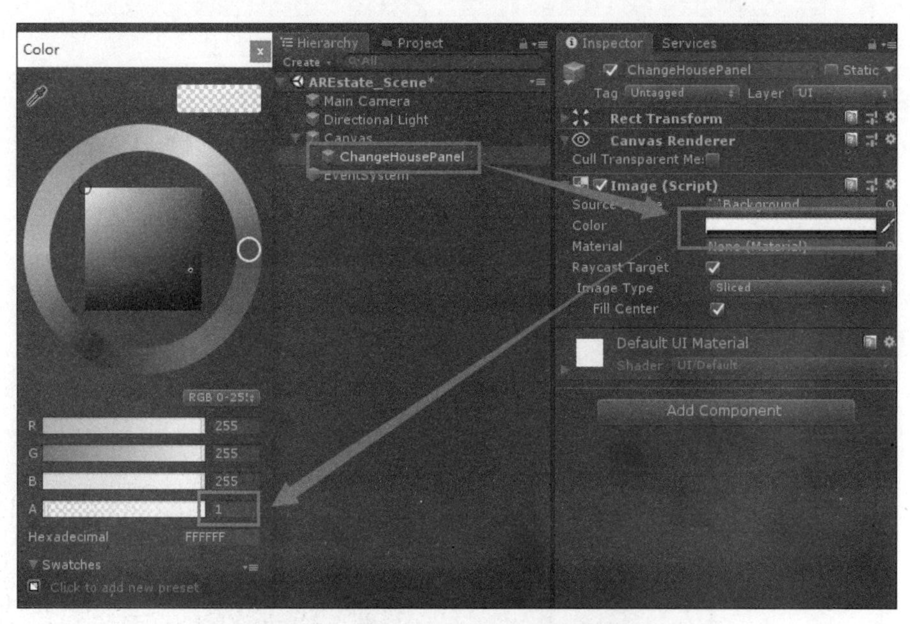

图 5-24　修改“Image”控件的透明度

Step6：在“ChangeHousePanel”对象下创建一个空物体，将其重命名为“Item_Btn”，设置其“Rect Transform”组件，具体操作如图 5-25 所示。

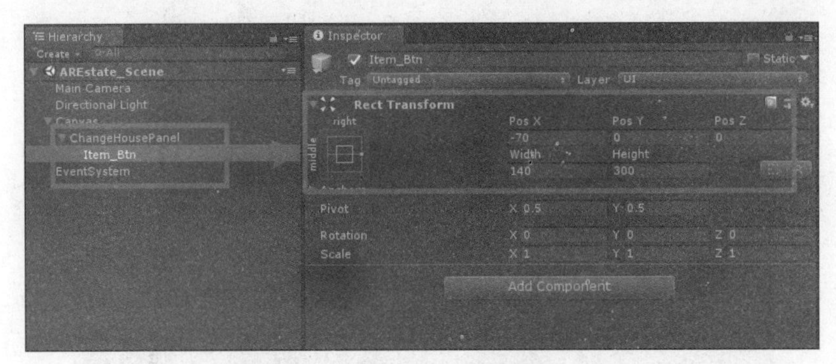

图 5-25　创建空物体并设置其组件

Step7：在“Item_Btn”物体下创建 4 个“Button”控件，将其分别命名为“InDoor_Btn”“OutDoor_Btn”“ChangeScene_Btn”和“About_Btn”，然后修改按钮文字显示参数，分别为“室内结构”“室外结构”“场景漫游”“关于我们”，然后设置按钮的大小参数和显示文字字号，编辑结构，具体操作如图 5-26 所示。

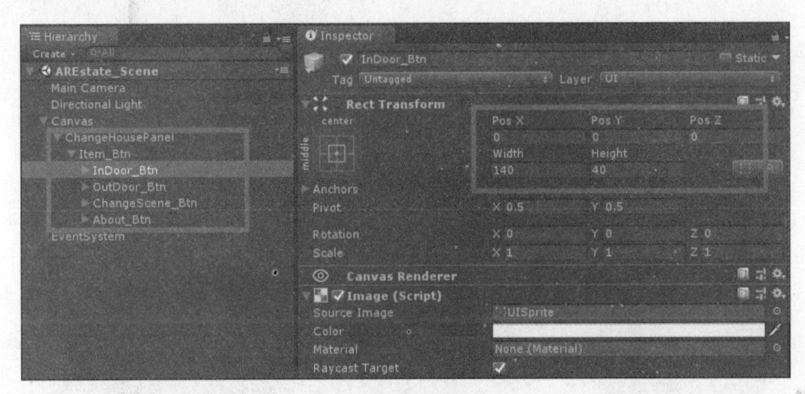

图 5-26　制作按钮

Step8：选择“Item_Btn”按钮父对象，然后单击“Component→Layout→Vertical Layout Group”，添加纵向布局脚本，具体参数如图 5-27 所示。

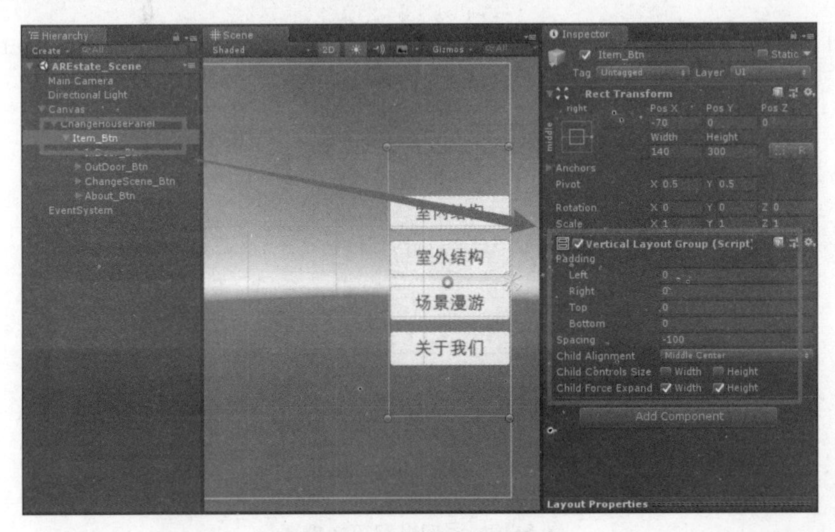

图 5-27　添加纵向布局脚本

Step9：创建单击“室内结构”后需要出现的二级菜单。在“ChangeHousePanel”下再创建一个空物体，将其重命名为“InDoorItem_Btn”，设置其“Rect Transform”组件，具体操作如图 5-28 所示。

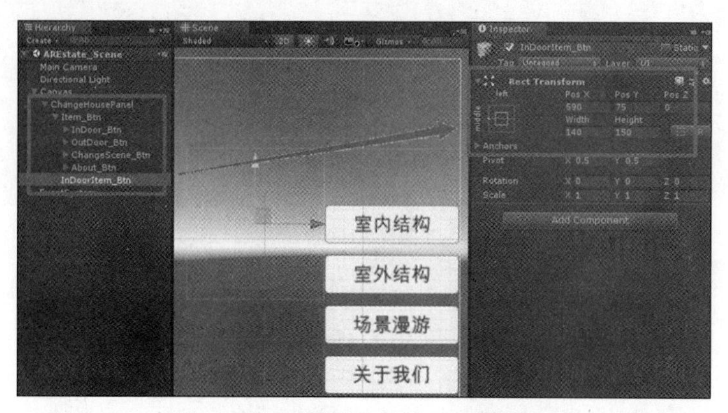

图 5-28　创建空物体并设置其组件

Step10：在“InDoorItem_Btn”对象下创建 2 个“Button”控件，将其分别重命名为“HouseType_1”和“HouseType_2”，显示文字分别是“房型 1”和“房型 2”，具体参数如图 5-29 所示。

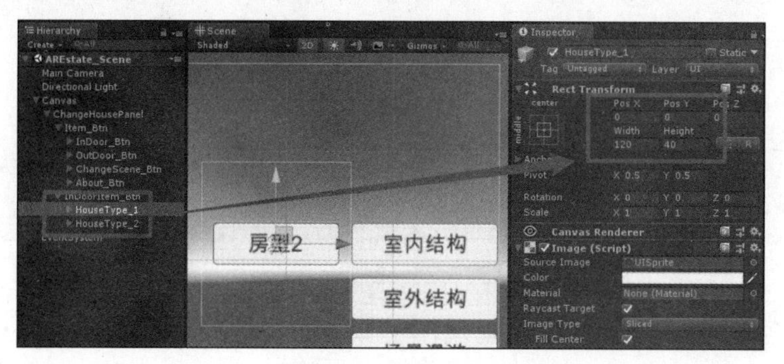

图 5-29　创建按钮

Step11：选择“InDoorItem_Btn”按钮父对象，然后单击“Component→Layout→Vertical Layout Group”，添加纵向布局脚本，具体参数如图 5-30 所示。

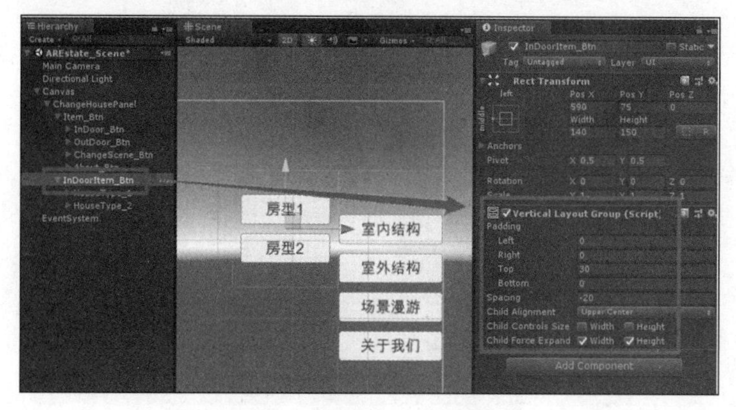

图 5-30　添加纵向布局脚本

Step12：创建“关于我们”提示框。先隐藏“InDoorItem_Btn”对象，然后选择“ChangeHousePanel”并右击，在弹出的快捷菜单中选择“UI→Image”创建一个“Image”控件，将其重命名为“InForWindow_img”，然后更改大小、颜色和透明度等参数，具体操作如图 5-31 所示。

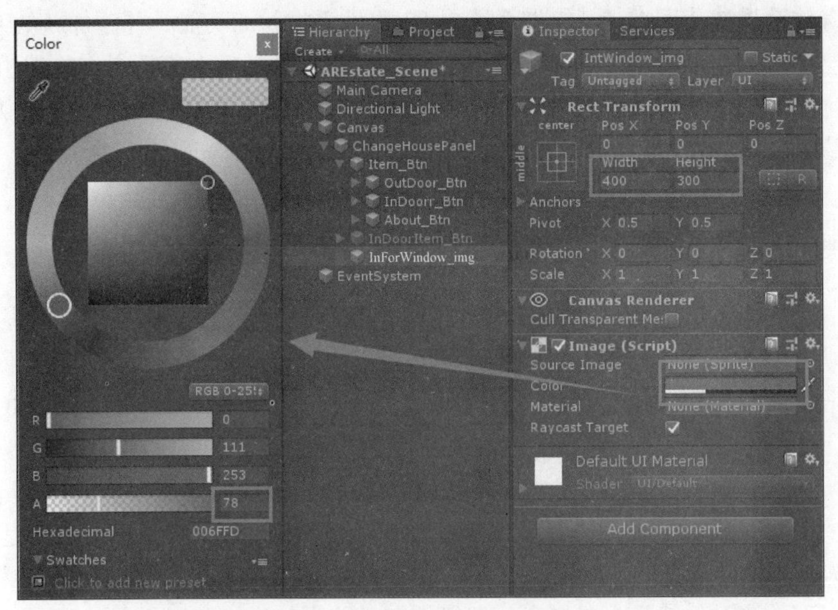

图 5-31　创建“Image”对象

Step13：在“InForWindow_img”下创建 2 个“Text”控件和 1 个“Button”控件，具体效果如图 5-32 所示。

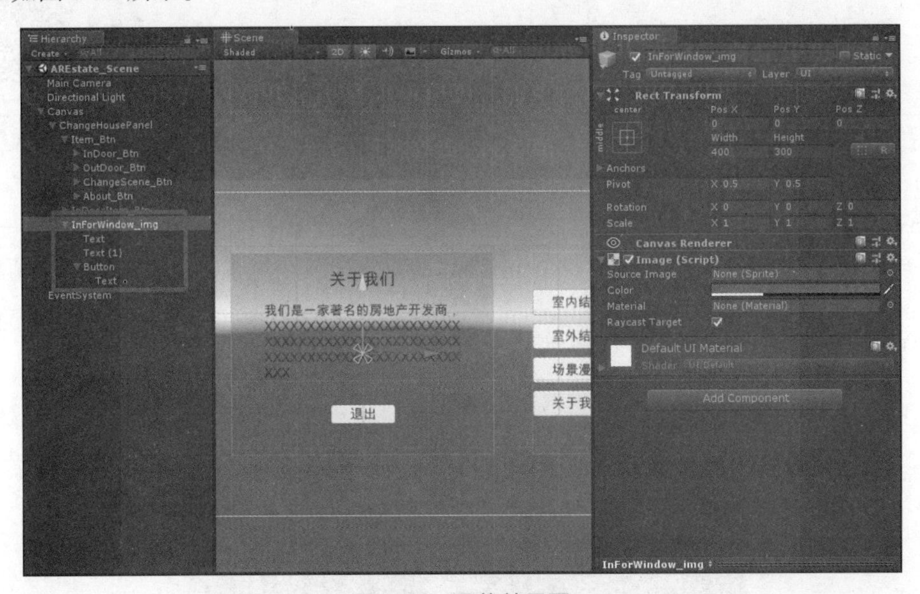

图 5-32　最终效果图

注意：本项目中 UI 的设计主要由 3 个部分组成，分别是“Item_Btn”一级菜单、“InDoorItem_Btn”二级菜单和“InforWindow_img”二级菜单。

任务 2　交互实现

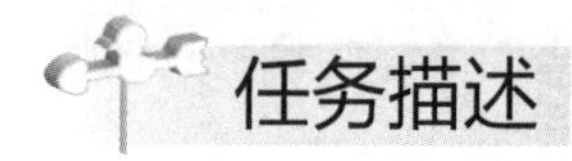

任务描述

本任务将会讲述使用 Unity 组件系统为 UI 组件添加新的功能，并添加新的 UI 元素。开发者将会学习如何编写用户与 UI 之间的交互脚本，以及如何为交互操作添加相关的响应事件；如何使用 Vuforia 在 Unity 中完成图像识别、UI 交互等功能；如何使用虚拟摇杆与陀螺仪进行移动、转向操作；对项目进行相关设置，最终打包发布。

知识引导

在 Unity 项目开发过程中，Unity 组件系统会被开发者频繁调用，组件在 Unity 中是非常强大的功能集合，能够帮助开发者通过游戏对象实现不同功能。Unity 中无论是模型或 GUI（Graphical User Interface，图形用户界面）、灯光、摄像机，本质都是空游戏对象挂载不同功能、类别的组件，从而使该游戏对象拥有不同的功能。一个游戏由多个场景（Scene）组成，一个场景由多个游戏对象（GameObject）组成，一个游戏对象由多个组件（Component）组成。对一个空游戏对象来说，如果为其添加一个摄像机组件，那么该对象就是一台摄像机；如果为其添加网格过滤（Mesh Filter）组件，那么该对象就是一个模型；如果为其添加灯光组件，那么该对象就是一盏灯光，即组件定义游戏对象的行为。

任务实施

1. UI 交互实现

在 UI 交互实现中，不同 UI 窗口之间都有逻辑关系，因此需要使用代码编写逻辑程序。在“Project”窗口创建一个文件夹，将其命名为“Scripts”，作为存放项目脚本的文件夹。

Step1：在“Scripts”文件夹下右击，在弹出的快捷菜单中选择“Create→C# Scripts”创建 C#脚本，将创建的脚本命名为“ItemWindow”并挂载在场景中的“Item_Btn”上。选择“Item_Btn”窗口对象，单击“Component→Layout→Canvas Group”，添加“Canvas Group”组件，如图 5-33 所示。

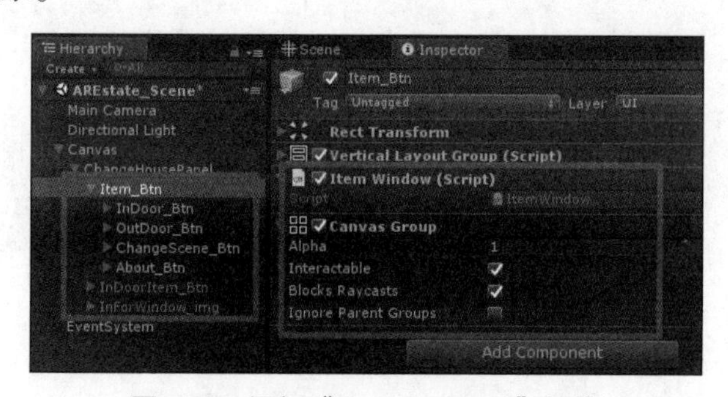

图 5-33　添加“Canvas Group”组件

为方便编写代码，先隐藏“InDoorItem_Btn”和“InForWindow_img”两个窗口，只显示“Item_Btn”窗口。该组件的作用是禁止该 UI 窗口下所有子物体的交互，因为当二级菜单弹出时，要禁止一级菜单的交互，防止 UI 交互之间产生混乱。

使用“Canvas Group”组件需要注意的是，当勾选“Blocks Raycasts”时，窗口内所有子物体可以交互；取消勾选，则禁止所有子物体交互。

Step2：打开“ItemWindow”脚本，接下来编写代码，该脚本主要负责“Item_Btn”的所有交互。具体代码如下：

```
public class ItemWindow : MonoBehaviour
{
    public GameObject Building;        //室外大楼对象
    public GameObject HouseType_1;     //房型 1
    public GameObject HouseType_2;     //房型 2
    public GameObject InDoorItem_Btn;  // “InDoorItem_Btn”窗口
    public GameObject InForWindow_img; // “InForWindow_img”窗口
    private CanvasGroup canvasGroup;  // “Canvas Group”组件
    private void Start()
    {
        if (Building != null)
        {
            Building.SetActive(false); //开始时隐藏室外大楼
        }
        canvasGroup = GetComponent<CanvasGroup>(); //获取“Canvas Group”组件
    }
    // “室外结构”按钮
    public void OutDoor_Btn()
    {
        Building.SetActive(true);
        HouseType_1.SetActive(false);
        HouseType_2.SetActive(false);
    }
    // “室内结构”按钮
    public void InDoor_Btn()
    {
        if (InDoorItem_Btn != null)
        {
            canvasGroup.blocksRaycasts = false;
            InDoorItem_Btn.SetActive(true);
        }
    }
    // “关于我们”按钮
    public void About_Btn()
    {
        if (InForWindow_img != null)
        {
            canvasGroup.blocksRaycasts = false;
            InForWindow_img.SetActive(true);
```

```
            }
        }
    }
```

Step3：选中场景中的“Item_Btn”，将“InDoorItem_Btn”与“InForWindow_img”拖动赋值到“Item Window(Script)”组件中，参数赋值如图 5-34 所示。因为模型资源暂未导入，所以“Item Window(Script)”组件的其他参数暂不需要赋值。

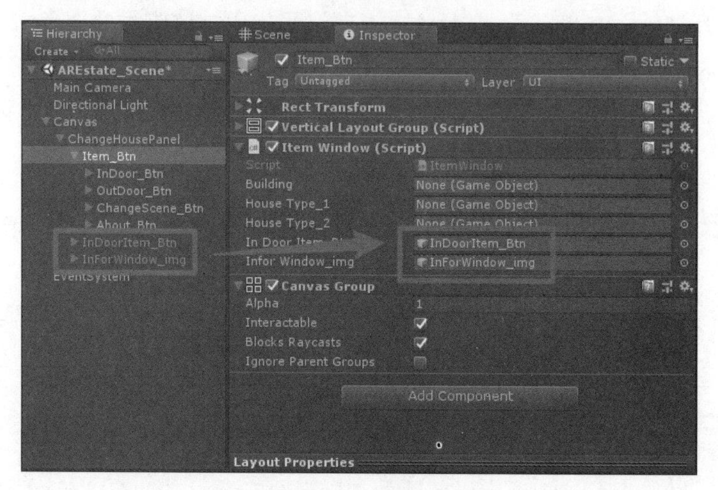

图 5-34 参数赋值

Step4：分别给“Item_Btn”窗口下的“OutDoor_Btn”“InDoor_Btn”和“About_Btn”3 个按钮添加单击事件，并在“Item Window(Script)”组件上选择对应的响应方法，如图 5-35 所示。“ChangeScene_Btn”按钮的代码与事件将在后续制作添加。

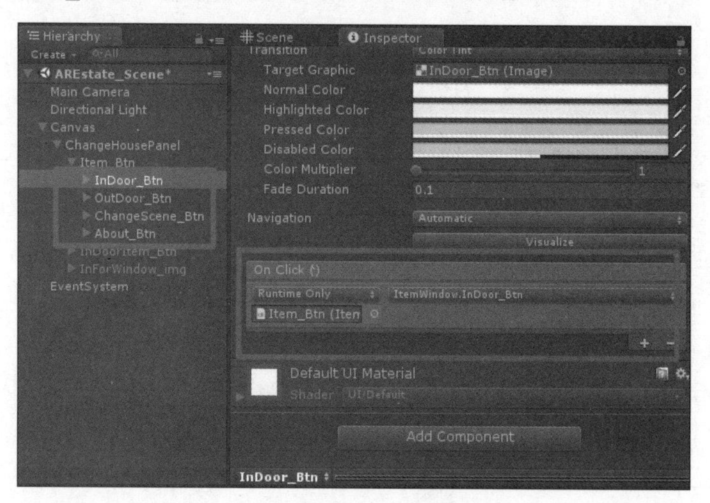

图 5-35 添加单击事件

Step5：显示“InDoorItem_Btn”窗口，新建“InDoorWindow”脚本并添加到“InDoorItem_Btn”上，打开脚本进行代码编写。具体代码如下：

```
public class InDoorWindow : MonoBehaviour
{
    public GameObject Item_Btn; // “Item_Btn”窗口
```

```
    public GameObject Building; //室外大楼对象
    public GameObject House_1;  //房型 1
    public GameObject House_2;  //房型 2
    private CanvasGroup canvasGroup;
    void Start()
    {
        gameObject.SetActive(false); //隐藏自身
        if (Item_Btn != null)
    {
            //获取“Canvas Group”组件
            canvasGroup = Item_Btn.GetComponent<CanvasGroup>();
        }
    }
    public void HouseType_1()
    {
        Building.SetActive(false);
        House_1.SetActive(true);
        House_2.SetActive(false);
        canvasGroup.blocksRaycasts = true;
        gameObject.SetActive(false); //隐藏自身
    }
    public void HouseType_2()
    {
        Building.SetActive(false);
        House_1.SetActive(false);
        House_2.SetActive(true);
        canvasGroup.blocksRaycasts = true;
        gameObject.SetActive(false); //隐藏自身
    }
}
```

Step6：选中场景中的“InDoorItem_Btn”，将“Item_Btn”拖动到“In Door Window(Script)”组件进行赋值，如图 5-36 所示。因为模型资源暂未导入，所以“In Door Window(Script)”组件的其他参数暂不需要赋值。

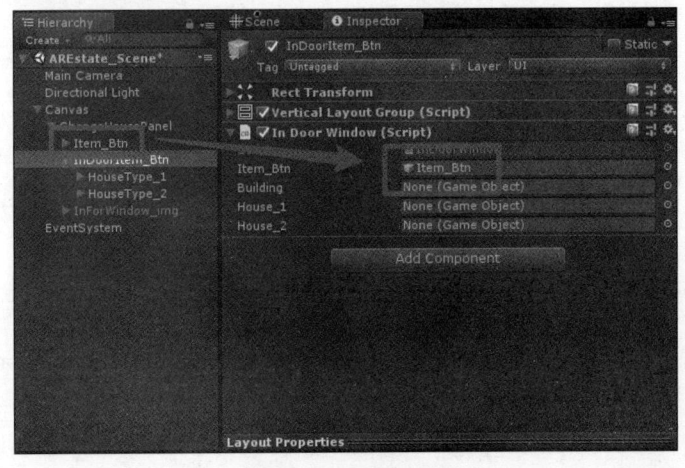

图 5-36　参数赋值

Step7：分别给“InDoorItem_Btn”窗口下的“HouseType_1”和“HouseType_2”两个按钮添加单击事件，并在“In Door Window(Script)”组件上选择对应的响应方法，如图 5-37 所示。

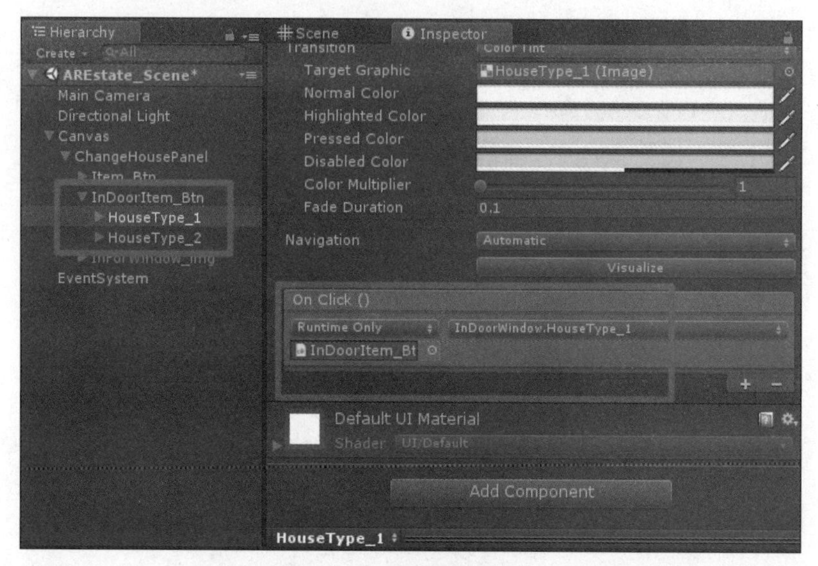

图 5-37 添加单击事件

Step8：显示“InForWindow_img”窗口，新建“InForWindow”脚本并添加到“InForWindow_img”上，打开脚本进行代码编写。具体代码如下：

```
public class InForWindow : MonoBehaviour
{
    public GameObject Item_Btn; // “Item_Btn”窗口
    private CanvasGroup canvasGroup; // “Canvas Group”组件
    void Start()
    {
        if (Item_Btn != null)
        {
            //获取“Canvas Group”组件
            canvasGroup = Item_Btn.GetComponent<CanvasGroup>();
        }
        gameObject.SetActive(false); //隐藏自身
    }
    public void ExitBtn()
    {
        canvasGroup.blocksRaycasts = true; //允许“Item_Btn”窗口的交互
        gameObject.SetActive(false); //隐藏自身
    }
}
```

Step9：选中场景中的“InForWindow_img”，将“Item_Btn”拖动到“InFor Window(Script)”组件进行赋值，如图 5-38 所示。

Step10：给“InForWindow_img”窗口下的“Text”按钮添加单击事件，并在“InFor Window(Script)”组件上选择对应的响应方法，如图 5-39 所示。

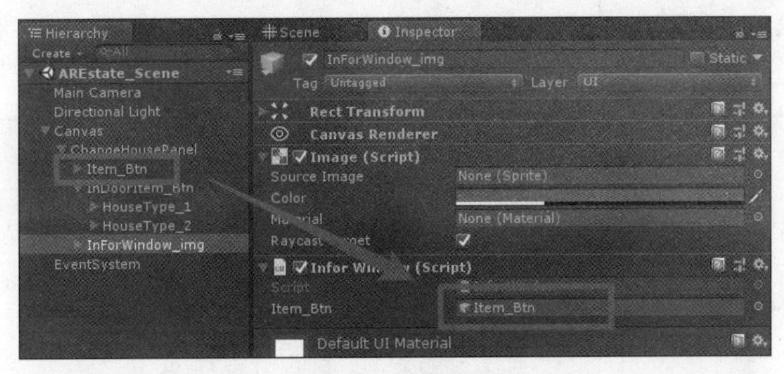

图 5-38　参数赋值

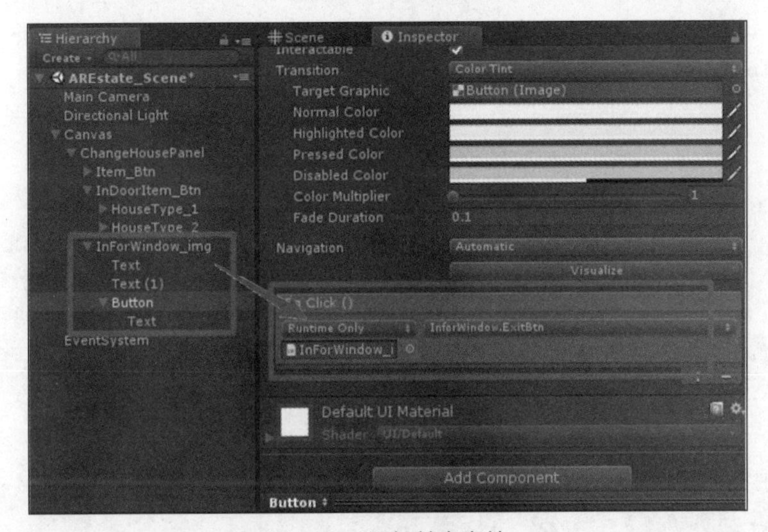

图 5-39　添加单击事件

2. Vuforia 与 UI 的交互实现

Step1：将处理好的模型资源包“ModelResources.unitypackage”导入项目中，具体操作如图 5-40 所示。

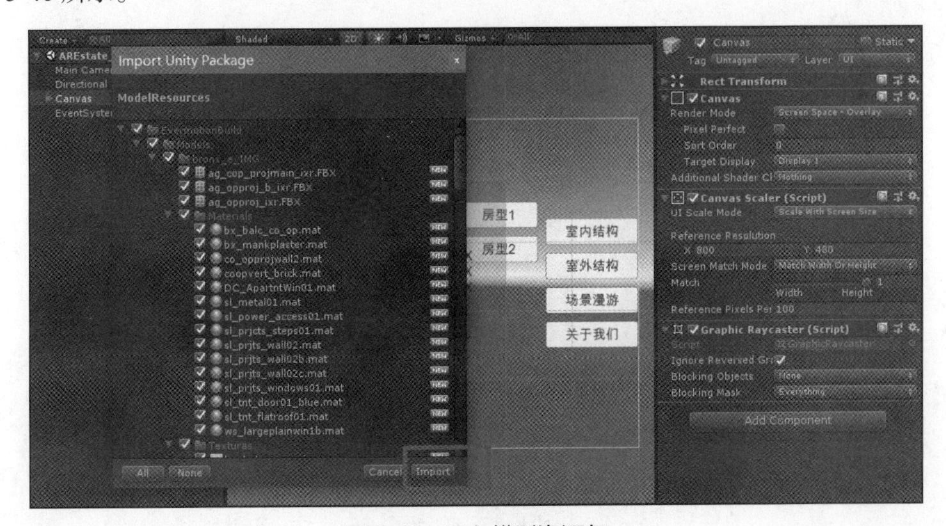

图 5-40　导入模型资源包

Step2：登录 Vuforia 官网，创建“License Key”和添加“License Key”，分别如图 5-41 和图 5-42 所示。

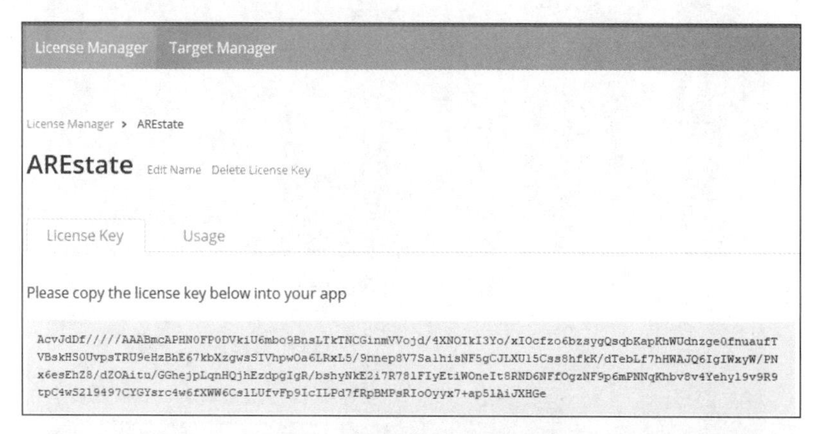

图 5-41 创建“License Key”

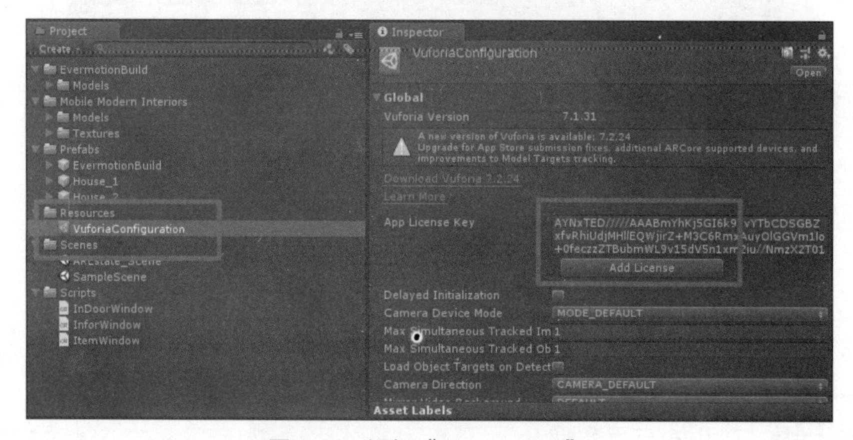

图 5-42 添加“License Key”

Step3：上传识别图，并下载识别图数据包。识别图如图 5-43 所示，上传识别图如图 5-44 所示。

图 5-43 识别图

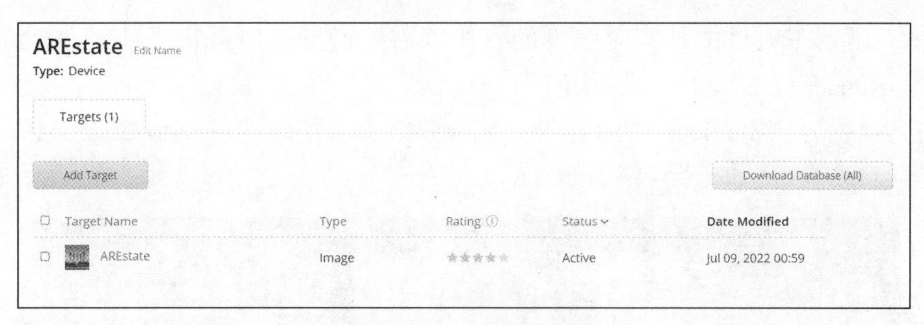

图 5-44　上传识别图

Step4：导入下载好的识别图数据包。然后单击“GameObject→Vuforia Engine→AR Camera”和“GameObject→Vuforia Engine→Image”，分别创建“ARCamera”和“ImageTarget”，删除原来的主相机“MainCamera”，如图 5-45 所示。

图 5-45　添加 Vuforia 对象

如果项目中有多个 Vuforia 识别图，则需要修改“ImageTarget”的“Image Target Behaviour(Script)”组件中的“Database”和“Image Target”。

Step5：将室外大楼模型和两个室内模型的预制体拖动到场景中，调整缩放、位置和旋转参数，然后拖动到“ImageTarget”对象中，如图 5-46 所示。

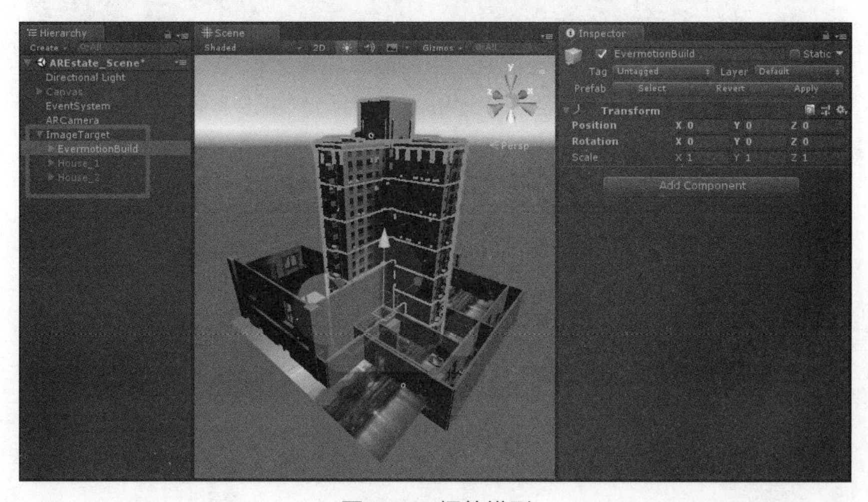

图 5-46　摆放模型

Step6：场景在项目中是实时渲染的，所以需要设置“Lighting”窗口的参数。单击“Window→Rendering→Lighting”，调出“Lighting”窗口。在“Lighting”窗口中找到“Source”参数，将其设置为“Gradient”并调整其 Color 参数，取消勾选“Auto Generate”复选框让其无法进行自动烘焙，如图 5-47 所示。

图 5-47　设置环境光

Step7：分别选择 UI 窗口“Item_Btn”和“InDoorItem_Btn”，然后设置对应组件的参数，如图 5-48 和图 5-49 所示。

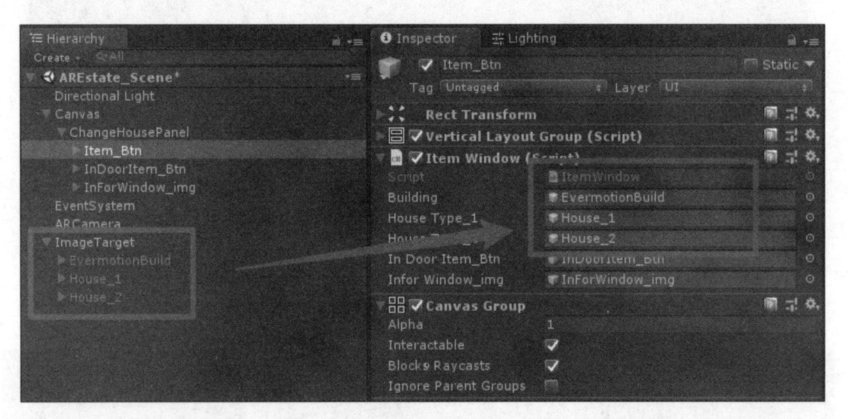

图 5-48　设置“Item Window(Script)”组件参数

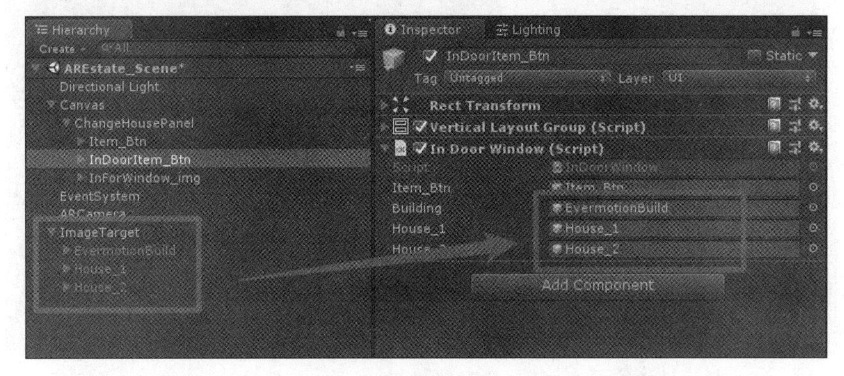

图 5-49　设置“In Door Window(Script)”组件参数

Step8：当室内模型和室外大楼模型准备好后，便可以开始编写扫描识别图的脚本，因为原有的逻辑已经不符合本案例的开发，所以必须重新编写扫描脚本。新建一个脚本，将其命名为“AREstateTrackableEventHandler”，如图 5-50 所示。

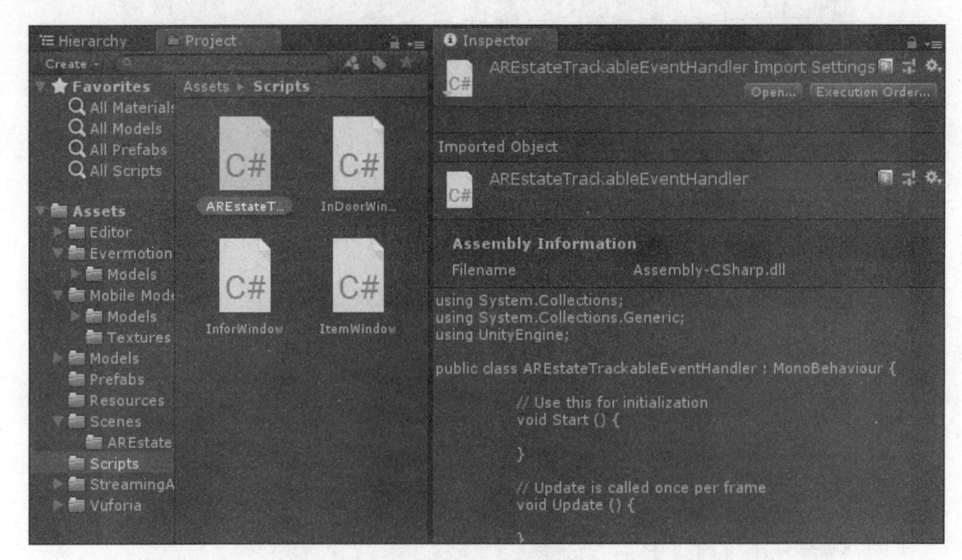

图 5-50　新建脚本

Step9：找到场景中“ImageTarget”对象的“DefaultTrackableEventHandler”脚本，复制该脚本的所有代码，然后粘贴到新建的“AREstateTrackableEventHandler”脚本中，粘贴完成后，修改类名为“AREstateTrackableEventHandler”，如图 5-51 所示。

```
 9  using UnityEngine;
10  using Vuforia;
11
12  /// <summary>
13  /// A custom handler that implements the ITrackableEventHandler interface.
14  ///
15  /// Changes made to this file could be overwritten when upgrading the Vuforia version.
16  /// When implementing custom event handler behavior, consider inheriting from this class instead.
17  /// </summary>
18  public class AREstateTrackableEventHandler : MonoBehaviour, ITrackableEventHandler
19  {
20      #region PROTECTED_MEMBER_VARIABLES
21
22      protected TrackableBehaviour mTrackableBehaviour;
23
24      #endregion // PROTECTED_MEMBER_VARIABLES
25
26      #region UNITY_MONOBEHAVIOUR_METHODS
27
28      protected virtual void Start()
29      {
```

修改类名

图 5-51　修改类名

Step10：接着修改识别卡片和处理丢失识别的方法，主要修改 OnTrackingFound()和 OnTrackingLost()两个方法，如图 5-52 所示。

Step11：选择场景中的“ImageTarget”对象，移除原来的“DefaultTrackableEventHandler”脚本，然后将“AREstateTrackableEventHandler”脚本挂载到“ImageTarget”对象上，并设置参数，如图 5-53 所示。

```
77  #region PROTECTED_METHODS
78  public GameObject Build;        //室外大楼
79  public GameObject HouseType_1;  //户型1
80  public GameObject HouseType_2;  //户型2
81  // 识别成功
82  protected virtual void OnTrackingFound()
83  {
84      Build.SetActive(true);
85      HouseType_1.SetActive(false);
86      HouseType_2.SetActive(false);
87  }
88  // 识别丢失
89  protected virtual void OnTrackingLost()
90  {
91      Build.SetActive(false);
92      HouseType_1.SetActive(false);
93      HouseType_2.SetActive(false);
94  }
95  #endregion // PROTECTED_METHODS
96  }
97
```

图 5-52　修改脚本

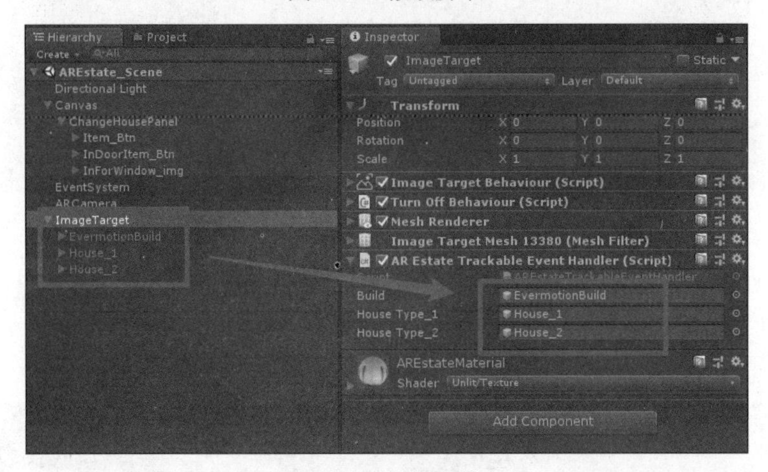

图 5-53　设置参数

Step12：当扫描识别图后，UI 组件和模型之间的交互已经开发完了。接下来开发手指在屏幕上移动，旋转模型的功能，当然将会限制旋转的方向，即对象只绕着 y 轴旋转。创建一个脚本，将其命名为“ARRotate”，编写脚本，具体代码如下：

```
public class ARRotate : MonoBehaviour
{
    private void Update()
    {
        //没有触摸
        if (Input.touchCount <= 0) return;
        //单点触摸，水平上下旋转
        if (Input.touchCount == 1)
        {
            Touch touch = Input.GetTouch(0);
            Vector2 deltaPos = touch.deltaPosition;
            //绕着 y 轴旋转
            transform.Rotate(Vector3.down * deltaPos.x, Space.Self);
        }
    }
}
```

Step13：将“ARRotate”脚本分别挂载到“EvermotionBuild”“House_2”和“House_1”，如图 5-54 所示。然后导出 Android APK（记得进行导出设置），安装到手机进行测试，效果如图 5-55 所示。

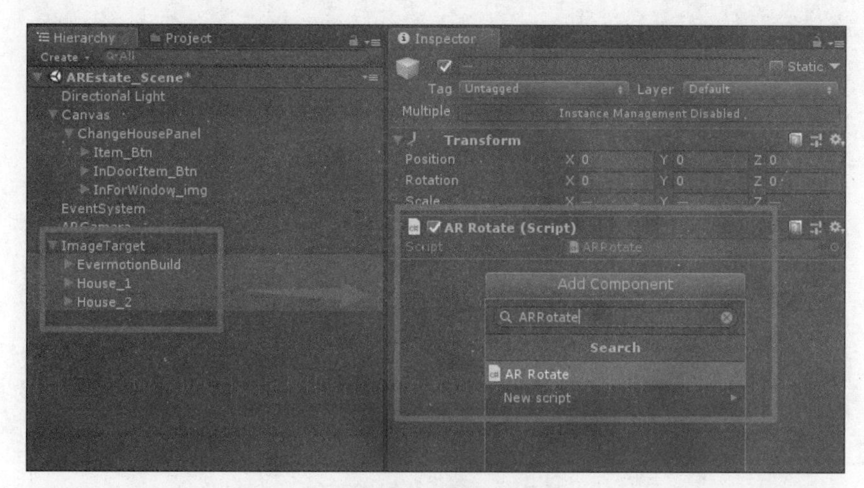

图 5-54　挂载脚本

图 5-55　项目效果演示

3．场景漫游交互实现

本部分将主要讲述如何使用手机陀螺仪模拟场景漫游功能。使用手机模拟场景漫游时，相当多的人会选择使用插件的方式来制作虚拟摇杆，对角色移动进行控制。其实在 Unity 的 Standard Assets（标准资源包）自带虚拟摇杆，可以直接拖出使用，无须更改代码。

该虚拟摇杆预制体是有限制的，只能前后左右移动，镜头不跟随转向，我们可以使用手机自带的陀螺仪实现镜头转向的功能。

Step1：新建一个场景，将其命名为“ARRoomRoam”，然后导入“Standard Assets.unitypackage”标准资源包，如图 5-56 所示。开发者也可以去 Unity Asset Store 搜索“Standard Assets”下载标准资源包。

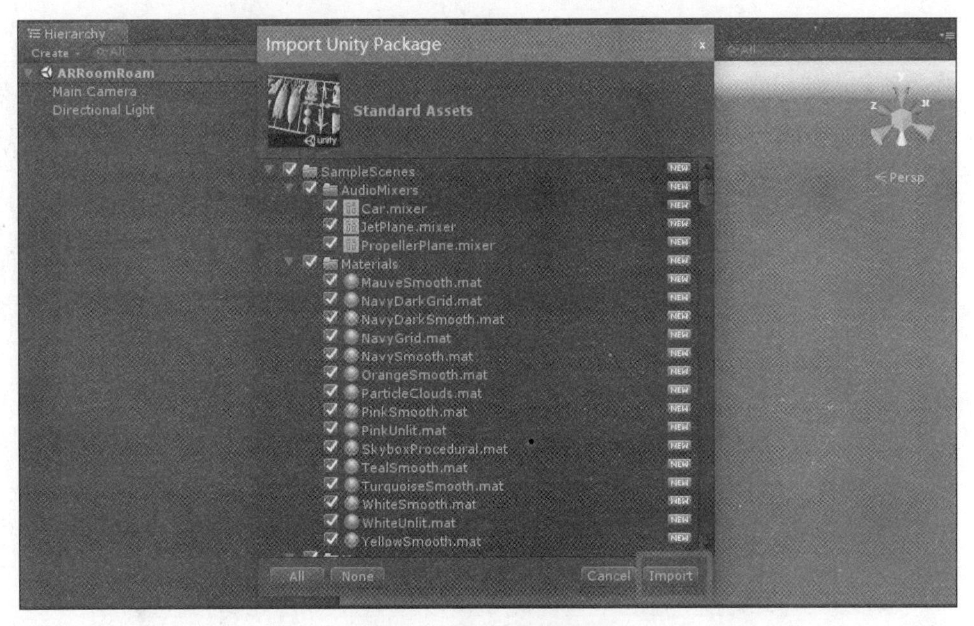

图 5-56　导入标准资源包

Step2：将“House_1”预制体拖入场景中，然后重置一下“Transform”组件的参数，具体操作如图 5-57 所示。

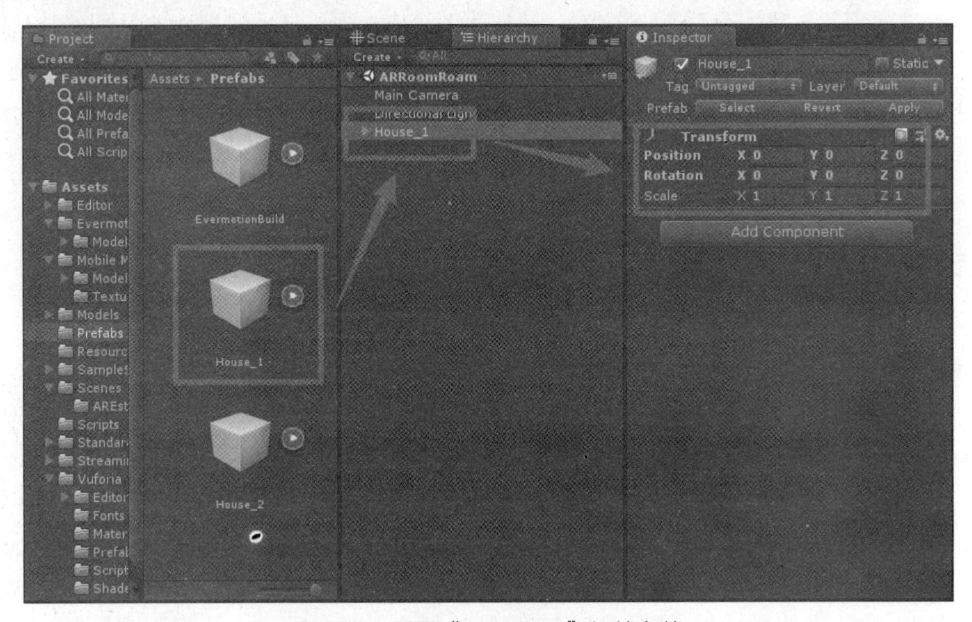

图 5-57　重置“Transform”组件参数

Step3：漫游的场景中模型数量不多，模型质量不高，没有必要打灯光烘焙，但是不打灯光会比较暗，所以将“Source”设置为“Gradient”，然后更改环境的颜色和取消自动烘焙，如图 5-58 所示。

Step4：将标准资源包里的第一人称控制器（FPSController）预制体，拖到场景中，设置“FPSController”对象的位置，删除“Main Camera”，具体操作如图 5-59 所示。

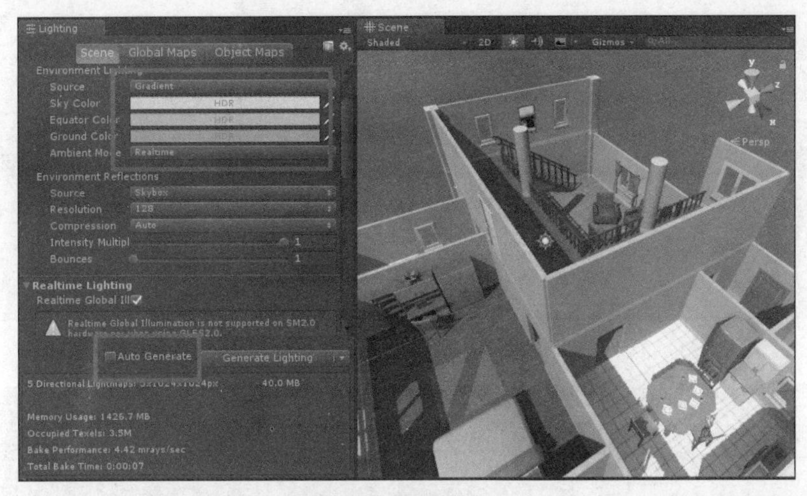

图 5-58　设置环境光

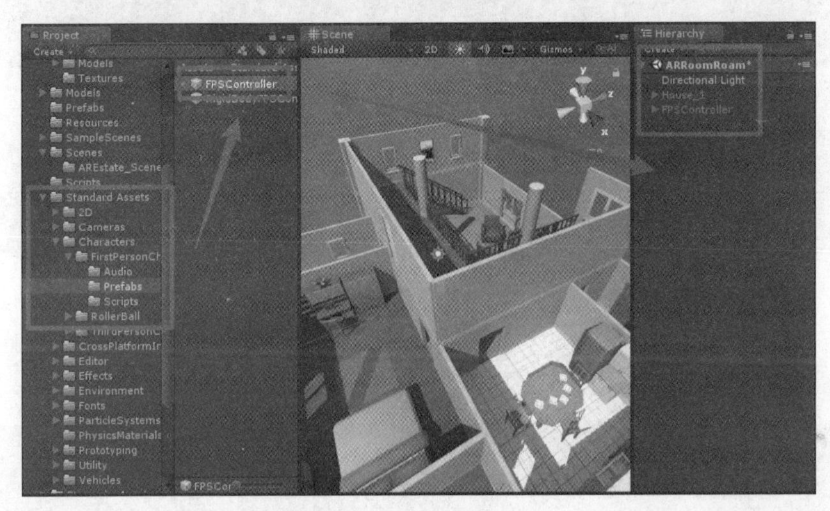

图 5-59　第一人称控制器

Step5：“FPSController”是使用键盘和鼠标控制的，因为使用手机时通常不能用键盘控制，所以需要修改“FPSController”的“FirstPersonController”脚本。打开“FirstPerson Controller”脚本，将所有“MouseLook”变量相关的代码进行注释，一共有 4 处，注释位置如图 5-60～图 5-63 所示。

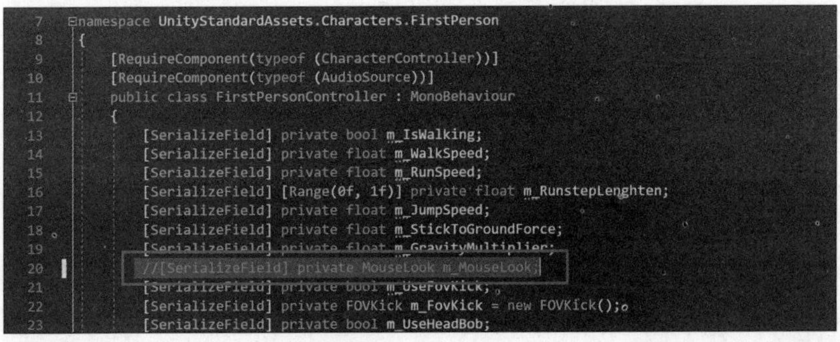

```
7   namespace UnityStandardAssets.Characters.FirstPerson
8   {
9       [RequireComponent(typeof (CharacterController))]
10      [RequireComponent(typeof (AudioSource))]
11      public class FirstPersonController : MonoBehaviour
12      {
13          [SerializeField] private bool m_IsWalking;
14          [SerializeField] private float m_WalkSpeed;
15          [SerializeField] private float m_RunSpeed;
16          [SerializeField] [Range(0f, 1f)] private float m_RunstepLenghten;
17          [SerializeField] private float m_JumpSpeed;
18          [SerializeField] private float m_StickToGroundForce;
19          [SerializeField] private float m_GravityMultiplier;
20          //[SerializeField] private MouseLook m_MouseLook;
21          [SerializeField] private bool m_UseFovKick;
22          [SerializeField] private FOVKick m_FovKick = new FOVKick();
23          [SerializeField] private bool m_UseHeadBob;
```

图 5-60　注释 1

```
45        // Use this for initialization
46        private void Start()
47        {
48            m_CharacterController = GetComponent<CharacterController>();
49            m_Camera = Camera.main;
50            m_OriginalCameraPosition = m_Camera.transform.localPosition;
51            m_FovKick.Setup(m_Camera);
52            m_HeadBob.Setup(m_Camera, m_StepInterval);
53            m_StepCycle = 0f;
54            m_NextStep = m_StepCycle/2f;
55            m_Jumping = false;
56            m_AudioSource = GetComponent<AudioSource>();
57            //m_MouseLook.Init(transform , m_Camera.transform);
58        }
59
```

图 5-61　注释 2

```
128           m_CollisionFlags = m_CharacterController.Move(m_MoveDir*Time.fixedDeltaTime);
129
130           ProgressStepCycle(speed);
131           UpdateCameraPosition(speed);
132
133           //m_MouseLook.UpdateCursorLock();
134       }
135
136
137       private void PlayJumpSound()
```

图 5-62　注释 3

```
236
237       private void RotateView()
238       {
239           //m_MouseLook.LookRotation (transform, m_Camera.transform);
240       }
241
```

图 5-63　注释 4

Step6：将“FPSController”的旋转角度同步到相机的旋转角度，修改脚本代码，具体操作如图 5-64 所示。

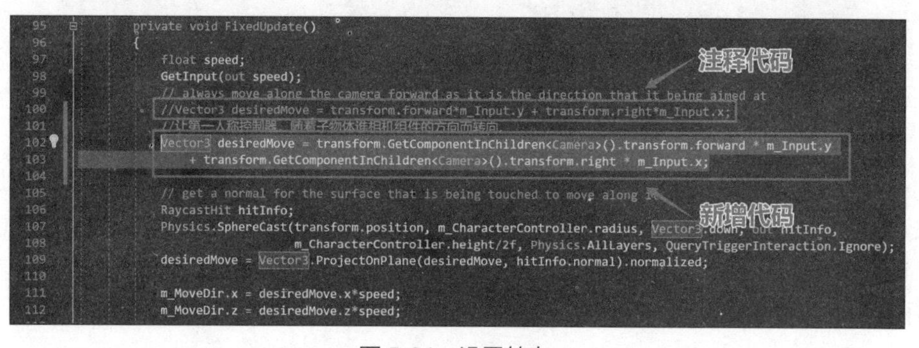

图 5-64　设置转向

具体代码如下：

```
Vector3 desiredMove = transform.GetComponentInChildren<Camera>().transform.forward * m_Input.y+ transform.GetComponentInChildren<Camera>().transform.right * m_Input.x;
```

Step7：将标准资源包的“MobileSingleStickControl”预制体拖动到场景中，具体操作如图 5-65 所示。

Step8：选择“MobileSingleStickControl”并添加“Canvas Scaler(Script)”组件，设置其参数，该组件主要是用于让移动控制器自适应屏幕，具体操作如图 5-66 所示。

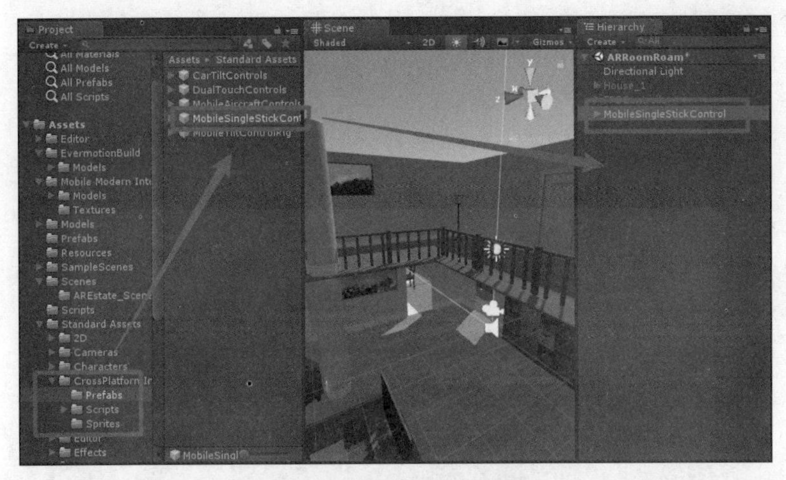

图 5-65　添加移动控制器

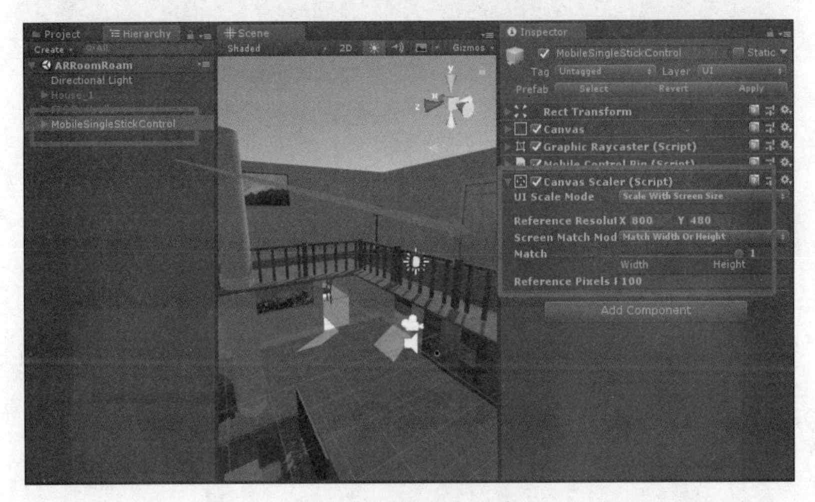

图 5-66　设置自适应

截至目前，使用摇杆控制角色移动的开发已经完成。接下来将会开发使用手机陀螺仪进行转向控制。

Step9：在“Scripts”文件夹里，新建文件夹并将其命名为“Tools”，然后在“Tools”文件夹中新建 C#脚本，并将其命名为“MobileGyro”。“MobileGyro”是陀螺仪工具脚本，本项目中只需要直接使用该脚本，并不需要去了解该脚本的内容。其具体代码如下：

```
using UnityEngine;
using System.Collections;
//陀螺仪控制相机转动
public class MobileGyro : MonoBehaviour
{
    Gyroscope gyro;
    Quaternion quatMult;
    Quaternion quatMap;
    GameObject player;
    GameObject camParent;
    void Awake()
    {
```

```
            player = GameObject.Find("Player");
            //获取当前相机的父级 Transform
            Transform currentParent = transform.parent;
            //实例化一个新的 Transform 对象作为相机的父对象
            camParent = new GameObject("camParent");
            //将新对象的位置与相机对齐
            camParent.transform.position = transform.position;
            //将新对象设置为相机的父对象
            transform.parent = camParent.transform;
            //实例化一个新的 Transform 对象作为相机的祖父对象
            GameObject camGrandparent = new GameObject("camGrandParent");
            //将新对象的位置与相机对齐
            camGrandparent.transform.position = transform.position;
            //将新对象设置为相机父对象的父对象
            camParent.transform.parent = camGrandparent.transform;
            //将原本的父对象作为相机祖父对象的父对象
            camGrandparent.transform.parent = currentParent;
            Input.gyro.enabled = true;
            gyro = Input.gyro;
            gyro.enabled = true;
            camParent.transform.eulerAngles = new Vector3(90, 0, 0);
            quatMult = new Quaternion(0, 0, 1, 0);
        }
        void Update()
        {
            quatMap = new Quaternion(gyro.attitude.x, gyro.attitude.y, gyro.attitude.z,
gyro.attitude.w);
            Quaternion qt = quatMap * quatMult;
            transform.localRotation = qt;
        }
    }
```

Step10：选择“FPSController”的子物体“FirstPersonCharacter”摄像机，然后将新导入的工具脚本“MobileGyro”拖动到“FirstPersonCharacter”摄像机，具体操作如图 5-67 所示。

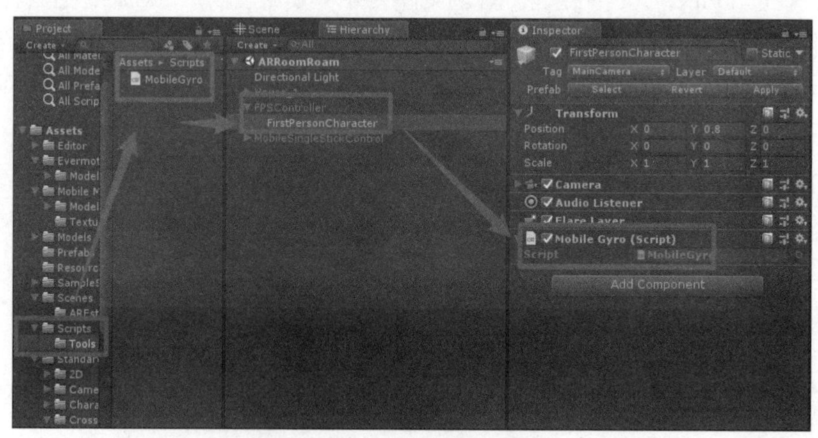

图 5-67　添加陀螺仪脚本

Step11：导出之后发现，虚拟摇杆和陀螺仪功能都没有问题，可是出现行走速度太快、跳跃高度太高等问题，可以单击“FPSController”进行参数设置，具体参数如图 5-68 所示。

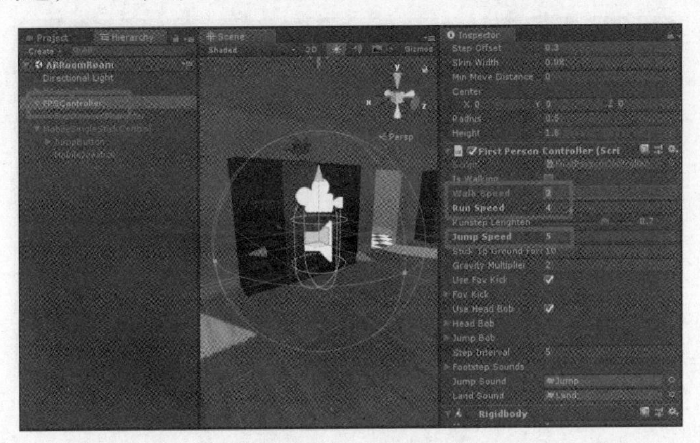

图 5-68　设置参数

Step12：在“Tools”文件夹里创建 C#脚本，并将其命名为“ChangeScenes”，实现场景漫游按钮功能。其具体代码如下：

```
using System.Collections;
using System.Collections.Generic;
using UnityEngine;
using UnityEngine.SceneManagement;
public class ChangeScenes : MonoBehaviour
{
    //场景名称
    public string SceneName;
    //切换场景的方法
    public void ChangeSceneController()
    {
        //切换场景
        SceneManager.LoadScene(SceneName);
    }
}
```

Step13：将该脚本挂载到“Item_Btn”对象上，然后给“Scene Name”参数填写场景名称参数，具体操作如图 5-69 所示。

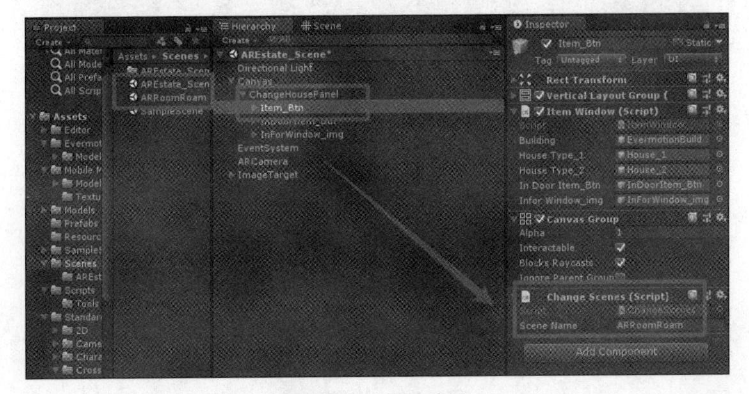

图 5-69　设置脚本

Step14：选择“ChangeScene_Btn”（切换场景）按钮，然后添加单击事件，设置“ChangeScenes”脚本中的方法，具体操作如图 5-70 所示。

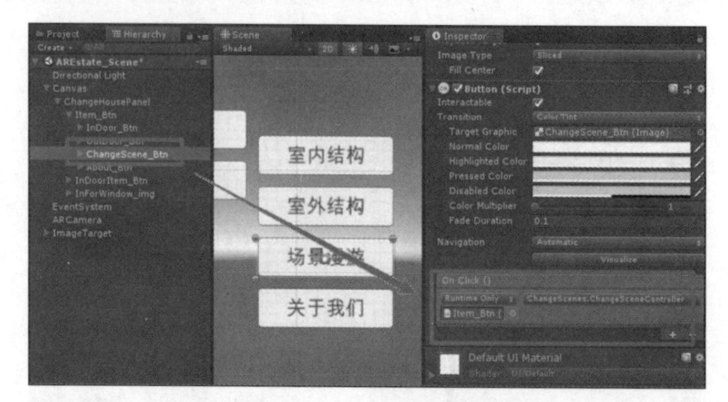

图 5-70　添加单击事件

Step15：打开“ARRoomRoam”场景，回到漫游场景。在“MobileSingleStickControl”对象下，新建按钮并将其命名为“Returnbtn”，按钮文字为“返回 AR”，程序运行时单击该按钮即可返回 AR 场景，具体操作如图 5-71 所示。

图 5-71　创建返回按钮

Step16：将“ChangeScenes”脚本挂载到“MobileSingleStickControl”对象上，然后设置“Scene Name”参数，给该参数设置 AR 场景的场景名称“AREstate_Scene”，具体操作如图 5-72 所示。

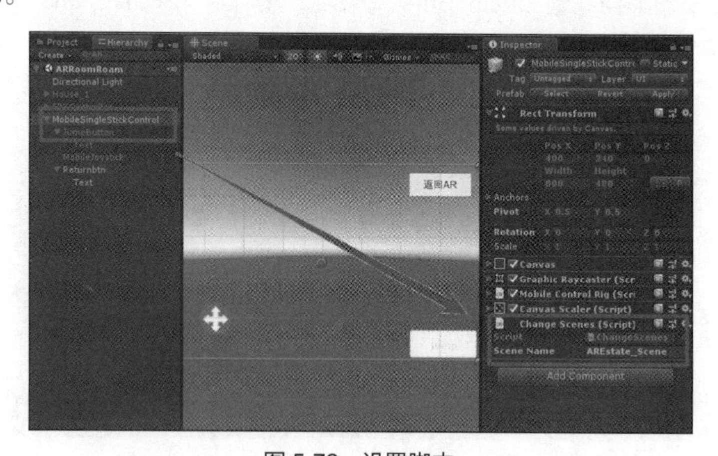

图 5-72　设置脚本

Step17：选择新建的“Returnbtn”按钮，添加单击事件，选择“ChangeScenes”脚本的 ChangeSceneController()方法，具体操作如图 5-73 所示。

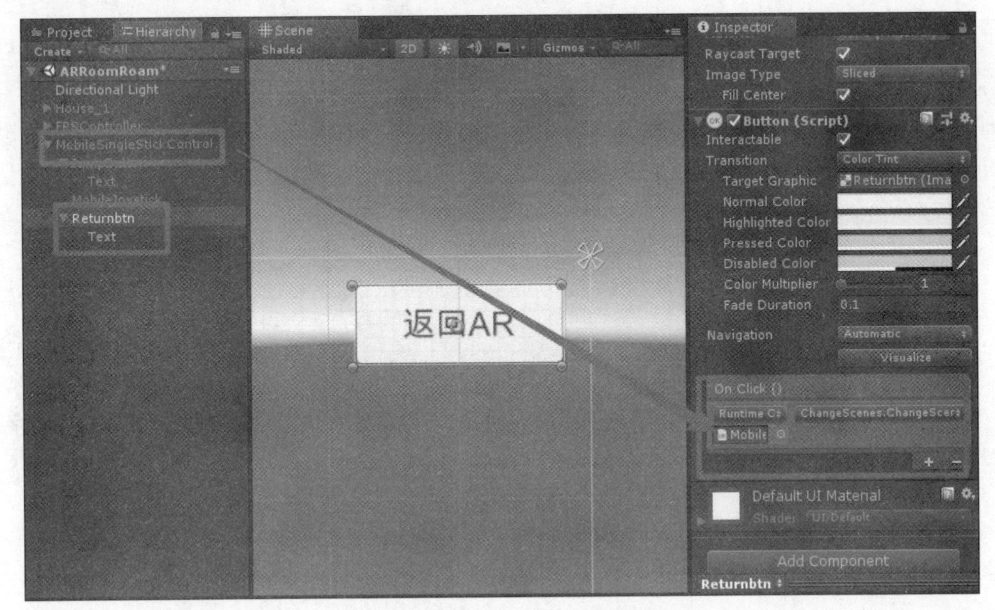

图 5-73　添加单击事件

Step18：保存场景，然后将开发好的两个场景添加到“Scenes In Build”里，最后设置打包参数进行导出，具体操作如图 5-74 所示。

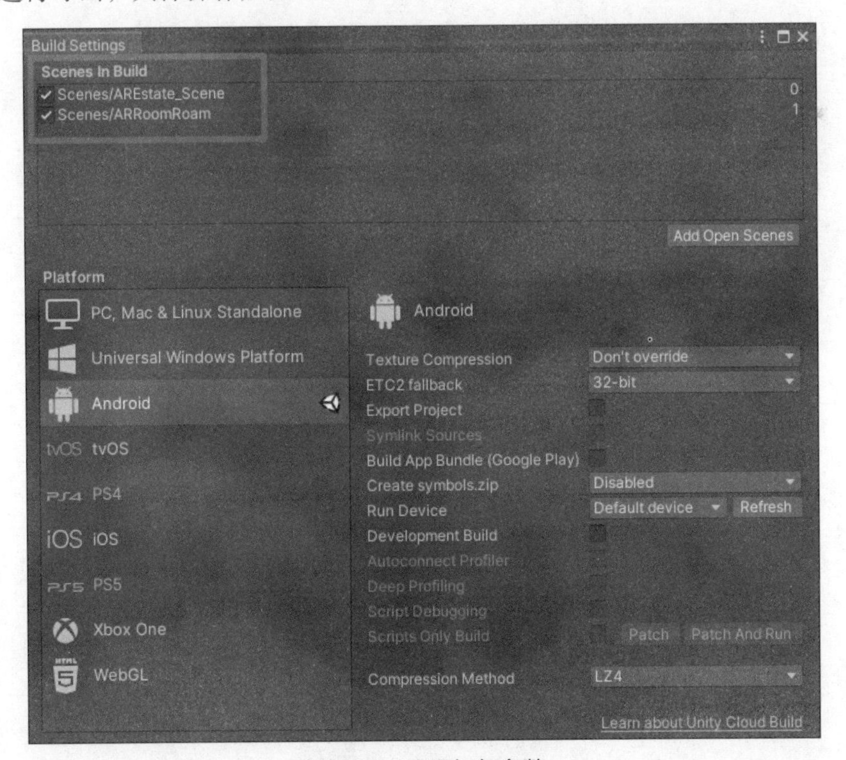

图 5-74　设置打包参数

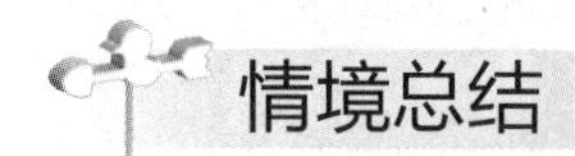

情境总结

随着 AR 技术的发展，AR 技术逐渐强大并融入人们的生活，各个领域都逐渐可以见到 AR 技术的身影，如 AR 试鞋、AR 特效、AR 教育等。经过本学习情境的学习，开发者已经掌握 Unity AR 项目开发知识、Vuforia 基础知识与功能，以及如何使用图像识别、虚拟按钮技术，能够对配置 Vuforia 环境以及在 Unity 引擎中进行 AR 项目开发有一定了解，为后续学习 Vuforia 打下基础。

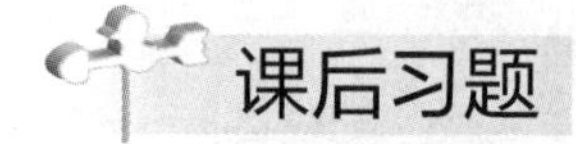

课后习题

一、判断题

1. Unity 中不同功能的游戏对象本质是由空物体挂载不同的组件组成。(　　)
2. 在使用 Vuforia 图像识别中只需要添加 AR Camera 即可。(　　)
3. Vuforia 只能支持 Android、iOS 平台。(　　)

二、简答题

1. 请简述 Unity 引擎中 UI 组件与 Canvas 的关联。
2. 请简述 Vuforia 如何创建 License Key 与上传识别图。
3. 请简述如何在 Unity 中使用 Vuforia 完成图像识别。

学习情境 6 基于 AR Foundation 的“虚拟形象”项目开发

学习目标

知识目标：了解 AR Foundation 基础知识，学习使用 AR Foundation 平面检测技术在平面上放置模型和使用图像跟踪技术在设定的图片中识别出相应的内容。

能力目标：学习基于 AR Foundation 平面检测技术与图像跟踪技术的应用项目开发，最终能够将项目发布到移动应用端。

素养目标：通过学习基于 AR Foundation 开发的应用项目，学习 AR Foundation 项目开发的环境配置与开发流程，更好地了解 AR Foundation。

引例描述

小优是一名“追星族”，也是一名 VR 专业的新生，她非常喜爱她的偶像。某一天，她看到专业书上的 AR 技术可以实现真实世界与虚拟世界无缝衔接，所以她在想能不能将偶像做成 AR 人物来和她对话，圆了她的“追星梦”？虚拟形象在生活中随处可见，可广泛应用于游戏、新闻媒体、智能营销和在线教育等方面。通过使用计算机来构建模型并将其叠加到真实世界中，加强视觉效果，带给人们直观的视觉感受。本学习情境阐述通过使用 AR Foundation 来实现对 AR 基础应用和幼教应用的开发。

项目介绍

6.1 项目背景

虚拟形象是伴随着科技发展衍生的 AI 技术产物，可大致分为真人驱动虚拟形象与智能驱动虚拟形象。真人驱动虚拟形象是在完成原画、建模、关节点绑定后，由佩戴动作捕捉设备或特定摄像头进行动作捕捉的真人实时驱动的虚拟形象；智能驱动虚拟形象则通过美术、动画、建模等配合开发，应用于较为专业、专一的场景中。

较为知名的虚拟形象包括洛天依、华智冰、云诗洋、央视虚拟主播、冬奥会手语虚拟主播等，这一技术被广泛应用在直播、游戏、影视等领域，而伴随着技术的发展，元宇宙的概念逐渐被人们所熟知，虚拟形象也不仅仅局限于屏幕中，基于 VR、AR 技术的虚拟形象逐渐出现在人们的生活中。

6.2 项目内容

本项目讲述将 AR Foundation 与 Unity 引擎结合，进行 AR 虚拟形象开发。开发者将会在本项目中学习到 AR Foundation 相关技术的概念、相关技术的使用、配置开发环境、搭建项目场景、设计 UI、开发交互内容等，开发者可在拓展学习中利用所学 AR 技术相关知识，开发 AR 动物绘本项目，完成拓展学习内容。

6.3 项目规划

在本项目中，将会分 4 部分来进行开发讲解（环境配置、场景搭建、交互实现、拓展学习），通过任务 1～任务 3 的完整项目开发流程，可让开发者快速上手 AR Foundation，熟练掌握 AR Foundation 后，即可学习开发拓展学习中的 AR 动物绘本项目，巩固所学知识，并进一步积累 AR 项目开发经验。

项目规划如图 6-1 所示。

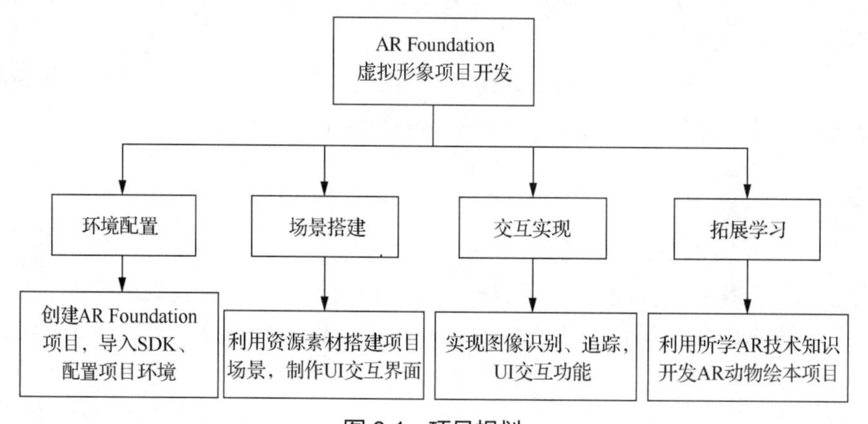

图 6-1　项目规划

6.4 AR Foundation 介绍

AR 中检测平面的原理：AR Foundation 对摄像机获取的图像进行处理，在跟踪过程中，对特征点信息进行处理，并尝试用空间中位置相近或者符合一定规律的特征点构建平面，如果成功就检测出了平面。平面有其位置、方向和边界等信息，AR Plane Manager 负责检测平面和管理这些检测出来的平面，但它并不负责渲染平面。

在 AR 中，当检测并可视化一个平面后，要在平面上放置物体。一般采用射线检测的方法来实现。射线检测的基本思路是在三维世界中从一个点沿一个方向发射出一条无限长的射线，在射线上，一旦与添加了碰撞器的模型发生碰撞，则产生一个碰撞器检测到的对象，可以利用射线实现子弹击中目标的检测，也可以利用射线来检测发生碰撞的位置。例如，可以从屏幕中用户单击的点，在 AR 中利用摄像机位置和方向构建射线，该射线与场景中的平面进行碰撞检测，如果发生碰撞则立刻反馈碰撞的位置，这样，就可以在检测到的平面上放置虚拟物体了。

本项目基于 Android 平台开发，ARCore XR Plugin 由 Google Android 开发并提供技术支持，为后续提供 AR 所需相关功能。ARCore XR Plugin 作为 AR Foundation 基于 Android 的底层插件，在本次开发中也是必不可少的。

本学习情境的后续内容将采用 Unity 和 AR Foundation 进行 AR 动物绘本内容的制作，通过本学习情境的学习，开发者将学会 AR 图像识别和追踪的相关技术。

任务 1　环境配置

任务描述

开发环境的配置是必不可少的，否则项目将无法进行开发。本任务将集中为开发者介绍 Unity 2021 及以上版本的 AR Foundation 在 Windows 平台下的下载与安装步骤，以及 AR 模板和 Android 环境配置。

知识引导

AR 模板是 Unity 预制的一个板块，包括 AR Foundation、ARCore、ARKit、HoloLens 等。

AR Foundation 是用于 AR Subsystems 的 MonoBehaviour 和 C#使用程序的集合，其中包括创建 AR 设置的游戏对象菜单项、控制 AR 会话生命周期并从检测到的真实可跟踪功能中创建游戏对象的 MonoBehaviour、缩放处理和面部跟踪。AR Foundation 底层框架为 ARCore 和 ARKit，具体在 1.4.3 节有介绍。

任务实施

打开 Unity Hub，选择版本为 2021 及以上的 Unity。需要注意的是 2019 版本及以前的 Unity 所支持的 AR Foundation 版本较低，2021 及以上的 Unity 版本对应的 AR Foundation 的版本能够达到 5.0。为了能够使用较新的功能，建议开发者使用较高版本的 Unity，本项目主要使用 Unity 2021.1.19f1c1 来进行讲解。

微课视频

实操 13

如图 6-2 所示，可以在 Unity Hub 中看到 Unity 提供的各类模板，本任务中我们主要使用预制的 AR 模板。通过 AR 模板创建的项目，会帮我们提前下载好 AR 插件，并提供各类 AR 功能。打开项目后，可以看到右上角出现“Tutorials”（教程）窗口，该窗口包含“Documentation”（文档）、“Forums”（论坛）、“Bug Reporting”（错误提交地址）功能，如图 6-3 所示。

图 6-2　Unity Hub 新建项目

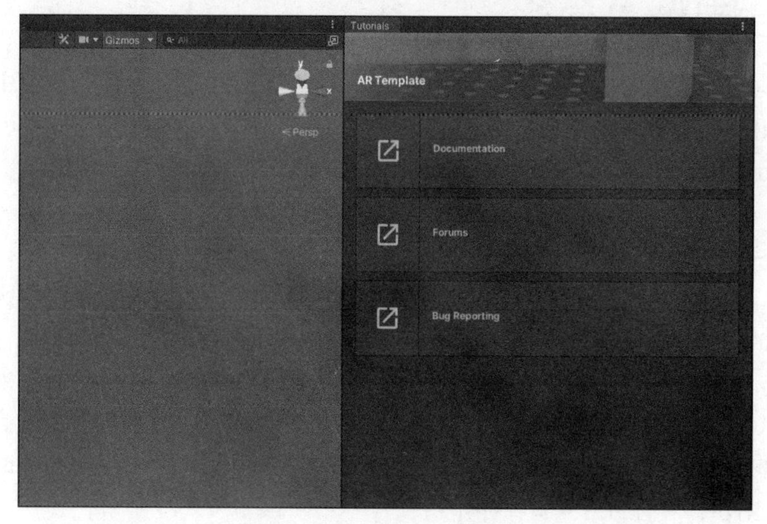

图 6-3　“Tutorials”窗口

单击“Tutorials”窗口的“Documentation”按钮可以打开文档。然后，可以看到关于AR 模板的一些介绍，该模板具有 AR Foundation、ARCore、ARKit、HoloLens 等功能，具体信息如图 6-4 所示，开发者可以在文档中自行查看模板信息。

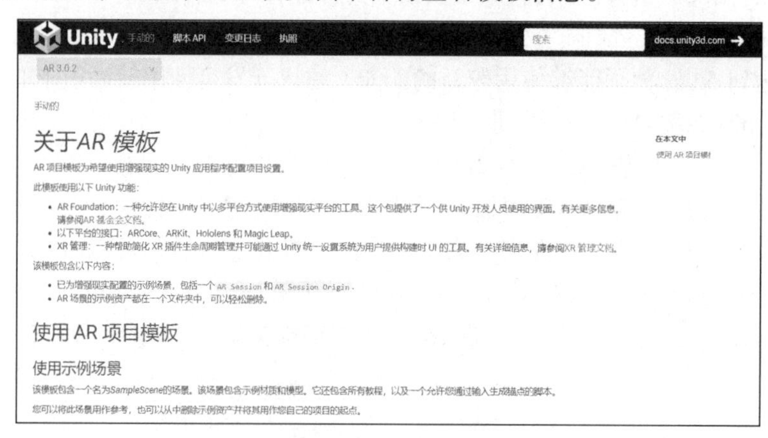

Unity 手动的　脚本 API　变更日志　执照　　docs.unity3d.com

AR 3.0.2

手动的

关于AR 模板

AR 项目模板为希望使用增强现实的 Unity 应用程序配置项目设置。

此模板使用以下 Unity 功能：

- AR Foundation：一种允许您在 Unity 中以多平台方式使用增强现实平台的工具。这个包提供了一个供 Unity 开发人员使用的界面。有关更多信息，请参阅AR 基金会文档。
- 以下平台的接口：ARCore、ARKit、Hololens 和 Magic Leap。
- XR 管理：一种帮助简化 XR 插件生命周期管理并可能通过 Unity 统一设置系统为用户提供构建时 UI 的工具。有关详细信息，请参阅XR 管理文档。

该模板包含以下内容：

- 已为增强现实配置的示例场景，包括一个 AR Session 和 AR Session Origin。
- AR 场景的示例资产都在一个文件夹中，可以轻松删除。

在本文中
使用 AR 项目模板

使用 AR 项目模板

使用示例场景

该模板包含一个名为SampleScene的场景。该场景包含示例材质和模型。它还包含所有教程，以及一个允许您通过输入生成锚点的脚本。

您可以将此场景用作参考，也可以从中删除示例资产并将其用作您自己的项目的起点。

图 6-4　AR 模板文档

在项目中找到“SampleScene”场景，打开“Build Settings”窗口，单击“Add Open Scenes”将场景添加进打包列表。选择“Android”并单击“Switch Platform”切换平台，如图 6-5 所示。

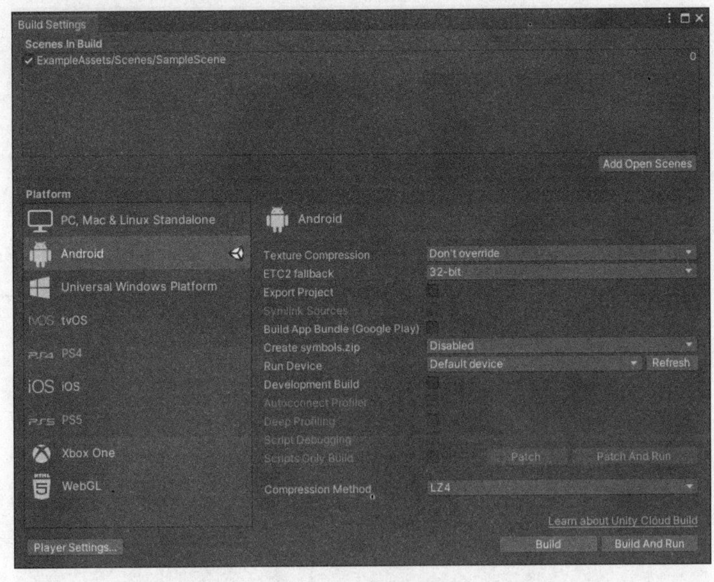

图 6-5　切换平台

打开“Project Settings”窗口，在“Player”栏中“Company Name”与“Product Name”后填写公司名与产品名，选择“Android”图标的标签，删除“Vulkan”，因为 Android 不支持 Vulkan。在“Other Settings”选项卡中，取消勾选“Multithreaded Rendering”（多线程渲染），不然无法正常发布项目。具体设置如图 6-6 所示。

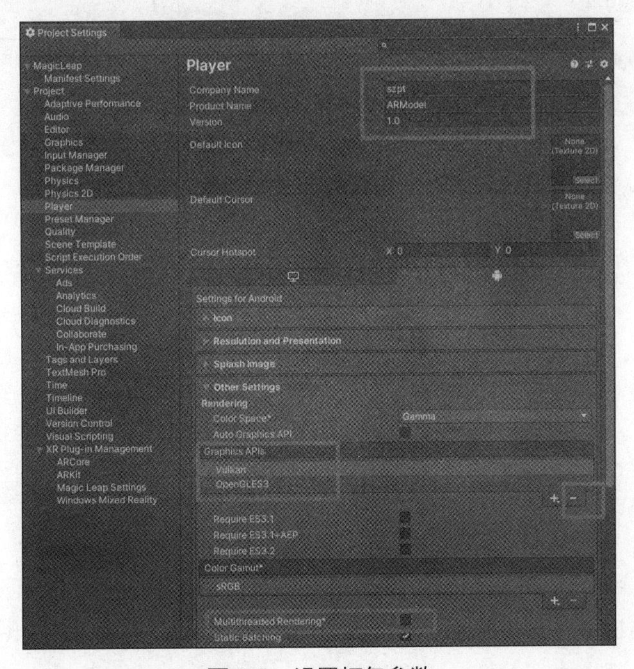

图 6-6　设置打包参数

此外需要注意 AR Foundation 支持的 Android 最低版本，还需要设置与 ARCore 兼容的 Android 最低版本。如图 6-7 所示，找到“Minimum API Level”，打开其下拉列表，选择“Android 7.0‘Nougat’(API level 24)”或以上的版本。

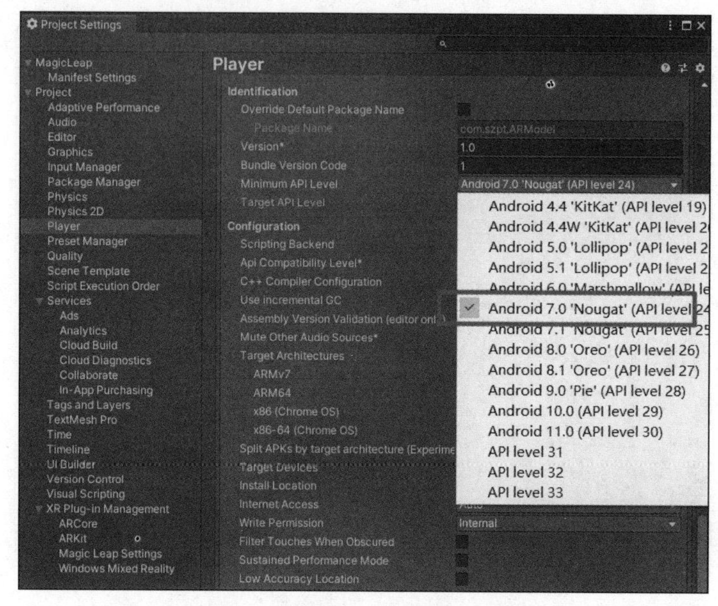

图 6-7　设置 Android 最低版本

单击“Build”按钮，即可将项目安装包放置于 Android 操作系统的手机中进行安装。需要注意的是，需要给予应用摄像机权限，如果给予应用摄像机权限后仍显示黑屏，则需在 Google Play 官网中下载最新版本的“面向 AR 的 Google Play 服务”，并将其安装到 Android 手机中，如图 6-8 所示。

图 6-8　下载“面向 AR 的 Google Play 服务”

如果项目打包到手机中没有出现相机访问提示，则可以打开“Project Settings”窗口，选中“XR Plug-in Management”，找到“Plug-in Providers”中的“ARCore”，对其进行勾选，如图 6-9 所示。

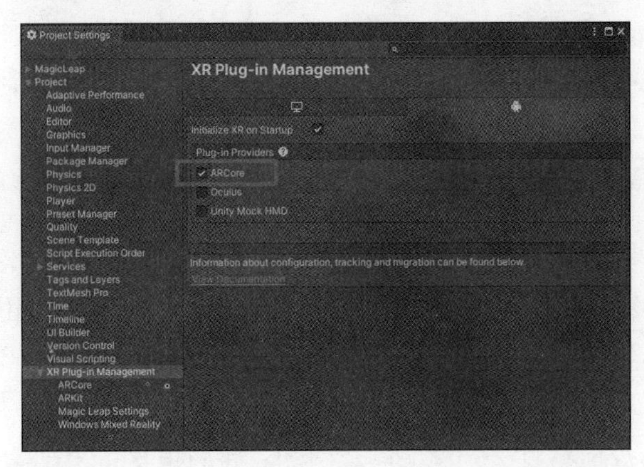

图 6-9　设置“XR Plug-in Management”的参数

任务 2　场景搭建

任务描述

在项目开发过程中，实现项目交互前需要搭建相关的项目场景。本任务主要讲述搭建识别后显示的场景，需要掌握角色的动画绑定及 UI 交互界面的功能。

知识引导

在 Unity 项目中，对象的网格几何形状仅呈现粗略的近似形状，而大多数精细的细节由纹理提供，纹理就是应用于网格表面上的标准位图图像。

Unity 中的纹理类型一共有 8 种：Default、Normal Map、Editor GUI and Legacy GUI、Sprite（2D and UI）、Cursor、Cookie、Lightmap、Single Channel。

Default 是用于所有纹理的常见纹理类型，可用于访问大多数纹理导入属性。

Normal Map 可将颜色通道转换为适合实时法线贴图的格式。对于此纹理类型，还可以更改 Texture Shape 属性来定义纹理形状。

Editor GUI and Legacy GUI 可在任何抬头显示系统（Head Up Display，HUD）或 GUI 组件上使用，该纹理类型的 Texture Shape 属性始终设置为 2D。

Sprite（2D and UI）常在游戏中被用于精灵图，该纹理类型的 Texture Shape 属性始终设置为 2D。

Cursor 可将纹理用作自定义光标，该纹理类型的 Texture Shape 属性始终设置为 2D。

Cookie 可通过内置渲染管线中用于剪影的基本参数来设置纹理。对于此纹理类型，Unity 基于所选的 Light Type 选项来自动更新 Texture Shape 属性：

① Directional Light 和 Spot Light 光源剪影始终为 2D 纹理（2D 形状类型）。

② Point Light 光源剪影必须为立方体贴图（Cube 形状类型）。

Lightmap 一般用于光照贴图，允许将纹理编码为特定格式（RGBM 或 DLDR，具体取决于平台）并通过后期处理步骤对纹理数据进行处理（推拉式扩张通道）。该纹理类型的

Texture Shape 属性始终设置为 2D。

Single Channel 常被用作纹理中的一个通道，可以更改 Texture Shape 属性来定义纹理形状。

任务实施

开始进行场景搭建前需创建新场景用于过渡项目，将其命名为“MainScene”，并将场景“Game”视图设置为 2560 × 1440 Portrait，用于后续更好地制作分辨率适配。

1. 场景制作

为了让开发者更好地学习 AR Foundation 开发，我们将 SampleScene 场景中除了平行光以外的物体进行移除，并在“Hierarchy”窗口中重新创建物体。

Step1：在“Hierarchy”窗口中右击，在弹出的快捷菜单中选择“XR→AR Session Origin”，单击“AR Session”与“AR Default Plane”创建物体，创建完成后将“AR Default Plane”拖动到“Asset”文件夹下创建预制体，并删除场景中的“AR Default Plane”，如图 6-10 所示。

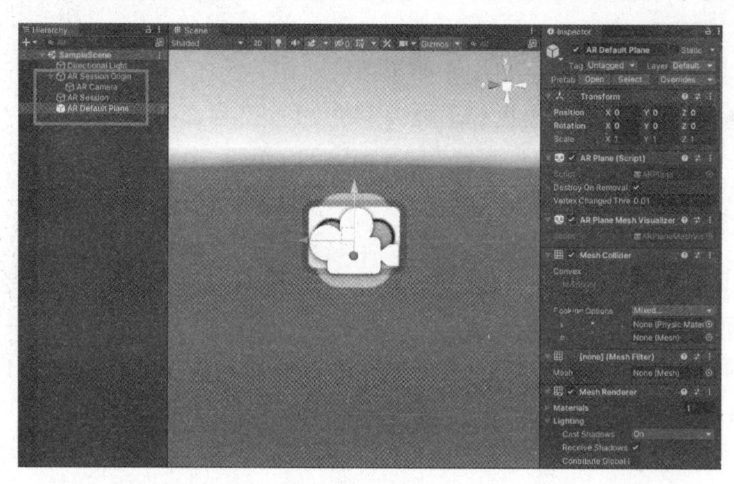

图 6-10　场景制作

Step2：选中“AR Session Origin”，对其添加“AR Plane Manager(Script)”组件，并将“AR Default Plane”预制体赋予该脚本的“Plane Prefab”参数，如图 6-11 所示。

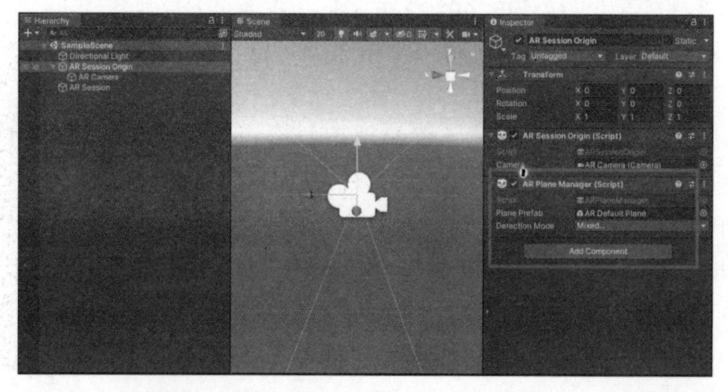

图 6-11　添加“AR Plane Manager(Script)”组件并进行参数设置

至此场景的初步制作已经完成了，开发者可以将项目打包到 Android 手机进行测试。

2. 封面制作

Step1：导入图片素材后，将其类型改为“Sprite(2D and UI)”，如图 6-12 所示。

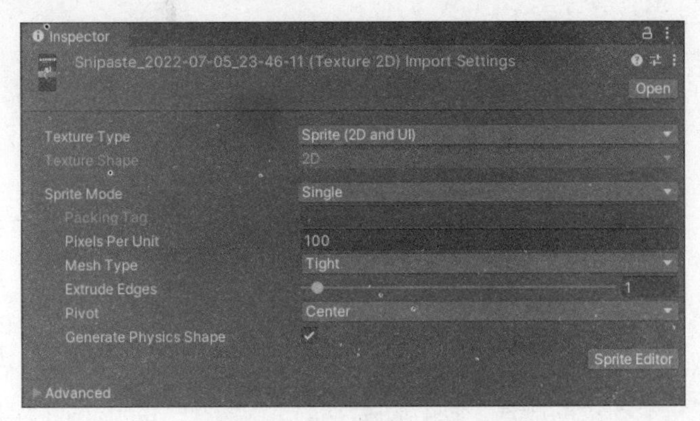

图 6-12　修改图片素材类型

Step2：在场景中创建“Cavans”，并将其“Render Mode”设置为“Screen Space-Camera”，将“Main Camera（Camera）”赋值到“Render Camera”参数中，并将“UI Scale Mode”设置为“Scale With Screen Size”，修改其分辨率；完成“Canvas”的参数修改后，创建“Image”组件与“Button”组件的子物体，并修改其样式，具体设置如图 6-13 所示。

图 6-13　设置“Canvas”的参数

Step3：创建新 C#脚本“UIManager”，并将其挂载在“Button”下，该脚本主要负责用户单击“开始体验”时跳转到新场景（从“MainScene”跳转到“SampleScene”，其中“MainScene”负责封面跳转、“SampleScene”负责 AR 识别功能）。具体代码如下：

```
using System.Collections;
using System.Collections.Generic;
using UnityEngine;
```

```
using UnityEngine.UI;
using UnityEngine.SceneManagement;
public class UIManager : MonoBehaviour
{
    private Button startBtn;
    void Start()
    {
        startBtn = GetComponent<Button>();
        startBtn.onClick.AddListener(StartAR);
    }
    void StartAR()
    {
        SceneManager.LoadScene("SampleScene");
    }
}
```

Step4：脚本添加完成后，打开“Build Settings”窗口，将“MainScene”场景添加进“Scenes In Build”，并调整两个场景的顺序，使程序启动时先显示“MainScene”场景，当用户单击“开始体验”时，则跳转到“SampleScene”场景，如图6-14所示。

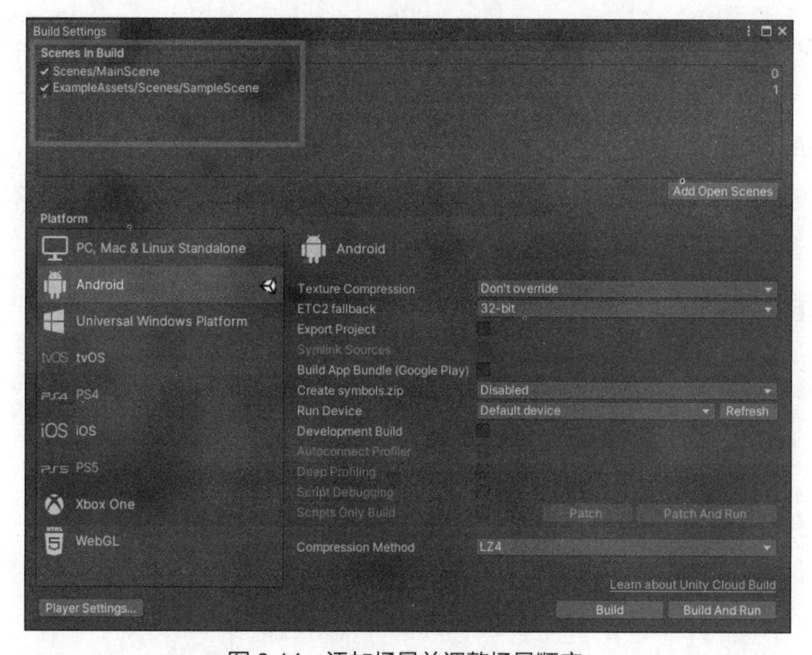

图6-14　添加场景并调整场景顺序

3. 模型处理及动画制作

Step1：打开“SampleScene”场景，稍后将在该场景制作项目的主要交互界面。单击“Window→Asset Store→Search Online”打开Unity Asset Store（或直接访问对应网站），搜索“unity chan”获取3D模型资源，并将该3D模型导入项目中，如图6-15所示。

Step2：将模型“unitychan”导入场景中，并移除该模型的“Idle Changer(Script)”组件、“Face Update(Script)”组件、“Auto Blink(Script)”组件，具体操作如图6-16所示。

Step3：创建新动画控制器“chanAni”，并将模型自带的“UnityChanARPose”动画控制器的动画片段导入“chanAni”中，具体操作如图6-17所示。

图 6-15　导入模型资源

图 6-16　修改模型

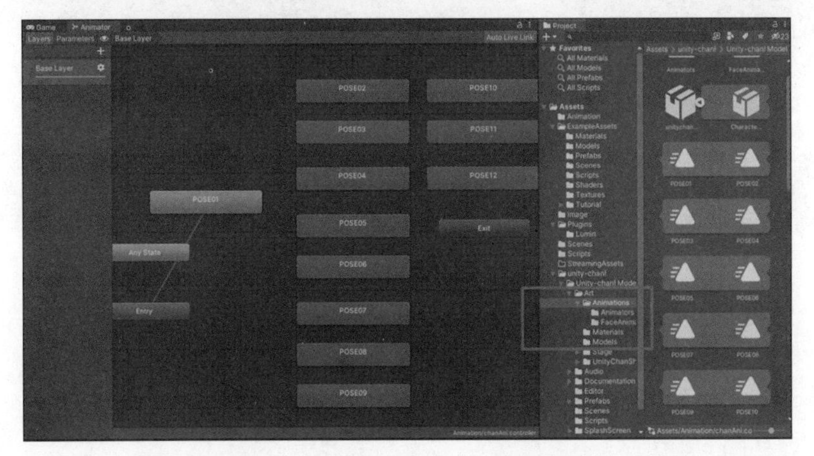

图 6-17　创建“chanAni”动画控制器

Step4：将“POSE01”动画片段重命名为“Idle”，并选中其他的动画片段，右击，在弹出的快捷菜单中选择“Make Transition”进行连接，如图 6-18 所示。

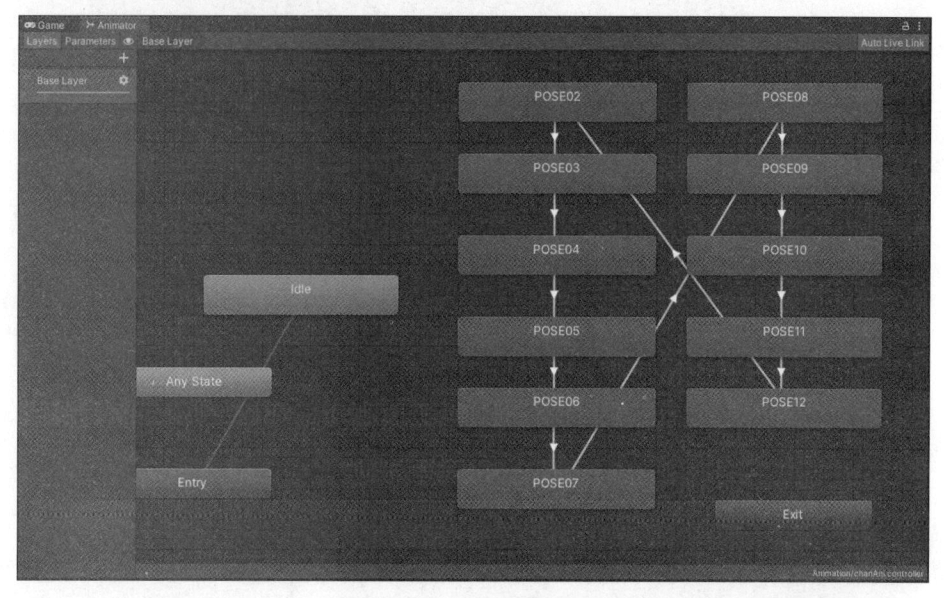

图 6-18　连接动画片段

Step5：将场景中 3D 模型“unitychan”的“Animator”组件的“Controller”更改为刚才制作的动画控制器“chanAni”，如图 6-19 所示。

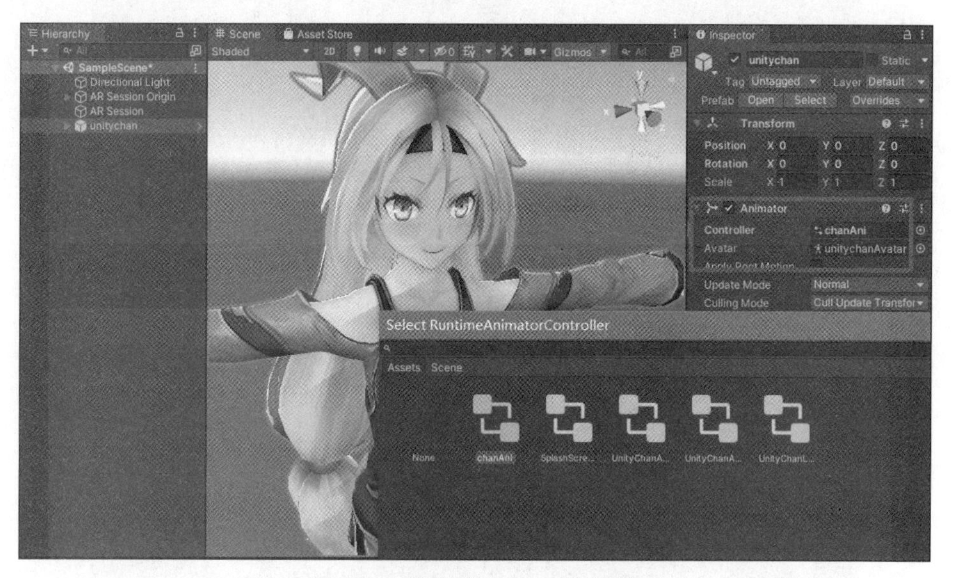

图 6-19　修改“Animator”组件

Step6：将模型的“Rotation”的“Y”设置为“180”，模型的“Scale”的“X”“Y”“Z”均设置为“0.3”，如图 6-20 所示。

Step7：将场景中的“unitychan”模型拖动到“Assets”文件夹下，单击“Original Prefab”创建预制体，如图 6-21 所示。

图 6-20　调整模型的“Transform”参数

图 6-21　创建预制体

Step8：将“unitychan”模型在场景中移除，创建脚本“ARManager”并将其挂载在“AR Session Origin”上。具体代码如下：

```
using System.Collections;
using System.Collections.Generic;
using UnityEngine;
using UnityEngine.XR.ARFoundation;
using UnityEngine.XR.ARSubsystems;
[RequireComponent(typeof(ARRaycastManager))]
public class ARManager : MonoBehaviour
{
    private ARRaycastManager _ArRaycastManager;
    //保存检测到的物体列表
    List<ARRaycastHit> mHits = new List<ARRaycastHit>();
    //获取模型预制体并将其实例化
    public GameObject modelPrefab;
    //保存实例化后的模型
    public GameObject virtualModel;
    private void Start()
```

```
        {
            _ArRaycastManager = GetComponent<ARRaycastManager>();
        }
        private void Update()
        {
            if (Input.touchCount == 0) return;
            if (_ArRaycastManager.Raycast(Input.GetTouch(0).position,mHits,TrackableType.
Planes))
            {
                PlaceModel(mHits[0].pose.position);
            }
        }
        public void PlaceModel(Vector3 pos)
        {
            //实例化模型
            if (virtualModel ==null)
            {
                virtualModel = Instantiate(modelPrefab);
            }
            //更改其位置
            virtualModel.transform.position = pos;
        }
    }
```

将脚本挂载在“AR Session Origin”上后，“ARRaycastManager(Script)”组件会同步挂载到“AR Session Origin”上。

Step9：将“AR Session Origin”的“ARManager(Script)”组件的“Model Prefab”赋值为“unitychan”预制体，其他参数无须赋值，如图 6-22 所示。

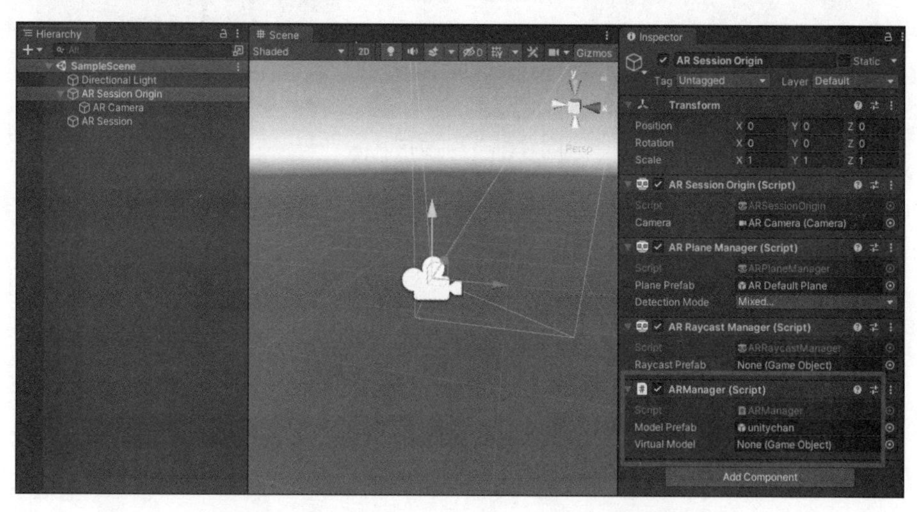

图 6-22 “ARManager(Script)”组件参数设置

4. UI 设计

Step1：在场景中创建“Canvas”，对“Canvas”组件参数进行设置，具体设置与封面制作部分的“Canvas”相同，这里无须对“Render Camera”进行赋值，如图 6-23 所示。

Step2：创建“Toggle”，删除“Toggle”的所有子物体，并为“Toggle”添加“Image”组件，如图 6-24 所示。

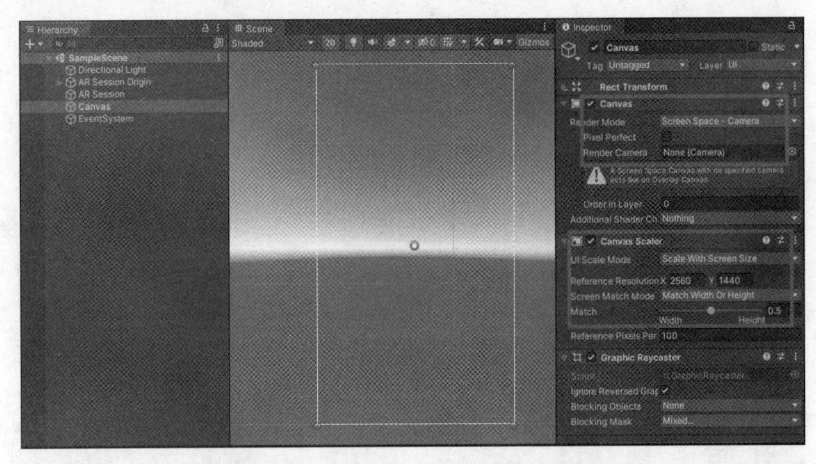

图 6-23　设置“Canvas”的组件参数

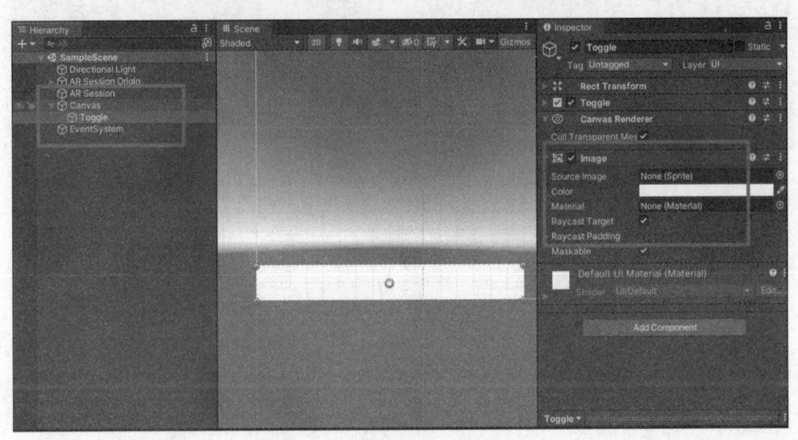

图 6-24　创建“Toggle”

Step3：对“Toggle”中的“Toggle”组件的参数进行修改，其中“Transition”改为“Sprite Swap”，“Target Graphic”通过拖动自身赋予，“Pressed Sprite”赋予选中平面已选中的图片，“Image”组件的“Source Image”赋予选中平面未选中的图片，取消勾选“Toggle”组件的“Is On”复选框，具体操作如图 6-25 所示。

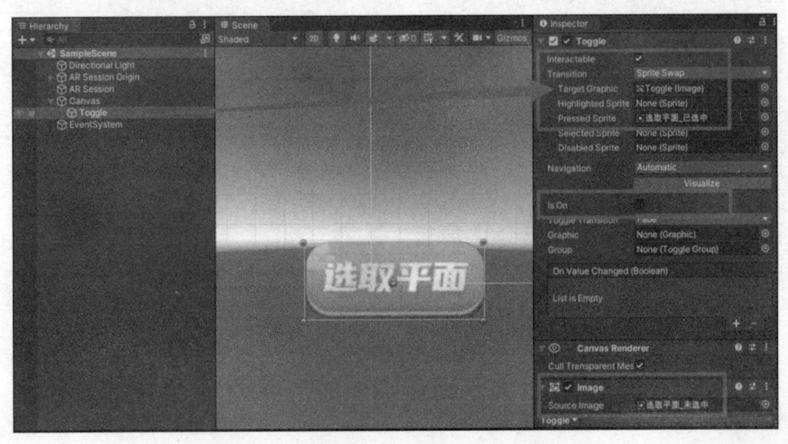

图 6-25　设置“Toggle”的组件参数

Step4：将“Toggle”重命名为“SelectPanel”，并调整其位置。调整完成后复制“SelectPanel”，并重命名为“StartAni”，修改图片素材及调整位置。创建一个“Button”控件并将其重命名为“RotateModel”，对“RotateModel”进行与“Toggle”同样的设置，如图 6-26 所示。

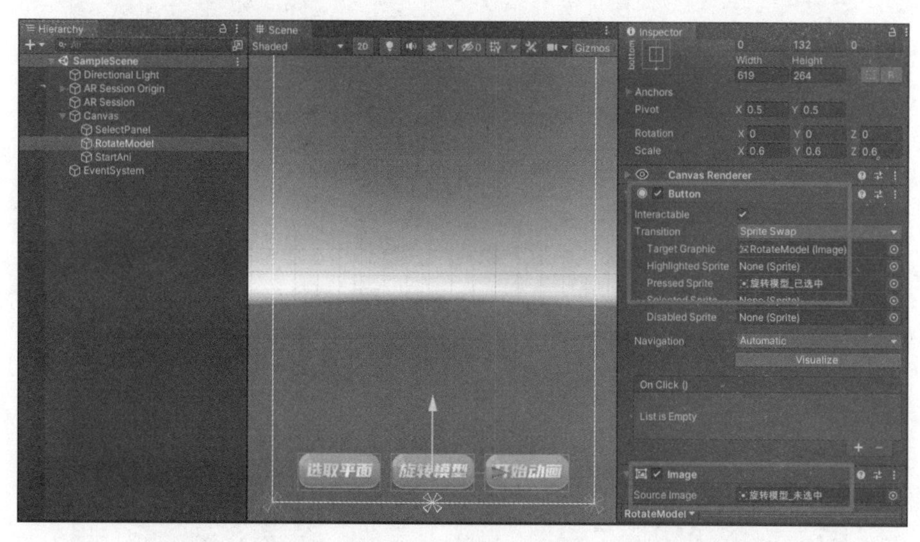

图 6-26　调整 UI 布局

Step5：在“Canvas”下创建“Slider”控件并将其重命名为“SizeSlider”，用于调整模型的大小。修改“SizeSlider”的“Slider”组件的“Direction”为“Bottom To Top”，删除子物体“Fill”的“Image”组件。将准备好的背景图赋值到“SizeSlider”的子物体“Background”与子物体“Handle”的“Image”组件上，最终效果如图 6-27 所示。

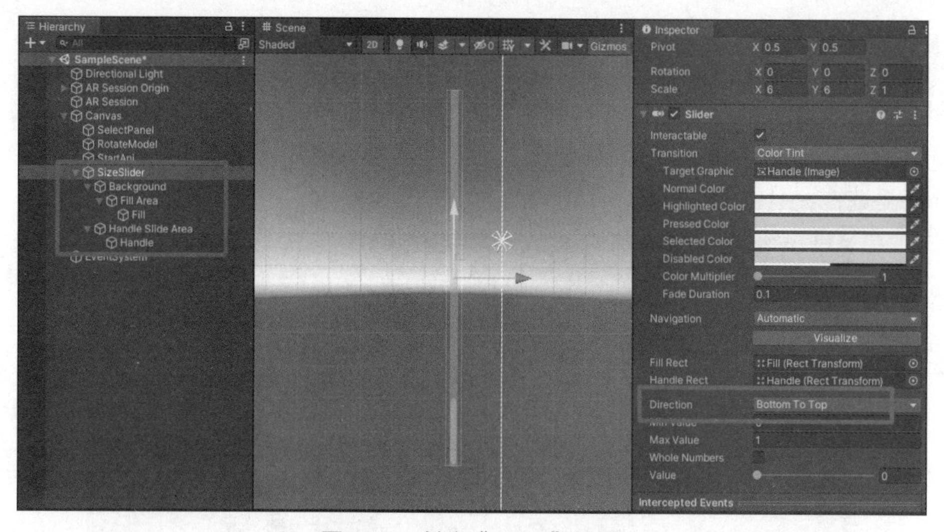

图 6-27　创建“Slider”控件

Step6：在“SizeSlider”下创建“Image”控件并将其重命名为“SizeBG”，将图片修改为“大小调整”图片，并放置在“Slider”的上方，适当地调节“SizeSlider”的锚点位置，以便 UI 在不同的设备上能够进行自适应，具体效果如图 6-28 所示。

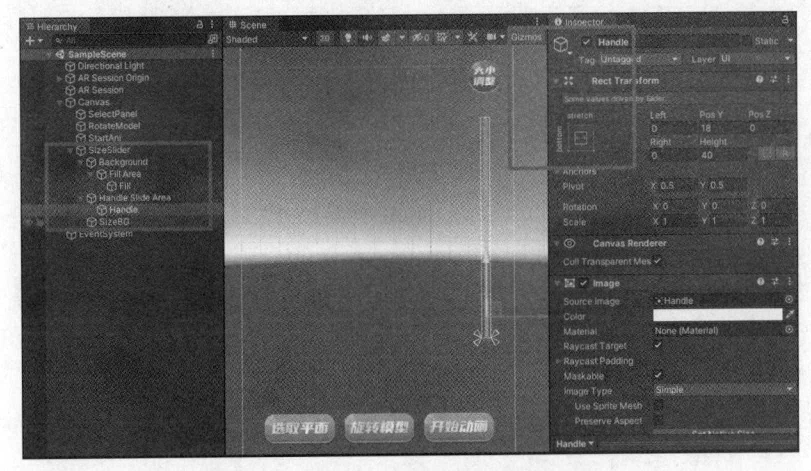

图 6-28　设置“Slider”的自适应效果

任务 3　交互实现

任务描述

本任务将会讲述图像识别技术与图像跟踪技术基本概念，利用 C#脚本编写代码并在 Unity 中实现 UI 交互，实现角色放置、旋转、缩放、播放动画等功能，完成本项目开发并打包到 Android 平台进行测试。

知识引导

制作 AR 图像识别和图像跟踪所需参考图像库。

图像识别技术是指识别和检测出数字图像或视频中对象或特征的技术，图像识别技术是为了让计算机代替人类去处理大量的图形、图像及真实物体信息，因此成为其他许多重要技术的基础。图像跟踪技术，是指通过图像处理技术对摄像头拍摄到的 2D 图像进行定位，并对其姿态进行跟踪的技术。图像跟踪技术是基于图像识别技术而扩展出来的更加实用的技术。

微课视频

实操 15

任务实施

Step1：首先实现选取平面功能，在“ARManager”脚本中新增内容。具体代码如下：

```
using UnityEngine.UI;
//创建布尔类型变量，判断平面是否选中，默认为 false
private bool isSelectPlane = false;
public Toggle selectPlaneToggle;
private void Start()
{
    selectPlaneToggle.onValueChanged.AddListener(Toggle_SelectPanel);
```

```
    }
    //添加单击事件
    public void Toggle_SelectPanel(bool isOn)
    {
        isSelectPlane = isOn;
    }
```

Step2：在“ARManager”脚本中Update()函数的最上方添加新代码，如果isSelectPlane为false，则直接返回，这样不会执行Update()函数里的代码。具体代码如下：

```
    if (!isSelectPlane) return;
```

Step3：实现选取平面功能后，接下来实现开始动画功能，需要继续在“ARManager”脚本中新增代码。具体代码如下：

```
    public Toggle aniToggle;
    //动画状态分为静止和动态
    private string idleAniName = "Idle";
    private string playAniName = "POSE02";
    private void Start()
    {
        aniToggle.onValueChanged.AddListener(Toggle_Ani);
    }
    public void Toggle_Ani(bool isOn)
    {
        //未放置模型，则返回
        if (virtualModel == null) return;
        if (isOn)
        {
            //播放模型动画
            virtualModel.GetComponent<Animator>().Play(playAniName);
        }
        else
        {
            virtualModel.GetComponent<Animator>().Play(idleAniName);
        }
    }
```

Step4：实现开始动画功能后，可以开始撰写旋转模型功能代码，仍在ARManager脚本中新增。具体代码如下：

```
    //获取“旋转模型”的交互按钮
    public Button rotateBtn;
    //设置模型y轴旋转的角度
    public float rotateYDelta = 30;
    private void Start()
    {
        rotateBtn.onClick.AddListener(Btn_RotateModel);
    }
    public void Btn_RotateModel()
    {
        if (virtualModel == null) return;
        //修改模型的欧拉角
        virtualModel.transform.localEulerAngles = virtualModel.transform.localEulerAngles
+ new Vector3(0, rotateYDelta, 0);
    }
```

Step5：撰写调整模型大小滑动条代码。具体代码如下：

```
//获取“大小调整”的交互滑动条
public Slider scaleSlider;
//给予模型最大最小比例范围
private float maxScale = 1;
private float minScale = 1;
private void Start()
{
    scaleSlider.onValueChanged.AddListener(Slider_Scale);
}
public void Slider_Scale(float value)
{
    if (virtualModel == null) return;
    float scale = (maxScale - minScale) * value;
    virtualModel.transform.localScale = new Vector3(scale, scale, scale);
}
```

Step6：对“AR Session Origin”上的“ARManager(Script)”组件进行参数赋值，具体参数如图 6-29 所示。

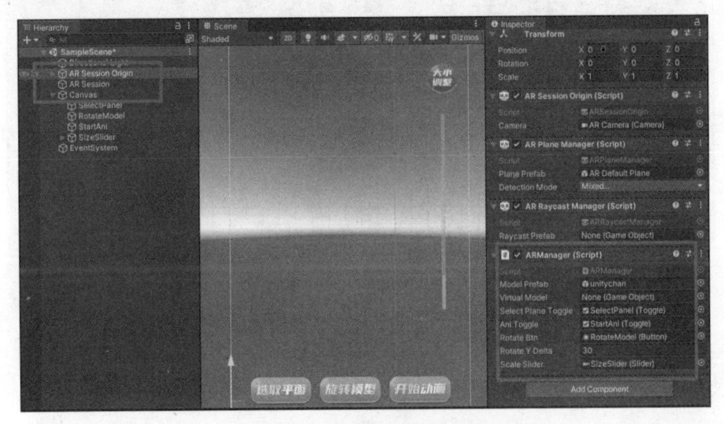

图 6-29　脚本参数赋值

至此开发者可以将项目打包到 Android 手机查看效果了，具体效果如图 6-30 所示。

图 6-30　最终效果

以上为基于 AR Foundation 的“虚拟形象”项目开发过程，接下来将拓展学习同样基于 AR Foundation 的“动物绘本”项目开发。

任务 4 拓展学习

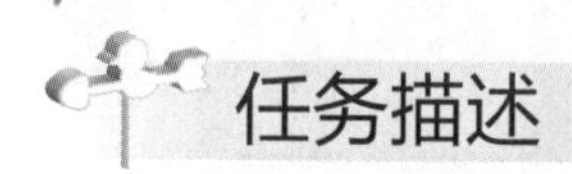

任务描述

AR 动物绘本是基于 AR Foundation 的一种 3D 电子书，是结合了 Unity 引擎和 AR Foundation 开发的应用程序，该程序可以通过多种设备使用，例如智能手机、平板电脑、智能电视、计算机等带有摄像装置的设备，扫描后在屏幕上会显示书籍上角色的模型和对应的动画及特效，将真实的物体和虚拟的物体在用户的环境下显示出来，让用户能实时交互，实现虚拟和现实完美衔接。图 6-31 展示了 AR 动物绘本《龟兔赛跑》的识别图。

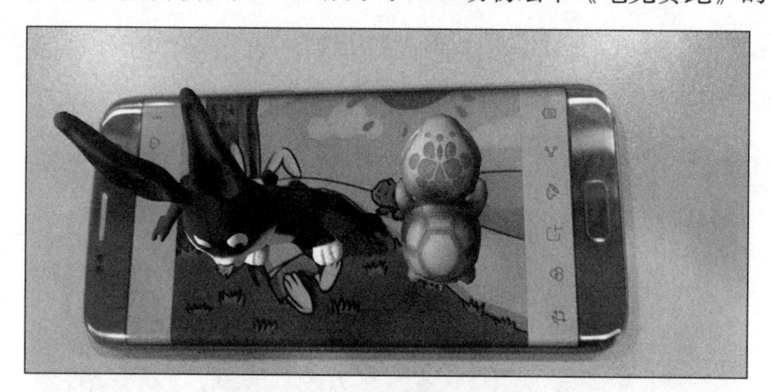

图 6-31 《龟兔赛跑》的识别图

知识引导

图像跟踪是通过图像处理技术对摄像头拍摄到的 2D 图像进行定位，并对其姿态进行跟踪。图像跟踪的基础是图像识别，图像识别是指识别和检测出数字图像或视频中的对象或特征。

图像跟踪技术是 AR 应用中重要的组成部分，既为后续的内容制作平台提供相应的图片素材，也供 AR 识别。不同的应用对识别图的特征点各有要求，AR Foundation 对书本的清晰度有要求。

任务实施

1. 创建项目

Step1：在“ARModel”项目中按“Ctrl+N”组合键创建场景，将场景命名为“ARImage”，在制作或导入对应资源之前，需要为各类资源创建对应的文件夹。在“Asset”文件夹右击，在弹出的快捷菜单中选择“Create→XR→Reference Image Library”新建一个参考图像库，并将其命名为“RefImageLib”，如图 6-32 所示。

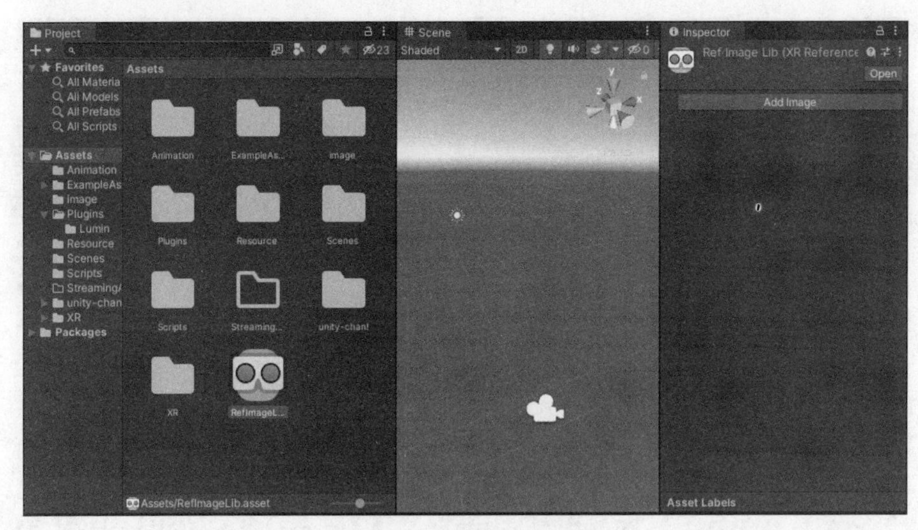

图 6-32　创建参考图像库

Step2：找到一张《龟兔赛跑》的绘本图片，将其对半裁剪为兔子和乌龟两张图片以备用，如图 6-33 所示。

图 6-33　绘本图片

Step3：将制作好的两张图片拖动到参考图像库“RefImageLib”的左上角，然后取对应的名字“Rabbit”和“Tortoise”，这两个名字非常关键，其是图像识别后，反馈给开发者所识别物的名称。还可以锁定图片的比例，让图片更易于识别。

完成以上步骤，此次任务的 AR 图片识别和图片追踪所需的参考图像库就制作完成了。最终效果如图 6-34 所示。

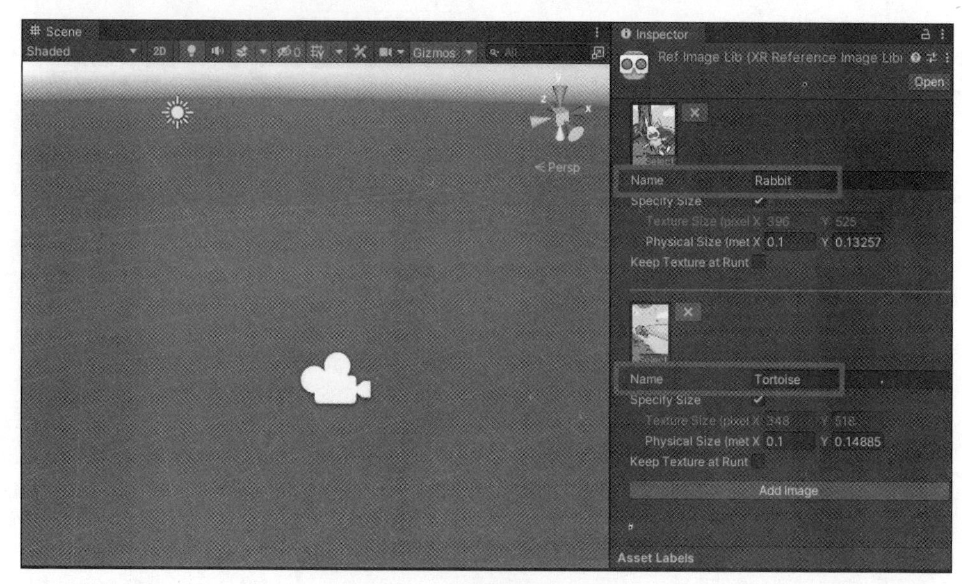

图 6-34　参考图像库效果

制作好各种资源后，便可以整合构建整个项目了。

2. 整合资源

Step1：在“ARImage”场景的“Hierarchy”窗口中的空白处右击，在弹出的快捷菜单中依次选择“XR”下的“AR Session Origin”和“AR Session”，新建这两个 AR 基础组件，如图 6-35 所示。

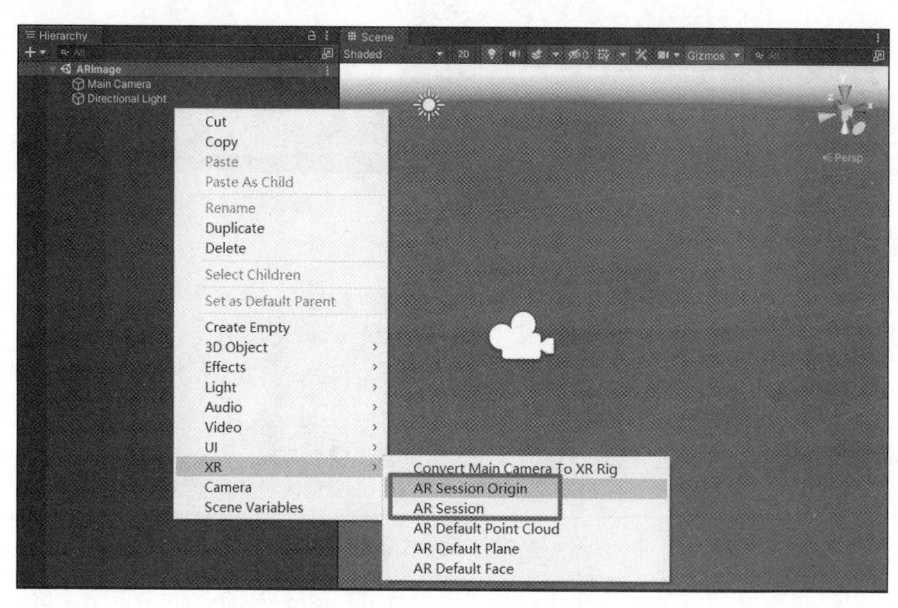

图 6-35　创建 AR 基础组件

Step2：创建完成后，删除场景中原有的“MainCamera”。找到“AR Session Origin”，单击其展开按钮可以看到 AR Foundation 为开发者预制好的“AR Camera”。选中“AR Camera”，将它的“Tag”设置为“MainCamera”，如图 6-36 所示。

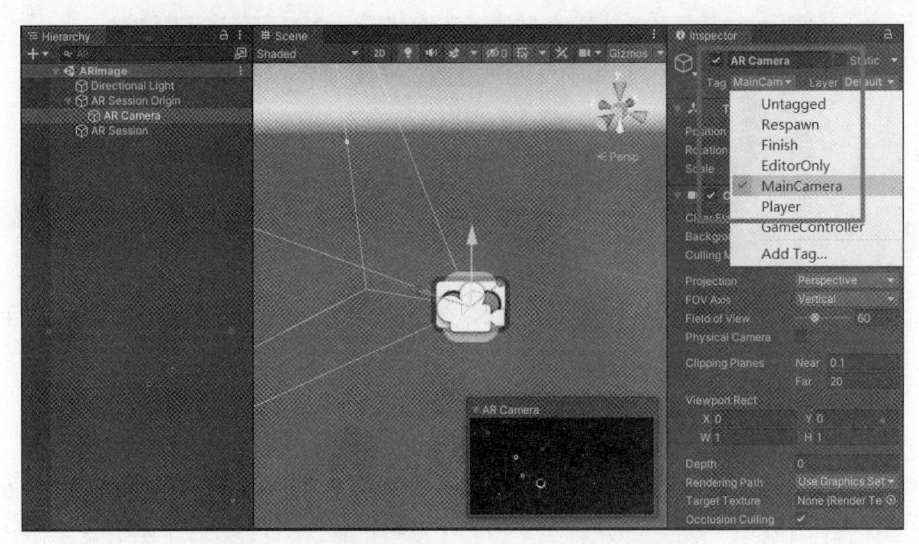

图 6-36　设置“AR Camera”为“MainCamera”

Step3：为“AR Session Origin”勾选“AR Tracked Image Manager(Script)”组件，设置“Reference Library”的属性为上一部分中制作好的参考图像库。本任务中，需要识别的只有兔子和乌龟两张图片，所以设定“Max Number of Moving Images”属性为“2”，如图 6-37 所示。然后清空“Tracked Image Prefab”属性，不让“AR Tracked Image Manager(Script)”组件自动生成 3D 内容。接下来需要创建并控制 3D 内容。

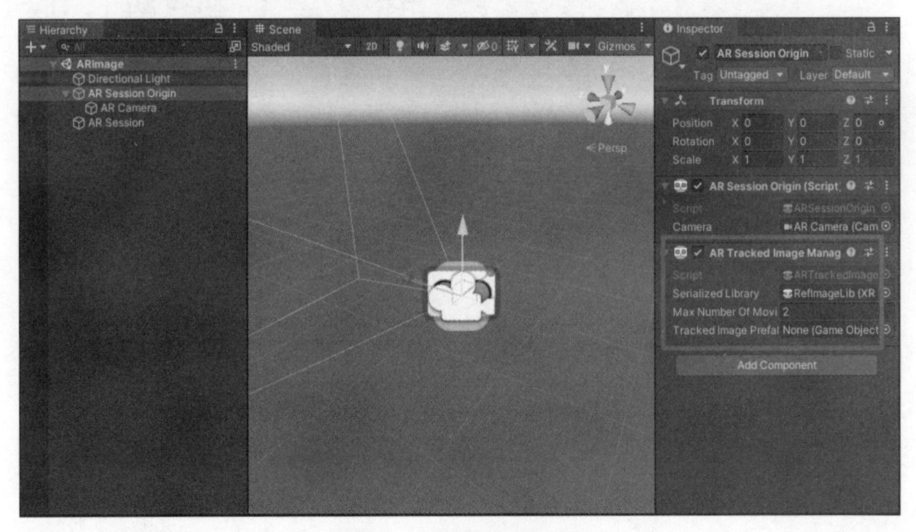

图 6-37　设置参考图像库

Step4：导入准备好的 3D 资源素材，即一只兔子的模型和一只乌龟的模型，模型资源都为 FBX 格式。

Step5：制作兔子模型和乌龟模型的预制体。将兔子模型和乌龟模型的 FBX 文件拖动到“Hierarchy”窗口中，调整它们到合适的大小。创建“Prefabs”文件夹，将两个模型分别从“Hierarchy”窗口拖入“Prefabs”文件夹中，如图 6-38 所示。将其命名为“Rabbit”和“Tortoise”，保证它们的名称和参考图像库中的名称一致。

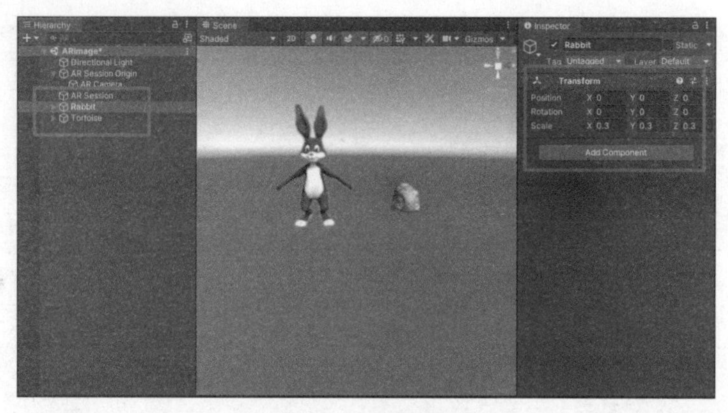

图 6-38　创建预制体

Step6：由于项目的特殊需要，在“Assets”文件夹下再创建一个“Resources”文件夹。将“Rabbit”和“Tortoise”两个预制体放入“Resources”文件夹以备动态加载时使用，如图 6-39 所示。

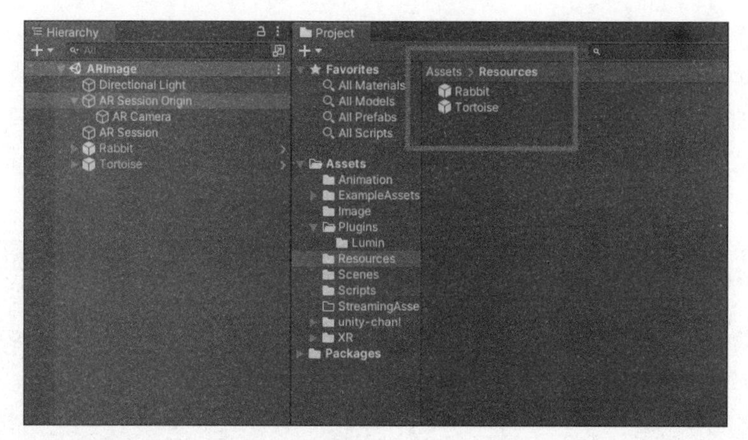

图 6-39　将两个预制体放置在“Resources”文件夹中

3. 交互实现

Step1：创建脚本“MultiImageTracking”。具体代码如下：

```
using System.Collections;
using System.Collections.Generic;
using UnityEngine;
//引用 Unity 的 XR.AR Foundation 插件命名空间
using UnityEngine.XR.ARFoundation;
public class MultiImageTracking : MonoBehaviour
{
    //创建 AR 图像跟踪引用
    ARTrackedImageManager ImgTrackedManager;
    //用字典保存管理关联预制体
    private Dictionary<string, GameObject> mPrefabs = new Dictionary<string,
GameObject>();
    private void Awake()
{
    //获取图像跟踪引用
```

```
            ImgTrackedManager = GetComponent<ARTrackedImageManager>();
        }
        void Start()
        {
            //通过资源加载方法将“Rabbit”和“Tortoise”存入字典保存
            mPrefabs.Add("Rabbit", Resources.Load("Rabbit") as GameObject);
            mPrefabs.Add("Tortoise", Resources.Load("Tortoise") as GameObject);
        }
        private void OnEnable()
        {
            //当 AR 图像追踪的 trackedImagesChanged 事件触发时，关联执行识别后的功能
            ImgTrackedManager.trackedImagesChanged += OnTrackedImagesChanged;
        }
        void OnDisable()
        {
            //当脚本关闭的时候，解除关联
            ImgTrackedManager.trackedImagesChanged -= OnTrackedImagesChanged;
        }
            //遍历识别到的图片
        void OnTrackedImagesChanged(ARTrackedImagesChangedEventArgs eventArgs)
        {
            foreach (var trackedImage in eventArgs.added)
            {
                OnImagesChanged(trackedImage);
            }
        }
            //创建识别到的对象
        private void OnImagesChanged(ARTrackedImage referenceImage)
        {
            Debug.Log("Image name:" + referenceImage.referenceImage.name);
            Instantiate(mPrefabs[referenceImage.referenceImage.name], referenceImage.
transform);
        }
    }
```

Step2：将新建的脚本“MultiImageTracking”挂载在“AR Session Origin”上，如图 6-40 所示。

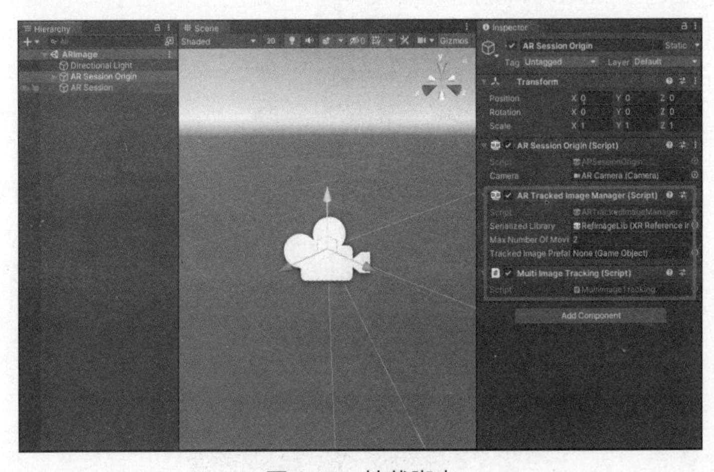

图 6-40 挂载脚本

Step3：挂载完成后，开发者可以将程序发布出来。发布测试中，还可能出现生成的模型大小或者位置不符合需求的情况。这里我们可以先发布出来看效果，再结合实际情况通过调整模型预制体的大小来控制生成模型的大小，最终效果如图 6-41 所示。

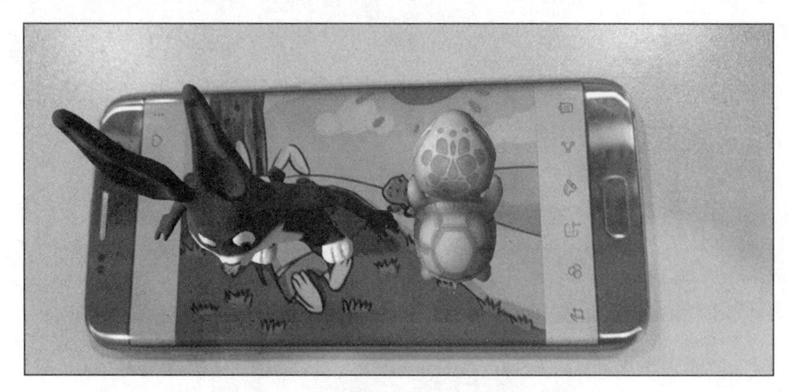

图 6-41　AR 动物绘本项目最终效果

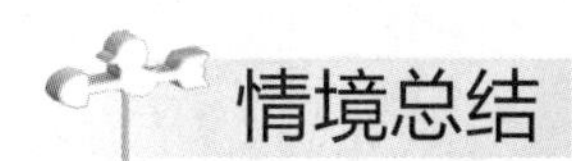

情境总结

AR 能将虚拟世界和真实世界无缝衔接，将虚拟的信息应用到真实世界，被人类感官所感知，实现真实环境和虚拟物品存在于一个画面或者空间。本学习情境以 Android 为开发平台，描述了 AR 虚拟形象案例设计。在本学习情境中详细讲解了 AR Foundation 的特征以及识别图像的过程，并阐述了结合 Unity 的开发流程与发布测试步骤，为开发者提供了清晰的项目开发思路，供开发者参考。

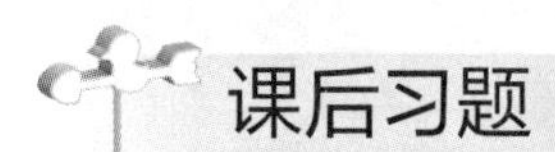

课后习题

一、判断题

1. AR 图片识别参照 AR 参考图像库进行图片识别。（　　）
2. AR 图片识别可以进行多图片识别。（　　）
3. ARCore XR Plugin 由 Google Android 开发并提供技术支持。（　　）
4. 选择“Create→XR→Reference Image Library”可以新建一个参考图像库。（　　）

二、实践题

根据所学内容，独立设计方案完成 AR 图片识别项目的开发。

学习情境 7 基于 SenseAR 的“手势识别”项目开发

学习目标

知识目标：了解 SenseAR 基础知识，学习使用 SenseAR 手势识别技术，利用 SenseAR 手势识别技术识别手部信息并进行项目开发。

能力目标：学习基于 SenseAR 手势识别技术的应用项目开发，最终能够将项目发布到移动端。

素养目标：通过学习基于 SenseAR 开发的应用项目，学习 SenseAR 项目开发的环境配置与开发流程，更好地了解 SenseAR。

引例描述

小艾曾是一名 AR 项目开发者，现在是一名 4 岁小孩的妈妈。为了让孩子能更早受到教育，她在网上冲浪时恰好了解到 AR 手势识别技术，于是小艾对开发 AR 手势识别应用有了想法，并希望通过 AR 手势识别技术带孩子学习更多知识。本学习情境主要阐述利用 SenseAR 开发手势识别应用，具体内容包括环境配置、场景搭建、交互实现和素材压缩。

项目介绍

7.1 项目背景

手势识别技术是计算机科学和语言技术中的一种，在概念上手势识别技术通过算法来识别人类手势，从而让用户通过简单的手势与电子设备进行交互，并且无须任何辅助设备介入。

在最初的手势识别技术上，人们主要利用外部可穿戴设备或相关机器设备进行检测，通过这些设备将用户与计算机相连接，以及某些位置上的传感器获取用户相应部位动作的变化信息，并将该信息传入计算机中。虽然这种方式能够为用户提供良好的检测数据与稳定性，但是仍需要借助于外部设备，并不能达到真正意义上的“手势识别”。

手势识别技术在近几年飞速发展，在各个领域中都可以或多或少地见到手势识别技术的身影。

手势导航：将手势识别技术应用在汽车的辅助驾驶系统中，可在一定程度上为驾驶者带来方便。例如，宝马公司在 2016 年国际消费类电子产品展览会中，推出了增加 AirTouch 系统控制技术的汽车，用户可以通过预先设定的手势动作进行音量调节、接听电话等操作。

该技术已经配备在宝马 7 系中，用户无须进行额外操作，即可通过手势识别实现对应功能。

手势遥控：将手势识别技术应用于日常生活中的家电，如三星公司、TCL 公司、康佳公司等推出了带有手势识别功能的电视机产品。这些产品通过高清摄像头捕捉用户手势，通过识别用户动作从而做出相应反馈（挥掌、抓握等），完成用户远程控制、确认、切换界面等功能；降低用户对遥控器的依赖程度，使用户更加倾向于使用手势识别功能。

智能穿戴：智能穿戴技术随着科技发展而兴起。不少人认为智能穿戴设备将代替手机成为下一代移动终端，较具有代表性的产品有微软的全息眼镜 HoloLens 2。该眼镜可作为载体，在真实世界中添加各种虚拟物品，并对不同物品进行移动、触摸、旋转等操作。该眼镜通过对用户眼部瞳孔与手部的不同手势进行动作捕捉，从而实现各种强大的功能。

7.2 项目内容

本项目将会讲述使商汤科技的 SenseAR 与 Unity 引擎结合，进行手势识别项目开发的内容。开发者通过本项目可以学习配置手势识别项目开发环境、场景搭建、交互实现等知识，以及对初步开发完成的项目进行后期处理等优化。

7.3 项目规划

本项目将会分 4 部分来进行开发讲解（环境配置、场景搭建、交互实现、素材压缩），开发者能够快速学习该项目，以及在原有基础上提出对项目的想法或优化方案。项目规划如图 7-1 所示。

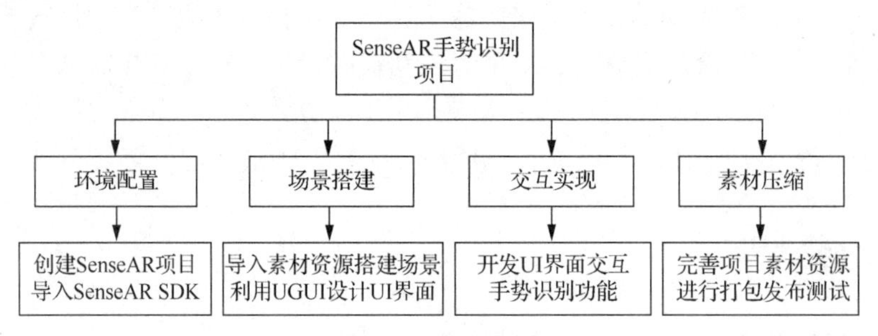

图 7-1　项目规划

7.4 SenseAR 介绍

SenseAR 开发者平台以商汤科技为核心，联合若干战略合作伙伴，提供一整套 AR 解决方案，其中包括 AR 底层驱动引擎、AR 内容创作工作链和 AR 硬件装置推荐，为各行业的商家和用户提供 AR 服务，形成 AR 生态。SenseAR 是一个基于 Unity 的 AR 开发者平台，目前支持平面识别、云锚点、手势识别、人脸识别、图像识别与追踪、光照估计等多种 AI+AR 基础能力。

商汤科技为了给 AR 开发者和内容创作提供一站式服务，成功推出了中国原创 AR 开发者平台——SenseAR 开发者平台，以原创领先的 SLAM 能力、环境感知、光照估计等 AI 技术，为 AR 发展提供强大助力。这也是我国首个原创 AR 开发者平台。与其他 AR 开发者平台相比，SenseAR 开发者平台在平台适配性、硬件需求、应用开发、沟通维护、开发成本等各个方面，均有显著优势。

SenseAR SDK 以 SenseAR API 的形式提供给开发者，可使用 C、Java、C# for unity 这 3 种语言编程，其中 Java、C# for unity 会依赖 C 版本的接口实现。SenseAR SDK 概述如图 7-2 所示。

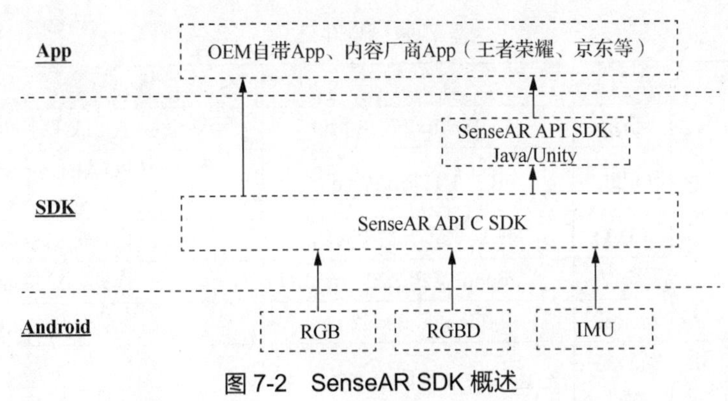

图 7-2　SenseAR SDK 概述

7.4.1　主要功能

SenseAR 开发者平台提供 C、Java、Unity 等版本 SDK，能够提供实时跟踪与重建、尺度估计、多平面检测、光照估计、手势识别、稠密重建等功能，后续还会继续增加更多 AR 基础功能。

① 实时跟踪与重建：能够实现 6DOF 跟踪，融合视觉和 IMU 信息，实时定位手机的位姿信息和输出周围环境的地图信息。

② 尺度估计：可把虚拟物体模型以可控的大小准确地放在真实场景中。

③ 多平面检测：快速检测水平平面（如地面）和竖直平面（如墙面）的大小和位置。

④ 光照估计：估计当前环境的光照情况。

⑤ 手势识别：包括手势的 2D / 3D 关键点、手势姿态类型等信息的检测，以及手势在 RGB 图和深度图上分割结果输出，支持基于手势的 AR 交互。

⑥ 稠密重建：融合深度与 RGB 信息，建立稠密环境网格，实现实时环境稠密重建。

⑦ 图像识别与跟踪：借助增强图像功能，帮助识别并标记环境中的一系列 2D 目标图像，并在摄像头移到图像外时仍可标记该图像位置。

⑧ 云锚点：利用云端技术使位于同一真实场景中的多台设备可加载同一个锚点，并渲染到各自的场景中，在该锚点上进行 AR 交互设计。

⑨ 人脸识别与跟踪：基于 RGB 信息，获取 AR 中的人脸模型，实现人脸的实时识别与跟踪。

⑩ 三维物体识别与跟踪：基于 RGB 信息，在线建立三维物体模型，并实现三维物体模型的实时识别与跟踪。

7.4.2　开发配置

为了能正常运行 SDK 内的示例，对硬件和软件环境都有一定的要求。SenseAR 和 OPPO ARUnit 采用相同的标准，相互兼容，部分小米机型和 OPPO 机型分别预安装了 SenseAR 和 OPPO ARUnit，硬件环境如表 7-1 所示。

SenseAR 分为如下两个部分。

① SDK：集成到 App 里面。

② SenseAR：从开发者网站下载，是一个 APK 文件，运行集成 SDK 的 App 时需要确保 SenseAR 已经安装到手机里面。

表 7-1　硬件环境

功能	品牌	型号	运行环境
SLAM、云锚点、光照估计、三维物体识别与跟踪	小米	Mix2S/Mix3/Mi8/Mi9	预装 SenseAR 或者手动安装 SenseAR
	OPPO	R17/R17Pro/Reno	预装 OPPO ARUnit 或者手动安装 SenseAR
	VIVO	NEX 双屏/X27/IQOO	手动安装 SenseAR
	华为	honor V20/P20 Pro	手动安装 SenseAR
	Google	Google Pixel2	手动安装 SenseAR
图像识别与跟踪、手势识别、人脸识别与跟踪	ALL	Android 7.0 及以上，CPU 主频 2.0GHz 及以上	手动安装 SenseAR

为了能正常运行 SDK 内的示例，需先安装 SenseAR 作为运行环境（预装或者手动安装）。如果想体验最新的效果和功能，推荐使用或升级到最新的 SenseAR，具体可参考如下注意事项。

① 小米预装版本 SenseAR 在应用设置里面名称为 ARServer，OPPO 预装版本 SenseAR 的名称为 ARUnit，预装版本比较旧，只包含 SLAM 功能。

② 最新的效果和功能，推荐使用或升级到最新的 SenseAR，新版 SenseAR 安装后应用列表名字为 SenseAR，使用新版 SenseAR 需要先卸载预装版本，因为两者无法共存。

③ 同时需要安装相应的软件环境，如表 7-2 所示。

表 7-2　软件环境

软件	版本号
Android Studio	需要 3.3 或以上版本
Android NDK	推荐 NDK 17c

任务 1　环境配置

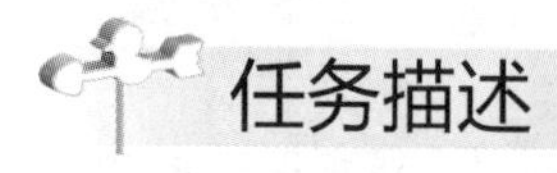

任务描述

本任务将会介绍如何配置 SenseAR 开发环境，通过 SenseAR 开发者平台或 Unity Package Manager 下载、导入 SenseAR SDK，以及在 Unity 中进行项目环境配置。

知识引导

SenseAR 为用户提供了平面检测、运动追踪、云锚点、手势识别等多种“AI+AR”解决方案，通过赋能移动开发，构建 AR 体验平台。与其他 AR SDK 相比，SenseAR 中突出的是人脸追踪与重建技术和手势识别技术等一系列技术。人脸追踪与重建技术提供 3D 人脸网格，自然贴合人脸的真实轮廓，能够实时进行人脸的追踪与重建，从而实现对面部添加面具、饰品等效果。

手势识别技术是手势 2D/3D 的关键点，支持基于手势的 AR 互动交互。SenseAR 提供基于 RGB 和 RGBD 两种摄像头的实时跟踪与识别手势算法，可以实时输出相机预览中出现的手部信息，包括手势的类型、手势框的坐标、手掌的朝向、左右手的判断、手指关键节点的数量，以及手指关键节点的 2D 和 3D 坐标等信息。当前 SenseAR 版本只能检测单手的信息，后续会支持多手检测。

任务实施

要在 Unity 中创建 SenseAR 项目并进行开发，需要了解以下的操作步骤。

Step1：选择 Unity 版本，SenseAR 需要使用 2018.4 及以上的版本，对版本的要求有一定的限制，本项目使用 2019.4.19 版本进行讲解，开发者可以自行选择 Unity 版本。

Step2：SenseAR 项目需要有 Android SDK，开发者可以通过 Unity Hub 添加“Android Build Support”模块，如图 7-3 所示，或者自行下载 Android SDK 并配置好环境。

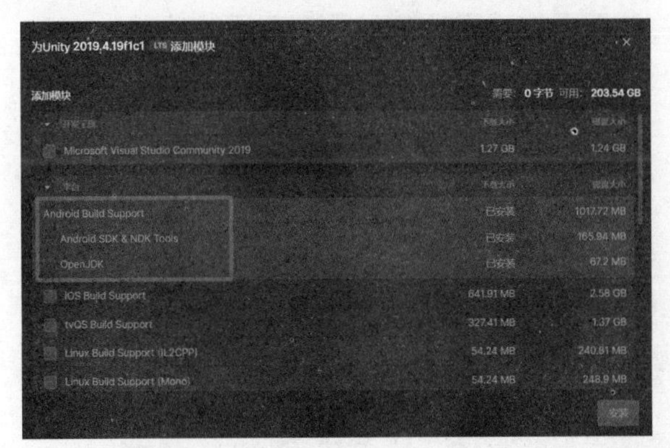

图 7-3　通过 Unity Hub 添加“Android Build Support”模块

Step3：SenseAR 在 Unity 中需要 SDK，可通过以下两种方法下载。

第一种方法：在 SenseAR 官网中选择第二个 SDK 进行下载，如图 7-4 所示。

SDK下载

名称	版本功能	版本号	版本时间	操作
Android SDK	SDK for Java and C	2.4.0.2	2020-06-10	下载
Unity SDK	SDK for Unity（在 Unity 中请勿勾选 Multithreaded Rendering）	2.3.0.1	2020-03-13	下载

图 7-4　通过开发者平台下载 SDK

第二种方法：从 Unity 的“Package Manager”中直接搜索下载，需要在“Advanced”中选择“Show preview packages”，在搜索文本框中搜索“SenseAR XR Plugin”，如图 7-5 所示。

通过官网下载与通过“Package Manager”下载的 SDK 内容会有所不同，这里建议开发者通过“Package Manager”下载 SDK。

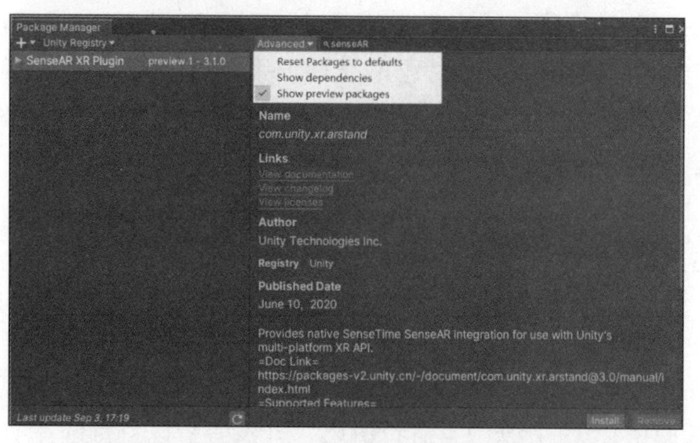

图 7-5 通过“Package Manager”下载 SDK

Step4：在“Build Settings”中将项目设置为“Android”平台，如图 7-6 所示。

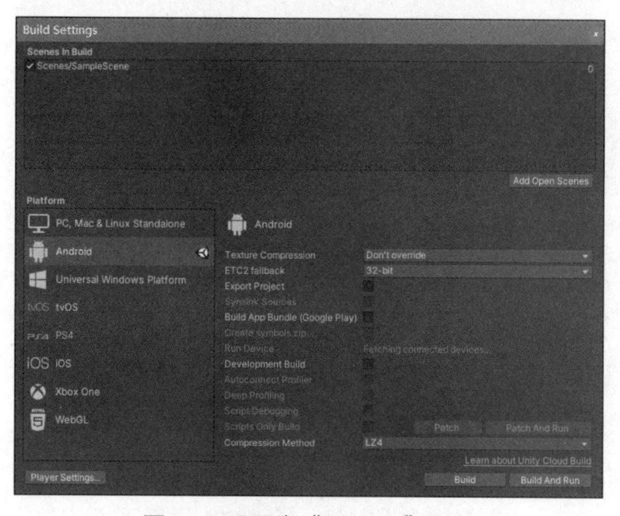

图 7-6 设置为“Android”平台

Step5：通过官网下载的 SDK 需要取消勾选“Multithreaded Rendering”复选框，通过“Package Manager”下载的 SDK 可以略过此步骤。在官网下载 SDK 时，会看到提示。在 Untiy 中请勿勾选“Multithreaded Rendering”，开发者可以在“Player”中取消勾选，如图 7-7 所示。

Step6：设置“Minimum API Level”。SenseAR 在 Android 平台上运行，需要 Android 7.0 以上的版本。找到“Player”下的“Minimum API Level”，将其设置为“Android 7.0‘Nougat’（API level 24）”及以上的版本，因为 SenseAR 的最低要求是“API level 24”，如图 7-8 所示。

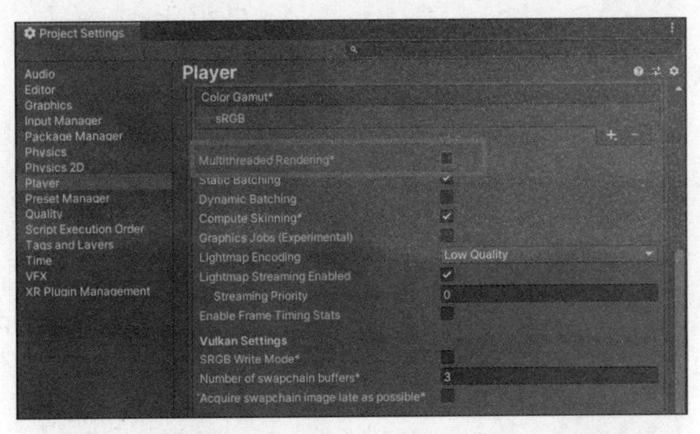

图 7-7　取消勾选“Multithreaded Rendering”复选框

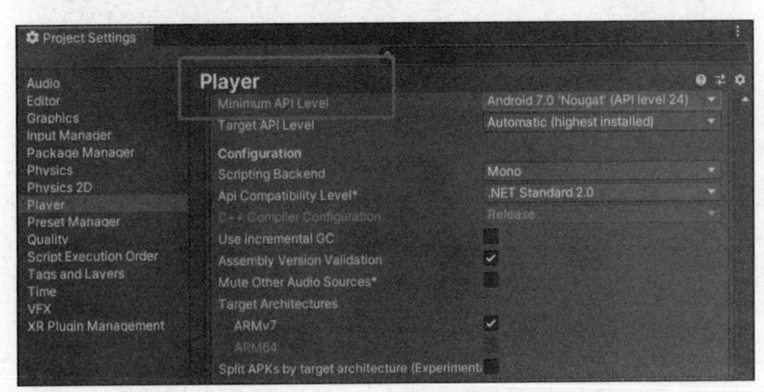

图 7-8　设置“Minimum API Level”参数

任务 2　场景搭建

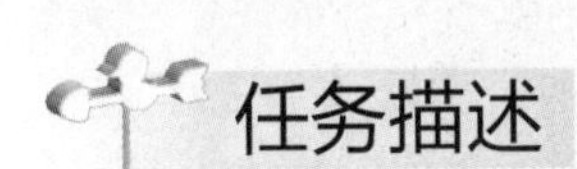

任务描述

本任务主要讲述如何导入 SenseAR 场景，处理项目图片素材格式，并对场景内容进行搭建和完善；如何使用“Text”“Image”“Panel”等常用的 UGUI 组件进行 UI 设计。

知识引导

在开发者进行 Unity 开发过程中，常常需要用到 UI 组件来完成对整个 UI 的开发与管理。Unity 的 UI 组件有 UGUI 和 NGUI。NGUI 是专门针对 Unity 引擎、用 C#语言编写的一套插件，是目前世界上应用最广泛、最成熟的 UI 组件之一。Unity UI（UGUI）是一组用于开发游戏和应用程序 UI 的工具，是一个基于游戏对象的 UI 系统，它使用组件和游戏视图来排列、定位和设置 UI 的样式。

从层级显示上看，NGUI 概念有点混乱，而 UGUI 概念清晰干净。从图集工具来看，NGUI 有更多的自主选择权，而 UGUI 提供更多的自动化的便利。从字体制作上看，NGUI 比较麻烦，而 UGUI 更加方便。从社区完善上看，NGUI 更加商业化，而 UGUI 有官方支持，后台强大。从性能上看，NGUI 臃肿但尚可，而 UGUI 更加良好，因此 UGUI 常常作为 Unity 开发者的首选。UGUI 和 NGUI 两个 UI 组件都各有所长，但 UGUI 是在 Uinty 官方版本 4.6 以后推出的，相对于 NGUI 更便捷。当前使用的 Unity 版本已经是在 4.6 以上了，所以推荐使用 UGUI 组件。

任务实施

1. 场景导入

Step1：项目导入 SDK 后，找到项目的“Library→PackageCache→com.unity.xr.arstand@3.1.0-preview.1”下的“Samples~”，如图 7-9 所示。在 Unity 引擎中的文件名称后加入“~”会将文件隐藏。打开“Samples”找到“Example”，“Example”文件夹下为 SenseAR 的示例场景，将“Example”文件夹复制、粘贴到项目“Assets”文件夹下。

nseARProject › Library › PackageCache › com.unity.xr.arstand@3.1.0-preview.1

名称	修改日期	类型	大小
Assets	2022/6/27 15:29	文件夹	
Documentation~	2022/6/27 15:29	文件夹	
Editor	2022/6/27 15:29	文件夹	
Includes~	2022/6/27 15:29	文件夹	
Runtime	2022/6/27 15:29	文件夹	
Samples~	2022/6/27 15:29	文件夹	
Tests	2022/6/27 15:29	文件夹	
Assets.meta	2020/6/10 14:08	META 文件	1 KB
CHANGELOG.md	2020/6/10 14:08	MD 文件	2 KB
CHANGELOG.md.meta	2020/6/10 14:08	META 文件	1 KB
Editor.meta	2020/6/10 14:08	META 文件	1 KB

图 7-9　找到隐藏文件夹

Step2：SenseAR 提供的示例场景是不支持在开发阶段直接运行的，开发者可以将示例场景打包到移动设备进行效果查看，移动设备需要严格按照“开发配置”部分内容进行操作，在官网下载 SenseAR SDK 到移动设备中。

Step3：打开“GestureDetect”示例场景，该场景主要为手势识别示例场景，本任务主要在该场景的基础上修改内容。在“Hierarchy”窗口找到“AR Session Origin”，查看其“Sense AR Mode Set(Script)”组件。该组件主要负责设置 SenseAR 的交互功能，勾选“Is Gesture On”复选框即可启用手势识别功能，如图 7-10 所示。需要注意的是，SenseAR 暂时不支持同时开启多个功能。

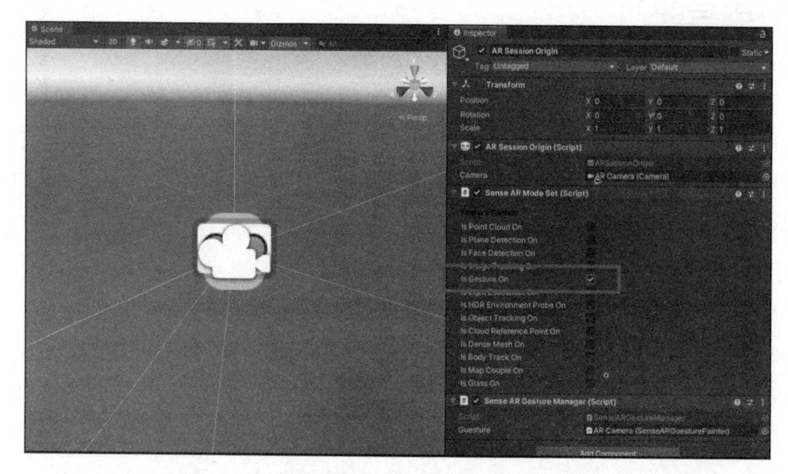

图 7-10　设置“Sense AR Mode Set”组件

Step4：“AR Session Origin”的“AR Session Origin (Script)”组件中“Camera”参数为“AR Session Origin”的子物体“AR Camera”，如果该参数为空，则需要手动进行赋值。

Step5：在“Hierarchy”窗口找到“AR Session Origin”的子物体“AR Camera”，其“Sense AR Gesture Painter(Script)”组件（见图 7-11）主要负责渲染手势信息，稍后在该组件中添加手势识别信息。

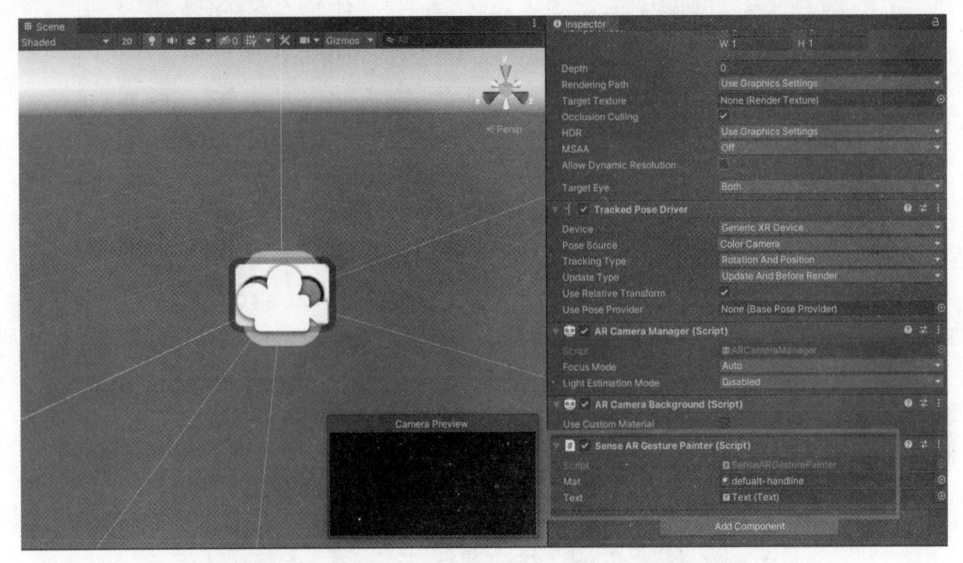

图 7-11　“Sense AR Gesture Painter(Script)”组件

2. UI 设计

Step1：将“Game”视图设置为“2560 × 1440 Portrait(1440 × 2560)”，方便后续进行 UI 制作，如图 7-12 所示。

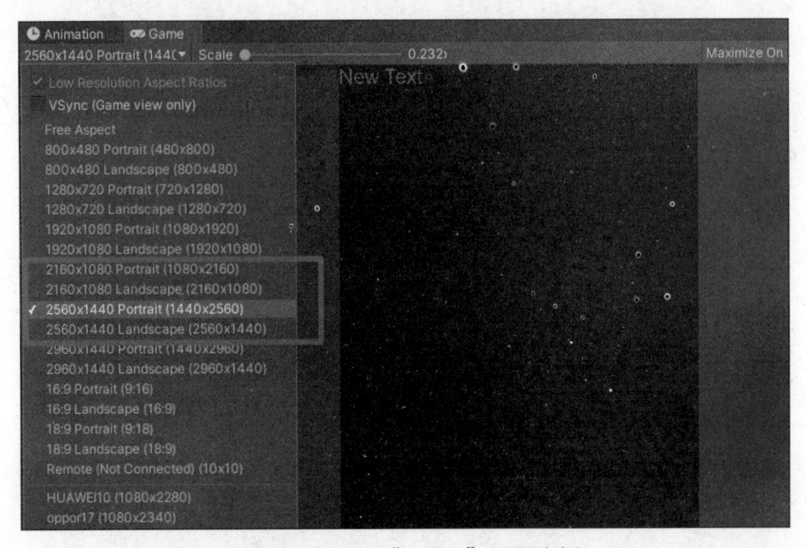

图 7-12　设置“Game”视图比例

Step2：修改“Canvas”下的“Text”，在“Text”组件上勾选“Best Fit”使字体自适应，该部分主要用于渲染手势识别数据，如图 7-13 所示。

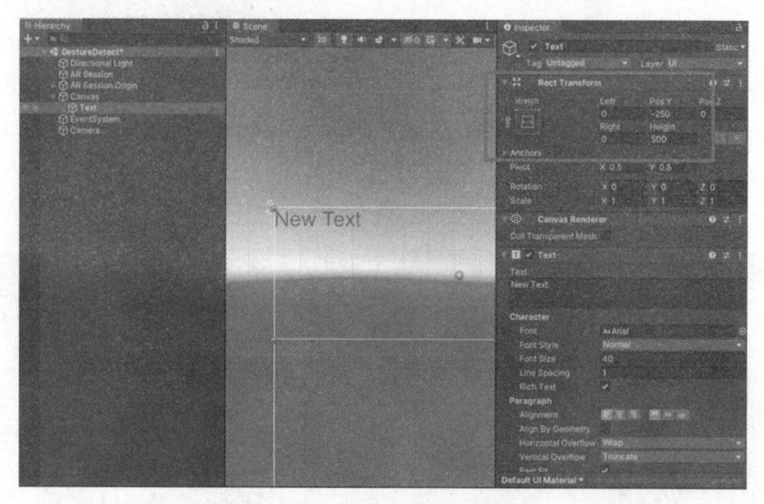

图 7-13　设置“Text”组件

Step3：导入图片素材并将其“Texture Type”改为“Sprite(2D and UI)”，如图 7-14 所示。

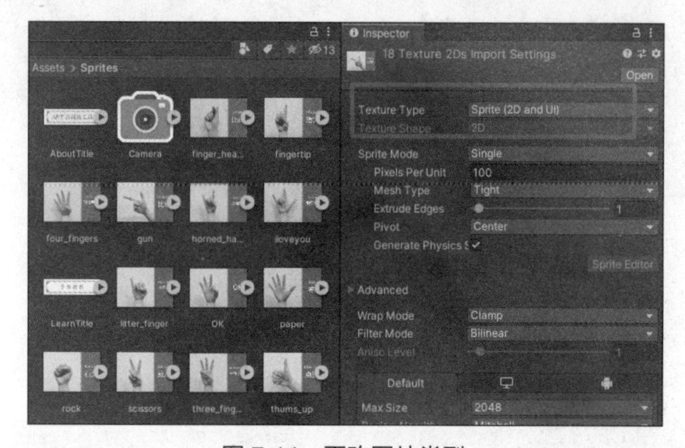

图 7-14　更改图片类型

Step4：在“Canvas”下创建“Image”，将“Image”重命名为“StartPanel”，并为“StartPanel”添加“Animation”组件，如图 7-15 所示。

图 7-15　创建“StartPanel”

Step5：打开“Animation”窗口（按“Ctrl+6”组合键），为“StartPanel”创建动画片段。在“Animation”窗口中为“StartPanel”动画片段添加动画帧，设置“StartPanel”中“Image”组件的“Color”在第 0 秒和第 1 秒时，“ImageColor.a”为“1”，第 3 秒时将“ImageColor.a”设置为“0”，并勾选“Play Automatically”复选框，如图 7-16 所示。

图 7-16　制作动画片段

Step6：在“Canvas”下创建“Image”，将“Image”重命名为“MainPanel”。创建“Button”并放置在“MainPanel”下，将其重命名为“Start”，并在“Hierarchy”窗口创建“Camera”，如图 7-17 所示。

图 7-17　“MainPanel”布置

Step7：在“MainPanel”下继续创建“Button”与“Image”，将“Button”重命名为“About”，“Image”重命名为“LearnPanel”，当单击“About”按钮时会显示“LearnPanel”教程界面，具体布局如图 7-18 所示。

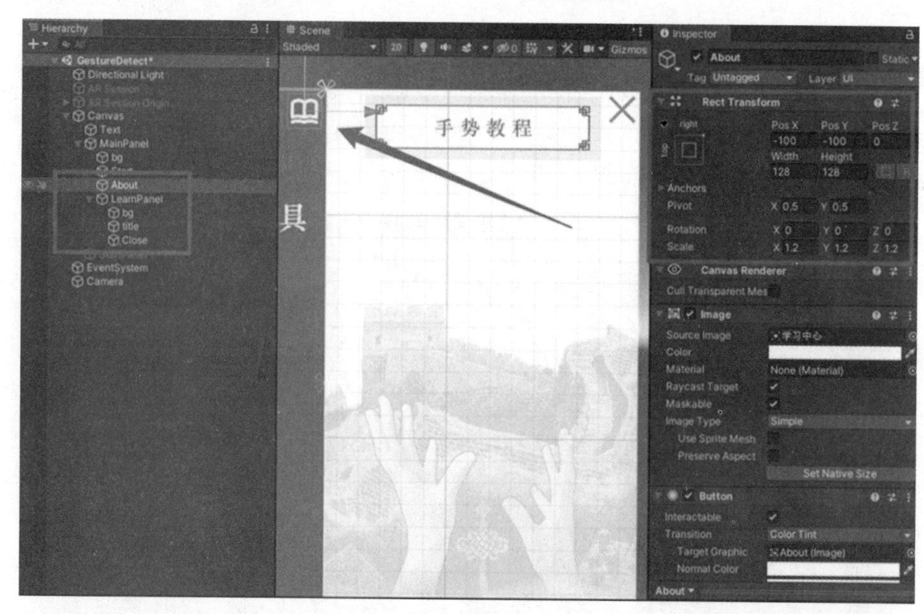

图 7-18　创建教程界面

Step8：在“LearnPanel”下创建“Button”与空物体，将“Button”重命名为“Close”，并将按钮放置在“LearnPanel”教程界面的右上角；将空物体重命名为“Gestures_Image”，添加“Scroll Rect”组件，在“Scroll Rect”组件中取消勾选“Horizontal”，将子物体“imageContent”拖动到“Scroll Rect”组件的“Content”参数中进行赋值，如图 7-19 所示。

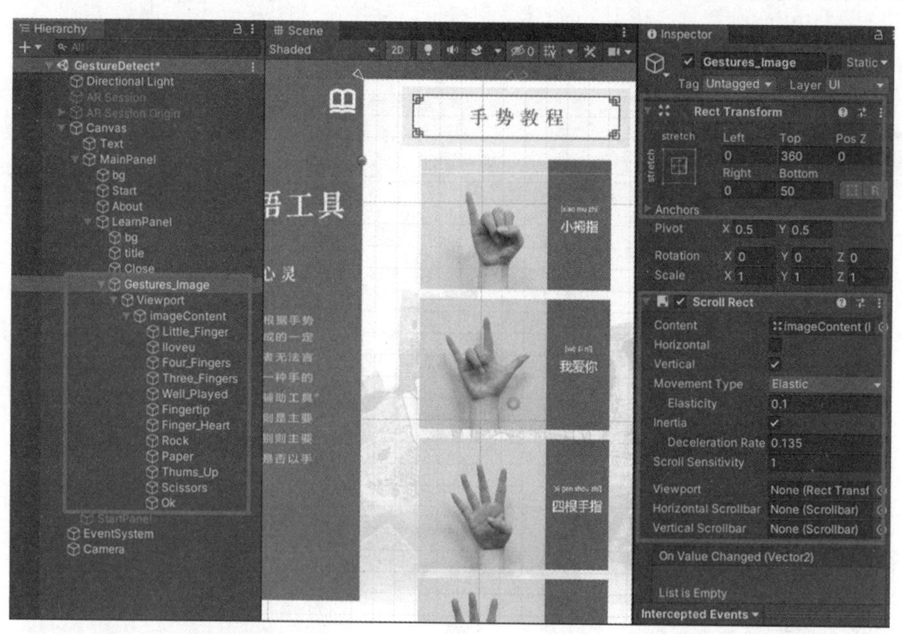

图 7-19　布置教程界面 1

Step9：在“Gestures_Image”下创建子物体“Viewport”，给“Viewport”添加“Image”组件与“Mask”组件，在“Mask”组件中取消勾选“Show Mask Graphic”复选框，如图 7-20 所示。

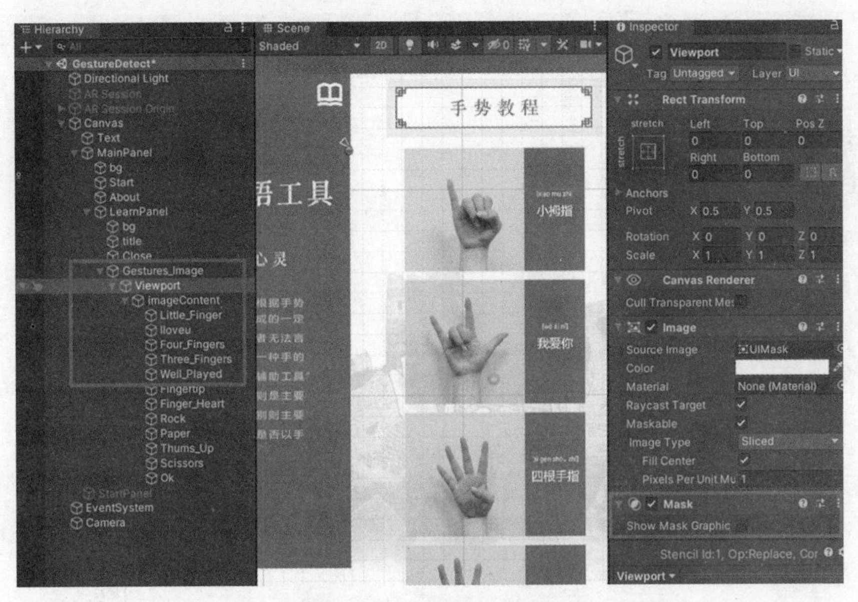

图 7-20　布置教程界面 2

Step10：在“Viewport”下创建子物体“imageContent”，设置“imageContent”锚点并将“Bottom”设置为“-5500”，如图 7-21 所示。将识别图素材放置在“imageContent”下，排列顺序后需要将“imageContent”拖动到“Gestures_Image”的“Scroll Rect”组件的“LearnPanel”参数中，详情请参考 Step8。

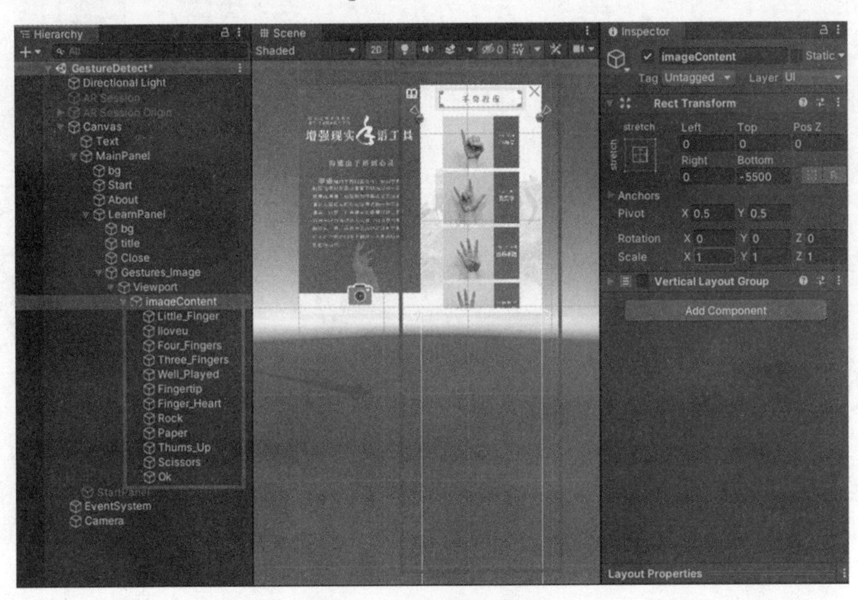

图 7-21　布置教程界面 3

Step11：给“LearnPanel”添加“Animator”组件，并创建“OpenLearnPanel”和“CloseLearnPanel”两个动画片段。“OpenLearnPanel”动画片段于第 0 秒时“Pos X”为“720”，当动画片段播放至第 1 秒时“Pos X”为“-720”，从而实现“LearnPanel”的自右向左移动，如图 7-22 所示；“CloseLearnPanel”动画片段则相反。

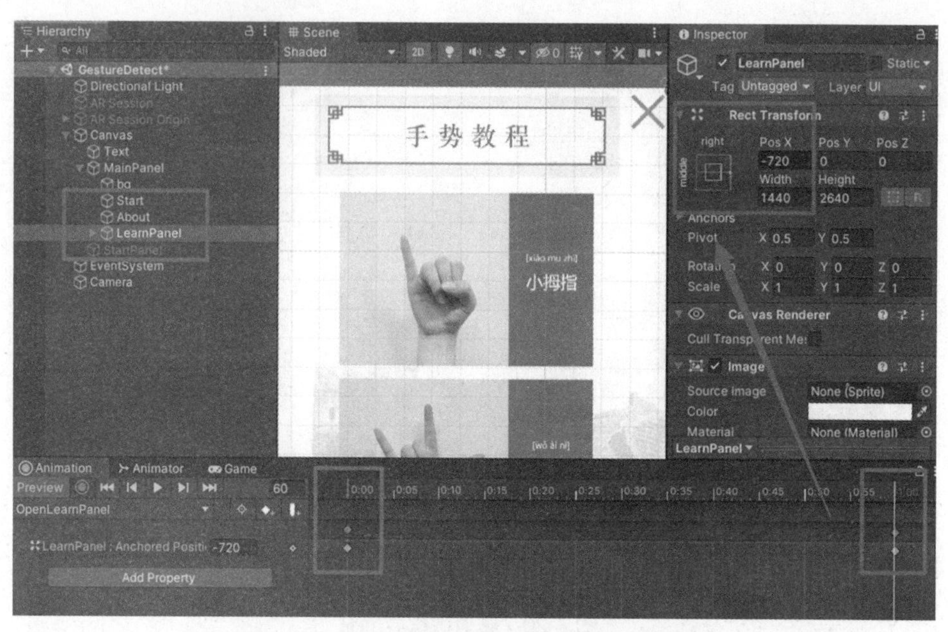

图 7-22　创建“OpenLearnPanel”动画片段

Step12：打开创建的“LearnPanel”动画控制器，将两个动画片段拖动进动画控制器中，如图 7-23 所示，单击两个动画片段取消“Loop”的勾选。

图 7-23　设置“LearnPanel”动画控制器

Step13：在“Canvas”的“Text”与“bg”中间创建空物体“GameObject”，可以通过右击，在弹出的快捷菜单中选择“Create Empty”进行创建，创建完成后将其重命名为“ToggleGroup”，并添加“Toggle Group”组件。完成后需要在“ToggleGroup”物体下创建 3 个“Toggle”，可以右击，在弹出的快捷菜单中选择“UI→Toggle”，然后对这 3 个 Toggle 进行重命名与调整布局，如图 7-24 所示。

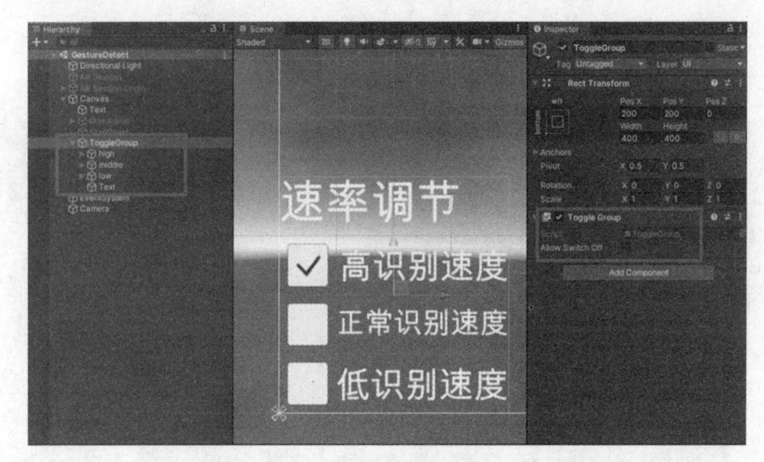

图 7-24　设置“ToggleGroup”

Step14：布局调整完成后选中 3 个 Toggle，并将“ToggleGroup”依次拖动到 3 个 Toggle 的“Toggle”组件的“Group”参数中，如图 7-25 所示。

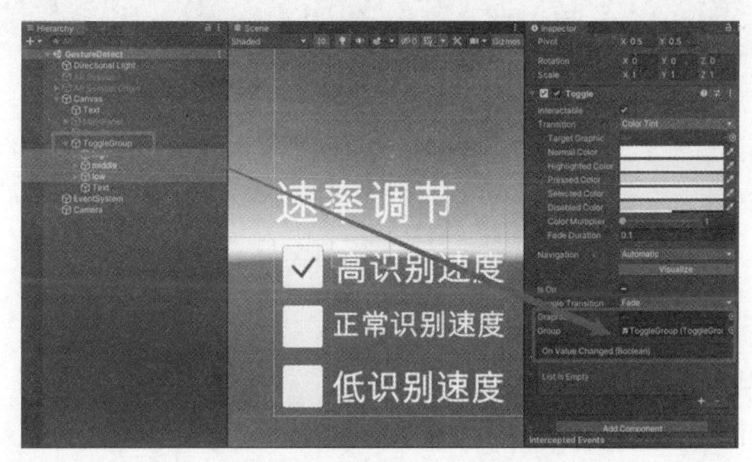

图 7-25　“Toggle”组件赋值

Step15：在“Canvas”下创建空物体，将其重命名为“GestureImage”，并将目前支持的 14 个识别图放入其下面，具体操作如图 7-26 所示，当识别到手势时显示对应的识别图。

图 7-26　放置识别图

Step16：给每个识别图添加“AudioSource”组件，开启“Play On Awake”功能，并对每个识别图添加对应的音频资源，如图 7-27 所示。

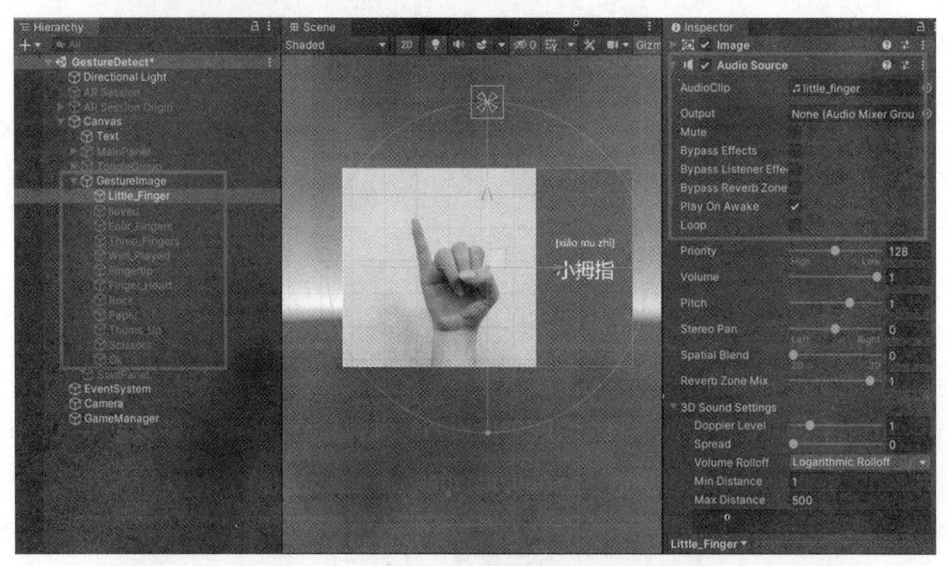

图 7-27　添加音频组件

至此场景搭建部分已经完成，其中包括场景导入与 UI 设计，任务 3 将讲解交互实现。

任务 3　交互实现

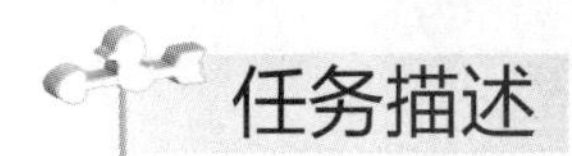

任务描述

本任务将会完善 UI，实现 UI 自适应；并通过编写脚本配合 SenseAR 在 Unity 中完成手势检测与 UI 的交互功能。

知识引导

基于 Unity 引擎开发手势识别功能，在开始进行交互实现前，开发者需要了解手势检测的原理。系统可以获取检测到的手掌关节点（当前版本支持 20 个）的信息和手掌框的矩形坐标（上下左右 4 个点）信息。并且能实时输出相机预览中出现的手的信息，以及手指关键节点的 2D 和 3D 坐标等信息。当前版本只能检测单手的信息，之后会支持多手的检测。

任务实施

在本部分内容中，主要实现的是 UI 交互与手势检测功能，操作步骤如下。

Step1：调整画布顺序。将画布调整至图 7-28 所示的顺序，方便进行图层渲染和交互实现。

图 7-28　调整画布顺序

Step2：制作“DITE”脚本，该脚本主要负责延时关闭物体，主要挂载在“StartPanel”和“GestureImage”下的所有子物体。具体代码如下：

```
private float ClTime = 0;
void Update()
{
    ClTime += Time.deltaTime;
    if (ClTime > 3.0)
    {
        this.gameObject.SetActive(false);
        ClTime = 0;
    }
}
```

Step3：创建空物体“GameManager”，并创建脚本“GameManager”挂载在物体上，该脚本主要负责控制按钮的单击事件，现在制作的是“手势教程”按钮。代码如下：

```
using System.Collections;
using System.Collections.Generic;
using UnityEngine;
using UnityEngine.UI;
public class GameManager : MonoBehaviour
 {
    public Button btnOpenLearn;//打开“手势教程”按钮
    public Button btnCloseLearn;//关闭“手势教程”按钮
    public Animator learnPanelAnimator;//手势教程动画控制器
    void Start()
   {
        btnOpenLearn.onClick.AddListener(onClickOpenLearnPanelBtn);
        btnCloseLearn.onClick.AddListener(onClickCloseLearnPanelBtn);
   }
    //单击打开“手势教程”按钮
    public void onClickOpenLearnPanelBtn()
    {
        learnPanelAnimator.Play("OpenLearnPanel");
    }
    //单击关闭“手势教程”按钮
    public void onClickCloseLearnPanelBtn()
   {
```

```
            learnPanelAnimator.Play("CloseLearnPanel");
        }
    }
```

Step4：在“GameManager”中还需要添加“Toggle”部分的代码。在此之前需要修改手势识别代码，该部分代码主要在场景“AR Session Origin→AR Camera”下的“SenseARGesturePainter(Script)”组件中。为该组件中的代码添加以下的变量：

```
//判断是否可以开始手势识别
public bool isStart = true;
//存放手势识别图信息
public GameObject[] UIImage;
//识别速率调节切换
public Toggle[] isToggle;
//识别速率调节设置
private float isContrast = 1.0f;
//识别时间
private float isTime = 0;
```

Step5：添加完变量后，在 SetGestureInfo()函数中添加以下代码。

```
//如果未开始手势识别则返回
if (!isStart) return;
if (isToggle[0].isOn == true)
{
    isContrast = 0.5f;
}
if (isToggle[1].isOn == true)
{
    isContrast = 1.0f;
}
if (isToggle[2].isOn == true)
{
    isContrast = 2.0f;
}
isTime += Time.deltaTime;
if (isTime >= isContrast)
{
    if (gestureInfo.HandGestureType == ArHandGestureType.LITTLE_FINGER)//小拇指
    {
        UISetActive(UIImage[1]);
        UIImage[1].SetActive(true);
        isTime = 0;
    }
    if (gestureInfo.HandGestureType == ArHandGestureType.I_LOVE_YOU)//我爱你
    {
        UISetActive(UIImage[2]);
        UIImage[2].SetActive(true);
        isTime = 0;
    }
    if (gestureInfo.HandGestureType == ArHandGestureType.FOUR_FINGERS)//4 根手指
    {
        UISetActive(UIImage[3]);
```

```
        UIImage[3].SetActive(true);
        isTime = 0;
    }
    if (gestureInfo.HandGestureType == ArHandGestureType.THREE_FINGERS)//3 根手指
    {
        UISetActive(UIImage[4]);
        UIImage[4].SetActive(true);
        isTime = 0;
    }
    if (gestureInfo.HandGestureType == ArHandGestureType.WELL_PLAYED)// “666”
    {
        UISetActive(UIImage[5]);
        UIImage[5].SetActive(true);
        isTime = 0;
    }
    if (gestureInfo.HandGestureType == ArHandGestureType.FINGERTIP)//指尖
    {
        UISetActive(UIImage[6]);
        UIImage[6].SetActive(true);
        isTime = 0;
    }
    if (gestureInfo.HandGestureType == ArHandGestureType.FINGER_HEART)//比心
    {
        UISetActive(UIImage[7]);
        UIImage[7].SetActive(true);
        isTime = 0;
    }
    if (gestureInfo.HandGestureType == ArHandGestureType.ROCK)//石头
    {
        UISetActive(UIImage[8]);
        UIImage[8].SetActive(true);
        isTime = 0;
    }
    if (gestureInfo.HandGestureType == ArHandGestureType.PAPER)//布
    {
        UISetActive(UIImage[9]);
        UIImage[9].SetActive(true);
        isTime = 0;
    }
    if (gestureInfo.HandGestureType == ArHandGestureType.THUMBS_UP)//点赞
    {
        UISetActive(UIImage[10]);
        UIImage[10].SetActive(true);
        isTime = 0;
    }
    if (gestureInfo.HandGestureType == ArHandGestureType.SCISSORS)//剪刀
    {
        UISetActive(UIImage[11]);
        UIImage[11].SetActive(true);
        isTime = 0;
    }
```

```
    if (gestureInfo.HandGestureType == ArHandGestureType.OK)//OK
    {
        UISetActive(UIImage[12]);
        UIImage[12].SetActive(true);
        isTime = 0;
    }
}
```

Step6：修改完 SetGestureInfo()函数后，添加 UISetActive()函数。代码如下：

```
//识别图信息判断
public void UISetActive(GameObject image)
{
    for (int i = 0; i < 14; i++)
    {
        //关闭与手势不同的识别图
        if (UIImage[i]!=image)
        {
            UIImage[i].SetActive(false);
        }
    }
}
```

Step7：修改完“SenseARGesturePainter”脚本后，需要在“Inspector”窗口进行参数赋值，具体参数如图 7-29 所示。

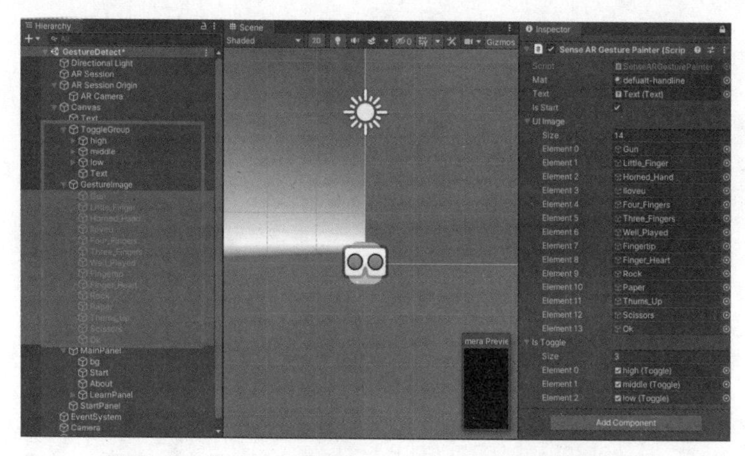

图 7-29　“SenseARGesturePainter”脚本参数赋值

Step8：继续修改“GameManager”脚本。具体代码如下：

```
public Button btnStartCamera;//摄像机按钮
public GameObject SceneCamera;//场景摄像机
public SenseARGesturePainter ARGesture;
public GameObject MainPanel;
void Start()
{
    Init();
    btnStartCamera.onClick.AddListener(onClickStartCameraBtn);
}
//初始化项目
private void Init()
```

```
{
    SceneCamera.gameObject.SetActive(true);
    ARGesture.isStart = false;
}
//单击开始手势识别
public void onClickStartCameraBtn()
{
    //关闭场景摄像头，关闭“MainPanel”
    SceneCamera.gameObject.SetActive(false);
    MainPanel.gameObject.SetActive(false);
    //开启 AR 手势识别
    ARGesture.isStart = true;
}
```

Step9：在场景中对“GameManager”进行参数赋值，具体参数如图 7-30 所示。

图 7-30　“GameManager”脚本参数赋值

Step10：设置画布自适应，将“UI Scale Mode”设置为“Scale With Screen Size”并设置分辨率，如图 7-31 所示。

图 7-31　设置画布自适应

任务 4　素材压缩

任务描述

本任务将讲解如何压缩项目素材，并介绍不同压缩格式之间的区别、作用，以及在本项目打包发布前对项目素材设置压缩格式。

知识引导

在 Unity 项目开发过程中，Unity 引擎图片资源的格式会自动转换为 Unity 内置的“Texture2D”格式，打包出来的图片所占资源有可能出现比原图大的情况，因此打包 Unity 项目的时候，需要注意选择 Unity 图片素材的压缩格式。另外需要注意各类手机硬件支持的图片压缩格式并不相同，所以要选择合适的格式进行压缩。

以下是常用压缩格式。

① ETC：Android 平台，有损压缩，可对 24 位 RGB 进行 6 倍压缩。不支持 Alpha 通道。要求 OpenGL ES 2.0，并且长、宽是 4 的倍数。

② ETC2：Android 平台，提供单通道 R11 和双通道 RG11 数据的压缩，支持 Alpha 通道。要求 OpenGL ES 3.0，并且长、宽是 4 的倍数。

③ ASTC：iOS 平台，iOS 9 之后支持 ASTC 压缩，ASTC 在压缩质量和容量上有很大优势，以 ASTC 4×4 block 压缩格式为例，每个像素占用 1 字节。一张 1024 像素×1024 像素大小的贴图压缩后的大小为 1MB。现阶段 Android 也逐步往 ASTC 上倾斜，但是仅支持 OpenGL ES 3.1 和部分支持 OpenGL ES 3.0 的 GPU。

针对不同的平台设置不同的压缩格式，建议在 iOS 平台常规下用 ASTC 6×6 作为普通 Diffuse 贴图的压缩格式，Android 平台常规下使用 ETC 等。

微课视频

实操 19

任务实施

Step1：确认 Android 打包环境已配置。单击“Edit→Preferences→External Tools”，可以查看 JDK、Android SDK 等环境是否已配置。

Step2：添加场景，在“Build Settings”中选择“Add Open Scenes”，将手势识别项目场景添加进去。

Step3：在“Project Settings”中修改“Company Name”“Product Name”“Package Name”等参数。

Step4：确认“Multithreaded Rendering”已勾选。从“Package Manager”下载的“SenseAR SDK”需要勾选该选项，否则打包出来的场景无法使用。

Step5：压缩图片资源，将“Texture Compression”设置为“ETC(default)”，如图 7-32 所示。该模式适合 Android 平台，有损压缩且不支持 Alpha 通道。

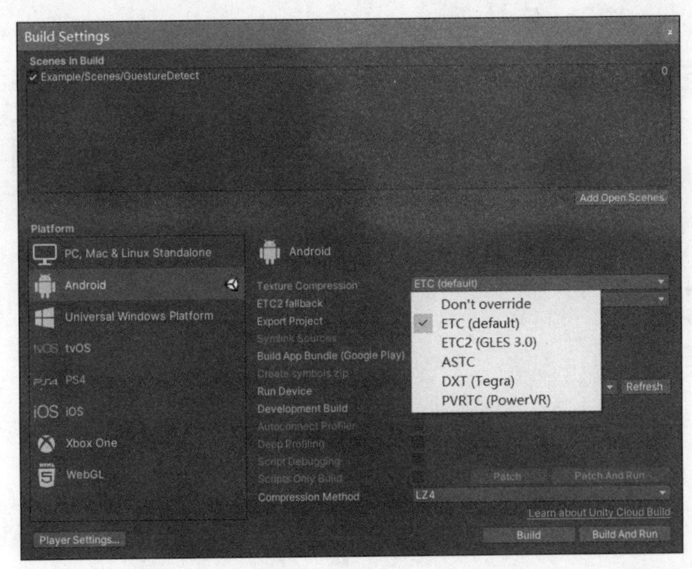

图 7-32　设置“Texture Compression”

Step6：完成以上操作且按照任务 1 进行参数设置，即可进行项目打包，对打包到的移动设备需要按照任务 1 进行环境配置。

情境总结

随着 AR 技术的发展，AR 技术的应用在人们的生活中逐渐普及。多元化的 AR 技术能将真实世界和虚拟世界连为一体，达到“以假乱真”的程度。通过本学习情境的学习，开发者可以清楚地了解到 SenseAR 的基础知识，掌握如何利用 SenseAR 进行手势识别项目开发，为后续 SenseAR 的学习打下坚实的基础。

课后习题

一、判断题

1. ETC：Android 平台，有损压缩，可对 24 位 RGB 进行 6 倍压缩。不支持 Alpha 通道。要求 OpenGL ES 2.0，并且长、宽是 4 的倍数。（　　）

2. SenseAR 提供平面检测、运动追踪、云锚点、手势识别等多种“AI+AR”基础功能。（　　）

二、实践题

根据所学内容，独立设计方案并完成 AR 手势识别项目的开发。

学习情境 8 基于MR头盔的“汽车拆装”项目开发

学习目标

知识目标：了解 HoloLens 2 的基础知识，学习使用 HoloLens 2 的 MR 交互功能，利用手部射线与物体交互的技术进行项目开发。

能力目标：学习基于 HoloLens 2 交互技术的应用项目开发，最终能够将项目发布到 HoloLens 2 设备。

素养目标：通过学习基于 HoloLens 2 开发的应用项目，学习 HoloLens 2 项目开发的环境配置与开发流程，开发者能更好地了解 HoloLens 2。

引例描述

在前面项目的学习中，李华同学已经开发过众多 Unity AR 项目，学习了主流的 AR SDK 等，掌握了丰富的开发技术，开发水平有了显著的提升，已经具备了一定的 Unity AR 项目的开发能力，现在李华准备提高自己的能力，本学习情境将讲述如何使用 HoloLens 2 头盔，并完成 MR 项目开发。

项目介绍

8.1 项目背景

混合现实（Mixed Reality，MR）技术结合了 VR 技术与 AR 技术的优势，在概念上更接近于 AR，用户可以同时体验应用在真实世界与虚拟世界中带来的效果。近年来，微软、苹果、华为、小米等众多科技公司加入该赛道，逐步打造完善的元宇宙生态。

在家居装修应用中，MR 技术比起 AR 技术或 VR 技术，能使对应的消费者群体更真实地体验到不同家具的摆放效果等，在一定程度上满足了消费者自主设计、装修家居环境的需求，并且能够节约消费者的试错和时间成本，使其具备更丰富、更真实的体验感。

MR 技术在工业、医疗、教育等行业的应用场景更为广泛。在工业项目中，使用 MR 技术对零件进行搭建、组拼、维护、拆解等，能使人更细致、多方面地观察零件，从而充分提升人的动手能力。通过 MR 设备上手实操，能够了解并学习对应项目内容，在减少资金开销、降低人力物力成本、保障安全性等方面都具有较为明显的优势。

HoloLens 2 为 MR 技术的代表，微软公司将 MR 技术融入航空管制系统，操作页面如同科幻电影中的画面，使用者可通过该设备显示的画面（环境信息、飞行信息、气象信息等）进行触控操作和浏览，即使在能见度较低的情况下也不受影响，能保证使用者安全高效地完成工作。

8.2 项目内容

新能源汽车项目是一款基于 HoloLens 2 设备开发，结合使用 Unity 引擎及其混合现实工具包（Mixed Reality Toolkit，MRTK）的 MR 应用。本项目主要讲解 HoloLens 2 的概念及操作知识，以及如何配置 MR 项目的开发环境、如何在 Unity 引擎中进行项目场景搭建，并讲解与场景物体相关的交互开发、代码编写、打包发布等一系列完整的项目开发流程。

8.3 项目规划

在项目的开发中，首先需导入 Unity 的 MRTK，并在场景中添加新能源汽车模型、汽车组件等，同时需要对汽车零件模型以及不同物体添加相应交互组件及手势控制功能，从而使用户可以进行抓取、放大、旋转等手势交互操作。

开发流程如图 8-1 所示。

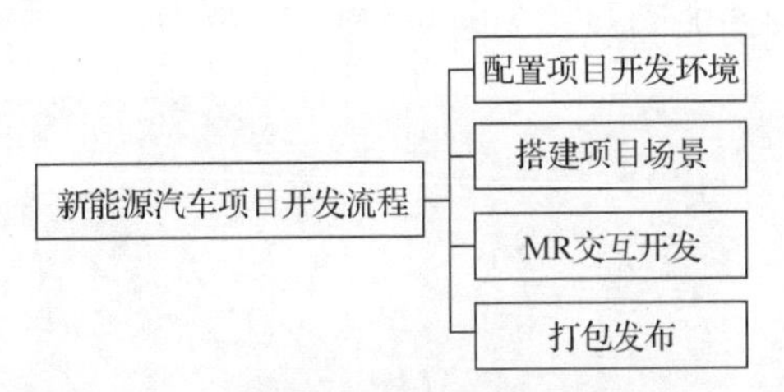

图 8-1　开发流程

8.4 HoloLens 2 介绍

HoloLens 2 从 HoloLens 发展而来，是一台可穿戴的一体式全息计算设备，它具有当前业内领先的光波导显示组件，拥有独立的计算单元，可以使用实时手势识别、语音识别、环境感知、运动跟踪及眼动跟踪等技术进行实时计算。

8.4.1　HoloLens 2 的可穿戴性

HoloLens 2 相比于其他的头显设备，在佩戴上拥有更高的舒适性。以前的 HoloLens 在佩戴上，因为重心设计不合理，会出现“头重脚轻”的情况，而 HoloLens 2 在重量的平衡性上做得很出色，并提高了用户佩戴的舒适性，即使在佩戴眼镜的情况下，也可以直接使用该设备。

除此之外，HoloLens 2 的头部前后增加了靠垫，在佩戴时可以像戴帽子一样轻松、便捷、简单。而令 HoloLens 2 舒适性与便捷性大幅提升的原因主要是一个新的设计：可上掀遮阳罩。HoloLens 2 透镜的材质并非全透明的玻璃，而是带有些许颜色，当裸眼直视或与他人交谈时候，透过眼镜也能够拥有良好的视野。开发者甚至能够佩戴着该头盔进行代码编写，该设计获得了众多正面好评，佩戴效果如图 8-2 所示。

图 8-2　佩戴效果

8.4.2　HoloLens 2 的手势识别功能

HoloLens 2 增加了手势识别功能，用户可以直接用手操作虚拟物体。

该功能可以跟踪单手的 25 个点，对于双手的手指都具有很好的识别能力，所对应的手势也有所增加，比如摘、抓、捏等细微的差别都能够很好地识别出来。同时具备对物体进行移动、旋转，更改物体尺寸等功能。而对于常用的单击、滑动、拖动等操作，都可以使用 HoloLens 2 的手势识别功能实现，如图 8-3 所示。

图 8-3　手势识别

8.4.3　HoloLens 2 的瞳孔捕捉特性

对 MR 设备来说，瞳孔能否精确地捕捉是虚拟物体与真实物体完美匹配的重要影响因素，只有精准地捕捉到瞳孔的位置，才能给予用户一个真假难辨的 MR 空间，而目前市面上拥有该特性的设备除了 Leap One 之外，HoloLens 2 无疑是最佳选择之一。

任务 1　环境配置

任务描述

本任务主要讲述 HoloLens 2 的相关知识与操作，如何配置 Unity、Visual Studio、HoloLens 2 的项目开发环境，以及调整项目打包参数的方法和在示例场景中对不同物体进行交互操作的流程。

知识引导

在配置项目开发环境前，必须学习 HoloLens 2 的相关知识，如概念、作用、基本操作、优势等，了解相关内容后，可以加深开发者对 HoloLens 2 开发流程的理解，更有利于进行后续项目开发。

微课视频

知识点 12

1. 认识 HoloLens 2

HoloLens 2 提供了更舒适的沉浸式体验，借助 HoloLens 2 和 MR 应用程序，工作人员可以更加高效地协作，不受地理位置和时间的限制，精确地操作并提高工作效率，如图 8-4 所示。

图 8-4　HoloLens 2 示意

HoloLens 2 设备发布后，在工业和军事领域取得了巨大成功，也成为 MR 眼镜中名副其实的佼佼者。在计算机视觉与 AI 技术的推动下，HoloLens 2 设备无论是跟踪精度、设备性能，还是人机交互自然性都有了很大提高。据权威机构预测，AR/MR 会成为下个十年改变人们生活、工作最重要的技术之一，MR 眼镜也将成为继智能手机之后的下一代移动计算中心，并在 5G 通信技术的助力下呈爆发式发展。

HoloLens 2 具有目前业内领先的光波导显示组件，拥有独立的计算单元，通过激光器在镜片上生成全息影像，如图 8-5 所示。全息影像将数字世界与物理环境融合在一起，使人在视觉和听觉上都认为它们是自身所在世界的一部分。即使身处全息影像之中，也始终可以看到周围环境，并可自由移动，与人和物交互。这种体验被称为 MR。

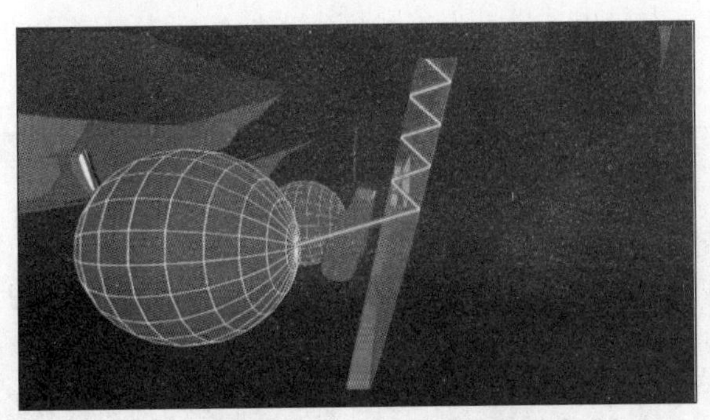

图 8-5　HoloLens 2 全息影像

HoloLens 2 的面罩部分包含 HoloLens 2 的传感器与显示器，传感器包含头部跟踪装置

（4 个可见光相机）、眼动追踪（2 个红外相机）、IMU 等。

HoloLens 2 的 MR 应用程序包含沉浸视图和 2D 视图两种。沉浸视图能够在场景中创建全息影像，通过获取用户的视野，持续调整全息影像的状态来匹配用户的头部运动，如图 8-6 所示。而 2D 视图通常是文本输入框、程序缩略图、菜单等，通常固定在某一个位置。

图 8-6 沉浸视图

明确了 HoloLens 2 的基本功能，需要了解如何使用 HoloLens 2：首先将 HoloLens 2 戴在头上，将额头垫舒适地放在额头上，将背带放在头后部的中间位置，转动调节轮来控制头带的松紧度，佩戴示意如图 8-7 所示。

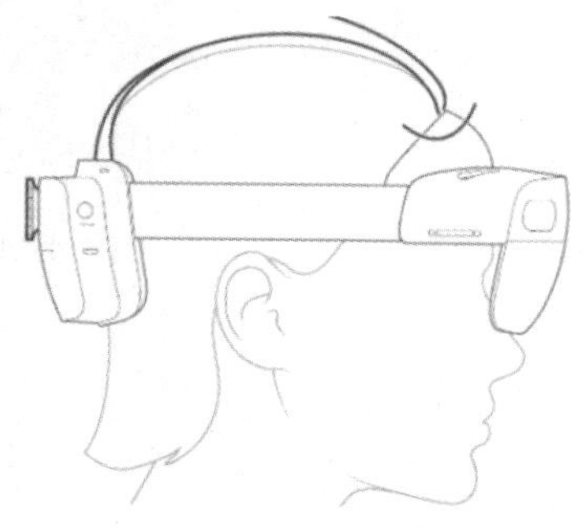

图 8-7 HoloLens 2 设备佩戴示意

按电源按钮，启动 HoloLens 2。电源按钮下方的 LED 灯将会提示电池的剩余电量，再按一次电源按钮将设备设置为睡眠状态，或是长按 5s 关机。

首次启动 HoloLens 2 时，需要对其进行一些基本设置。首先单击 Microsoft 标志，设置语言，接着注视一组目标（称为“宝石”）进行校准。校准期间，眨眼或闭眼都可以，但是尽量不要盯着物理空间中的其他物体。HoloLens 2 利用此过程来获取使用者的眼球位置，以便更好地呈现全息世界。

连接上 Wi-Fi 后，登录微软账户，进行设置虹膜登录等一系列操作后，便可以开始进行 HoloLens 2 的交互学习了。

2. HoloLens 2 的交互操作

HoloLens 2 的全息框可以帮助开发者找到清晰地看到全息影像的位置，透视镜头能清晰地捕捉到周围环境，如图 8-8 所示。

图 8-8 全息影像

在空间音效的帮助下，可以通过聆听，精确定位全息影像，即使它在使用者的身后也无妨。HoloLens 2 的控制方式多种多样，如实时手势检测、语音命令、空间感知、运动跟踪、眼动跟踪等。能够通过手部跟踪，让使用者用双手自然地触摸、抓取或移动全息影像；也能够通过追踪瞳孔了解使用者正在看的位置，从而实时调整全息图。

HoloLens 2 的传感器能够探测到身体两侧几米远的地方。用手进行操作时，需要将手始终放在其“框架”内，否则 HoloLens 2 将无法探测到它们。而当使用者四处移动时，该框架会随使用者一起移动，如图 8-9 所示。

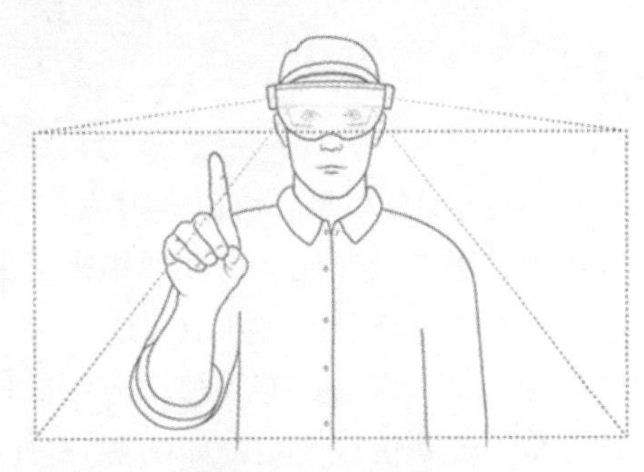

图 8-9　用户交互 1

在 HoloLens 2 上，用户的手部将被识别为左右手骨架模型，为了实现直接用手触摸全息影像，可将 5 个碰撞体附加到每个手部骨架模型的 5 个指尖。

“开始”手势可以打开“开始”菜单。要执行开始手势，请伸出左手，掌心朝向自身。可看到“开始”图标显示在手腕。使用另一只手“单击”此图标，“开始”菜单将打开当前的“单击”的位置，如图 8-10 所示。

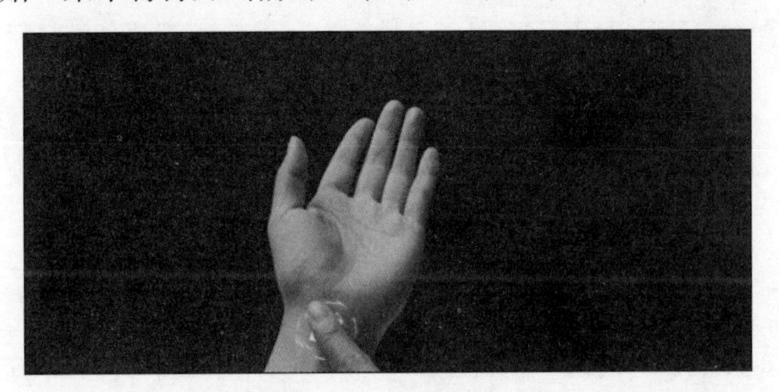

图 8-10　用户交互 2

当周围存在全息影像时，用手靠近它，食指尖上通常会出现一个白色圆圈。这是“触摸光标”，它可让使用者精确地触摸全息影像并与之交互，当完全接触到全息影像时，将会产生反映触摸状态的视觉效果。要选择内容，只需通过触摸光标单击它即可。用手指在内容表面轻扫来获取更多内容，就像使用触摸屏一样，如图 8-11 所示。

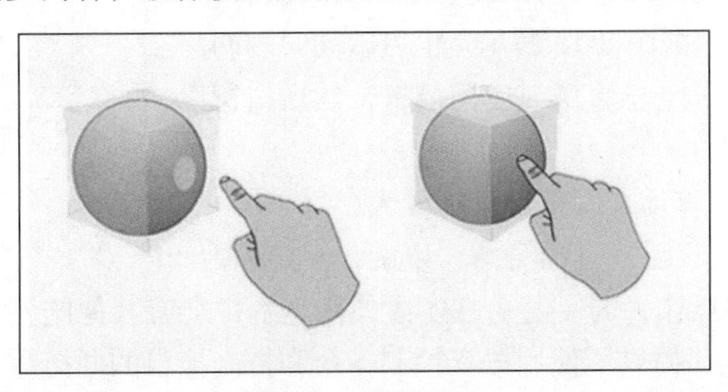

图 8-11　用户交互 3

使用食指拉伸能够放大或缩小面板，将手移近面板的边角或边缘，能显示最靠近的可视操作元素，抓取 2D 面板顶层的全息条，以移动整个面板，如图 8-12 所示。

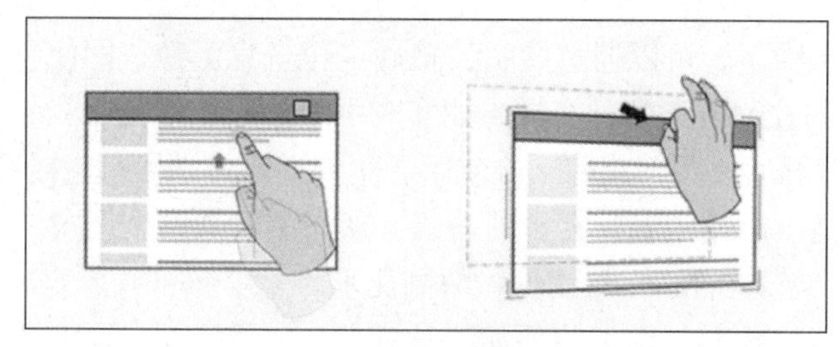

图 8-12　用户交互 4

而对于 3D 对象，可以通过操控 3D 对象的边界框来实现移动、旋转、缩放的操作。通过在全息影像上捏住食指和拇指来抓取全息影像，或者将手朝下，然后握紧拳头，在其蓝色边界框内的任意位置抓取 3D 对象。对于应用窗口，抓取其标题栏。只需移动手即可定位全息影像。以这种方式移动应用窗口时，应用窗口会在移动时自动转向使用者，从而使其更易于在新位置使用，如图 8-13 所示。

抓取并使用显示在 3D 对象和应用窗口角落的调整大小手柄，可以调整其大小，如图 8-14 所示。对于应用窗口，当以这种方式调整大小时，窗口内容的大小会相应地增加，并且更容易阅读。

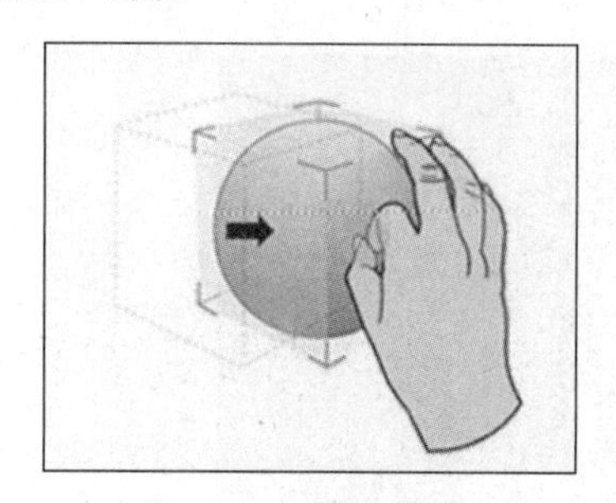

图 8-13　用户交互 5

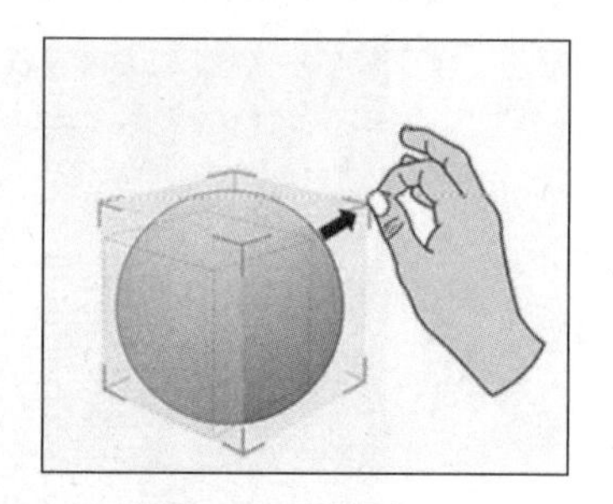

图 8-14　用户交互 6

如要调整应用窗口大小以便在窗口中显示更多内容，请使用位于应用窗口两侧和底部边缘的调整大小手柄。可通过两种方式来调整离使用者较远的全息影像大小，既可以抓取全息影像的两个角，也可以使用调整大小手柄。

对于全息影像，可抓取并使用在边界框垂直边缘上显示的旋转手柄。对于应用窗口，移动应用窗口将使窗口自动旋转并朝向使用者，如图 8-15 所示。也可以同时用两只手（或手控光线）抓取全息影像或应用窗口，然后执行以下操作。

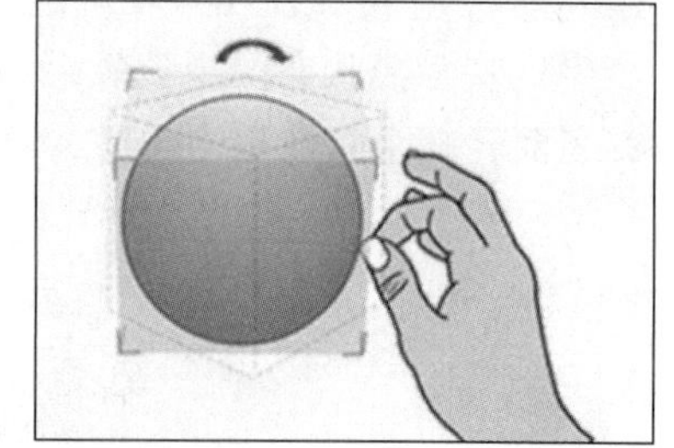

图 8-15　用户交互 7

① 将双手移近或移远来调整全息影像大小。

② 移动双手使其接近或远离身体，以旋转全息影像。

除了用手来控制操作，为了避免在实际使用过程中会有其他的使用场景，如用户双手都在操作，HoloLens 2 提供了使用语音控制指令和控制接口的便捷方式，可以使用语音执行在 HoloLens 2 上通过双手执行的大部分相同操作。接下来介绍几种常见的语音控制指令，当说出“转到‘开始’菜单”时，即可打开“开始”菜单；当说出“选择”时，可以调出“凝视”光标，转动头部，将“凝视”光标放在想要选择的内容上，再次说出“选择”，即可实现选择功能。

3．HoloLens 2 的常用控件

MR 平台需要为其客户提供简单、直观的交互，而交互离不开一些常用的控件，这里了解 HoloLens 中的一些常见用户体验（User Experience，UE）控件，对后续的开发有很大帮助。

（1）光标

光标能够根据头显设备所判定的位置或区域提供持续反馈。光标反馈包括在虚拟环境中响应输入的区域、全息影像或点。例如，手指光标能够增强手部的直接操作交互，以更好地了解手指指向何处，当手指触摸 UI 时，相关对象会缩小为小点，同时环的大小会随着手指靠近而变小，如图 8-16 所示。

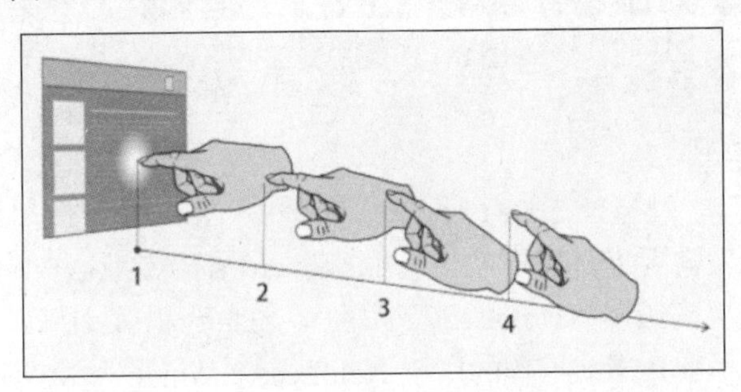

图 8-16　用户交互 8

当需要控制手部无法触及的对象时，可以使用“光线”光标，在沉浸式头戴显示设备中，运动控制器发出的射线会被反射，并以点状光标作为其结束点，通过调整“光线”光标位置，选中需要选择的对象。

（2）手部射线

用手指还可以对无法触及的 2D 和 3D 内容进行定位、选择和操作。这种“远程”交互技术是 MR 所独有的，可让互动更加高效。

在 HoloLens 2 上，有一种从用户手掌中心射出的手部射线。该射线被视为手的延伸，如图 8-17 所示。圆环形光标连接到射线的末端，以指示射线与目标对象相交的位置。 然后光标所指向的对象可以接收来自手的手势命令。基本的手势命令可通过使用拇指和食指来触发。如通过使用手部射线指向和隔空敲击以提交，用户可以激活某个按钮或超链接。借助更多的复合手势，用户可以在 Web 内容中导航，并从远处操纵 3D 对象。

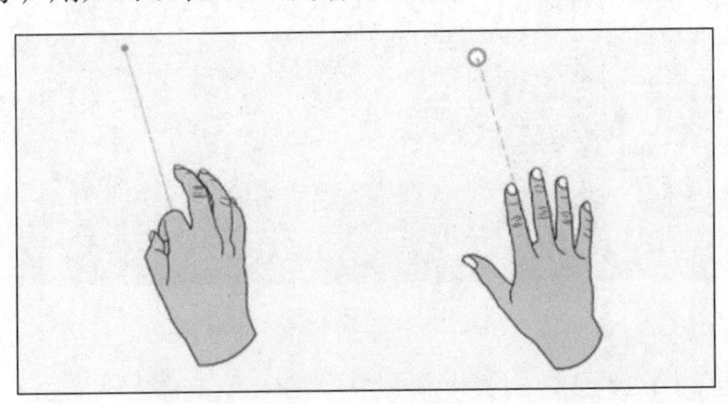

图 8-17　用户交互 9

（3）边界框

边界是 MR 中对象操作的标准接口，它为用户提供视觉提示，如提示对象当前可调整。在 HoloLens 2 中，边界框可直接手动操作，并响应用户手指的邻近性，如图 8-18 所示。它显示视觉反馈，帮助用户感知与对象的距离。边界框的角告知用户对象可以缩放、旋转。

图 8-18　用户交互 10

任务实施

HoloLens 2 的开发需要准备以下软件环境：Windows 10 专业版 64 位、Windows 10 SDK、Visual Studio 2019 或更高版本、HoloLens 2 仿真器、Unity 开发引擎、MRTK。

安装 Unity，Microsoft 当前推荐的用于 HoloLens 2 Windows Mixed Reality 的 Unity 配置是具有最新混合现实 OpenXR 插件的 Unity 2020.3 LTS。为避免 2020.3 早期版本的已知性能问题，必须使用 Unity 修补程序版本 2020.3.8f1 或更高版本。本项目主要使用 2021.1.19f1c1 版本进行开发。

1. 下载开发工具

Step1：在 Unity“2021.1.19f1c1”版本中添加模块，需要勾选“Universal Windows Platform Build Support”和“Windows Build Support (IL2CPP)”，如图 8-19 所示。

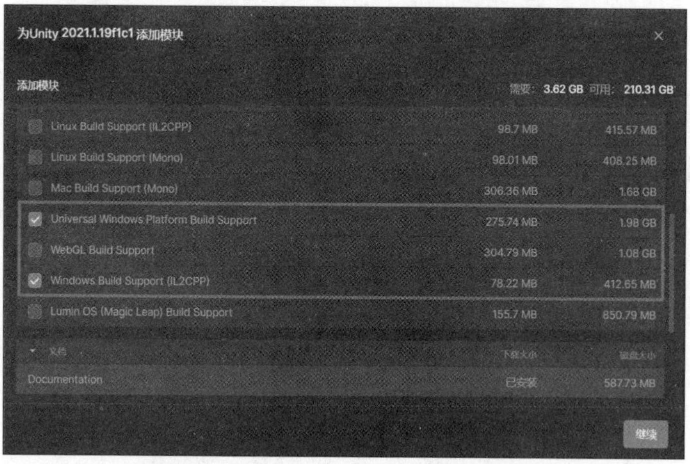

图 8-19　添加模块 1

自 Unity 2019 起，Unity 已弃用其旧版的内置 XR 支持。虽然 Unity 2019 确实提供新的 XR 插件框架，但由于 Azure 空间定位点与 AR Foundation 不兼容，微软公司当前不建议在

Unity 2019 中提供该路径。在 Unity 2020 中，XR 插件框架支持 Azure 空间定位点。

Step2：下载“Microsoft Visual Studio Community 2019”版本，可以在 Unity Hub 中添加模块，或前往微软官网，选择“Visual Studio”进行下载，如图 8-20 所示。

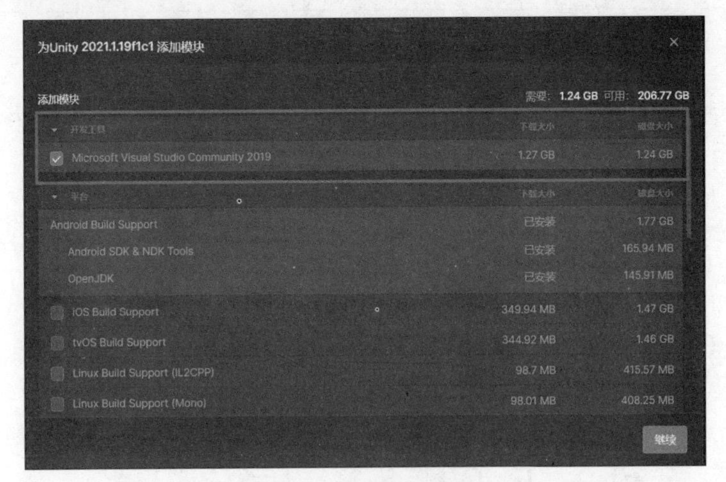

图 8-20　添加模块 2

Step3：使用 Unity Hub 下载的“Visual Studio”会帮助开发者完成配置，此时需要打开“开始”菜单中的“最近添加”，找到“Visual Studio Installer”进行配置添加，如图 8-21 所示。

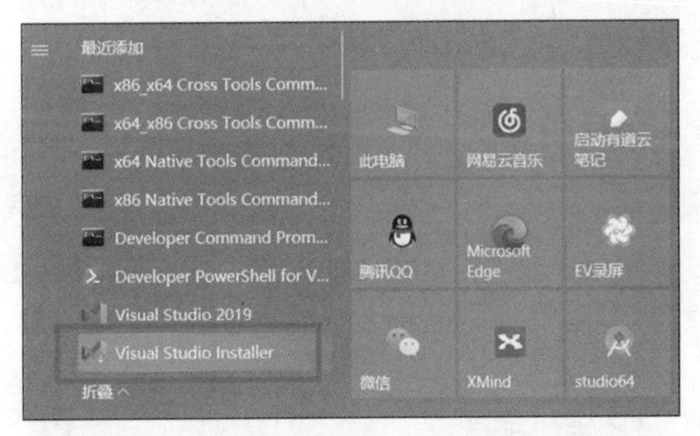

图 8-21　在菜单中找到“Visual Studio Installer”

Step4：在“Visual Studio Installer”中找到新增的 2019 版本，单击“修改”按钮进行配置，如图 8-22 所示。

图 8-22　单击“修改”按钮

Step5：勾选“.Net 桌面开发”“使用 C++的桌面开发”“通用 Windows 平台开发”“使用 Unity 的游戏开发”，并安装，在“Microsoft Visual Studio Community 2019”中添加模块，如图 8-23 和图 8-24 所示。

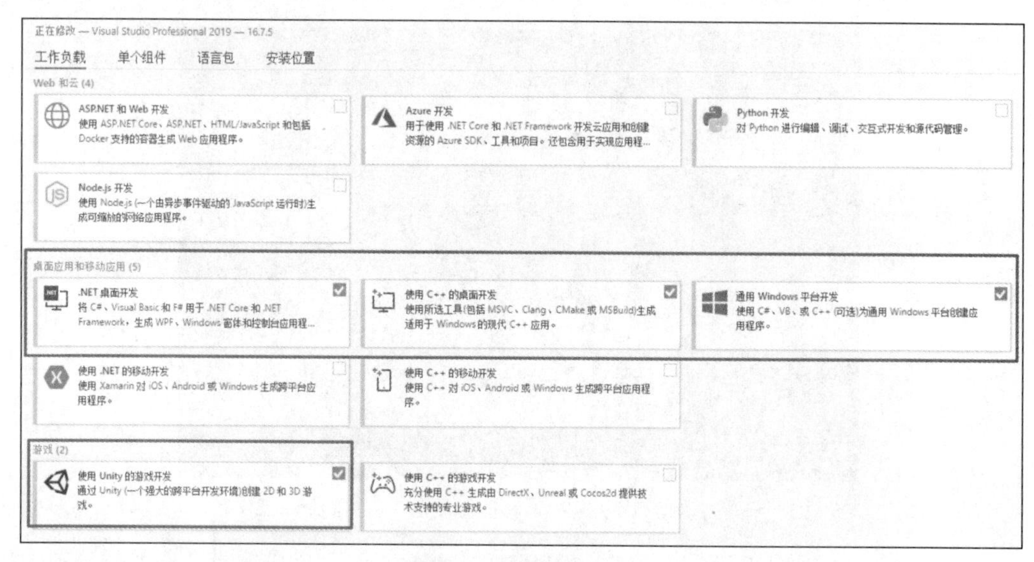

图 8-23　选择配置 1

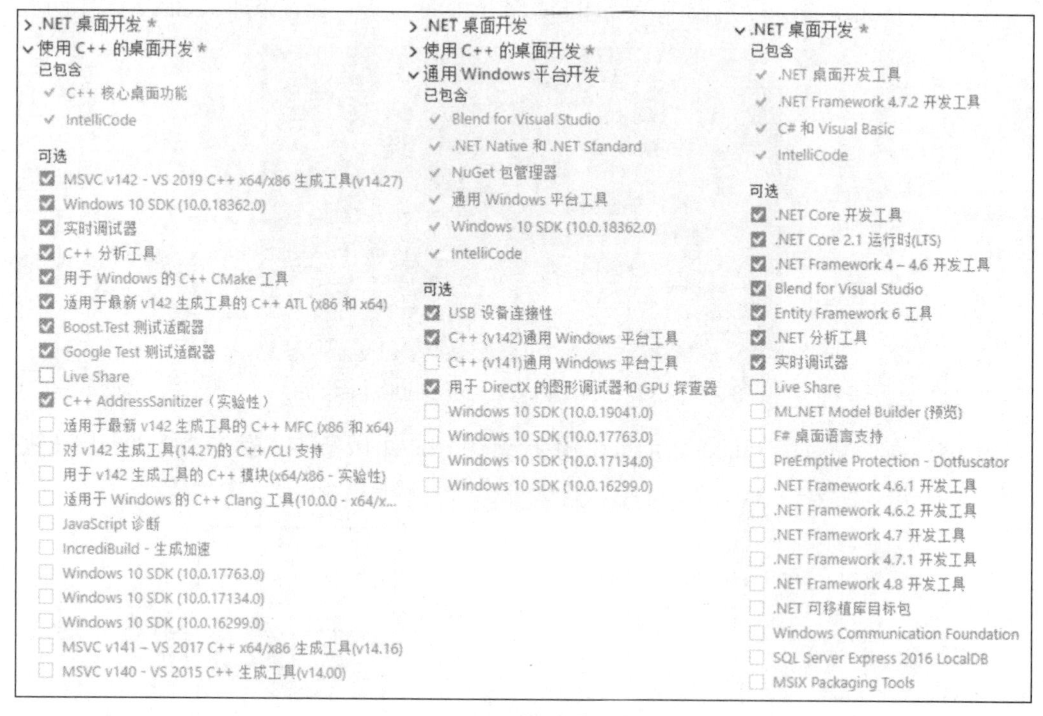

图 8-24　选择配置 2

Step6：创建项目并单击“Edit→Preferences”打开“Preferences”窗口，找到“External Tools”中的“External Script Editor”，将其设置为已安装的“Microsoft Visual Studio 2019”版本，如图 8-25 所示。

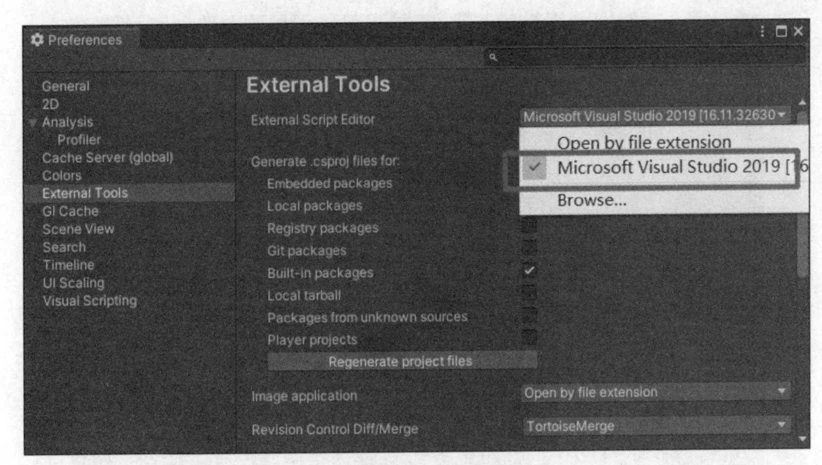

图 8-25　更改编辑器

Step7：安装“Windows XR”插件包，在“Build Settings”窗口中切换为“Universal Windows Platform”平台，打开“Project Settings”窗口，选择“XR Plugin Management”，单击“Install XR Plugin Management”安装插件包，如图 8-26 所示。

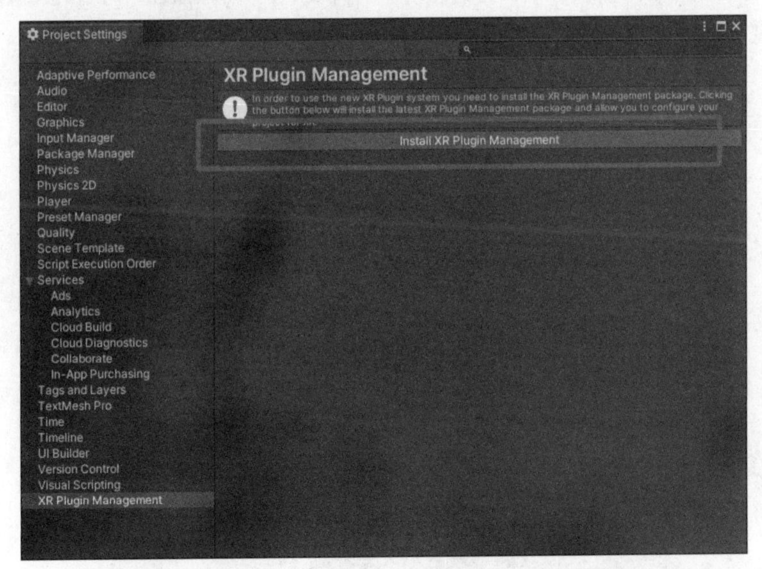

图 8-26　安装“XR Plugin Management”插件包

2. 导入混合现实 OpenXR 插件

在“XR Plug-in Management”（“Windows 标志”选项卡）中选中通用“Windows”平台设置，勾选“OpenXR”后发现“Microsoft HoloLens feature group”显示为灰色（或不存在），则表示未安装混合现实 OpenXR 插件，如图 8-27 所示。如果可以勾选该复选框，则直接进入第三部分“配置 HoloLens 2 环境”的教学内容。

Step1：下载“混合现实功能工具”，从微软官网下载中心下载最新版本的混合现实功能工具。

Step2：下载完成后，解压缩文件并将其保存到桌面。

备注：在运行混合现实功能工具之前，必须安装“.NET 5.0 运行时”。

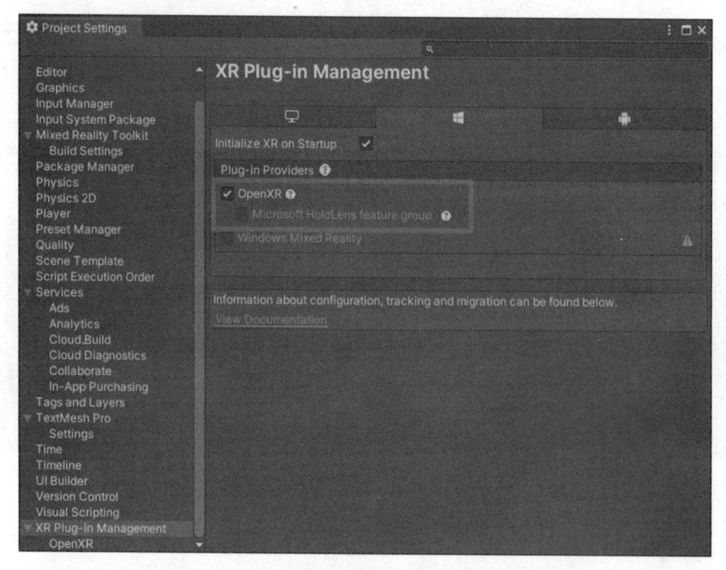

图 8-27　未安装混合现实 OpenXR 插件

Step3：在解压缩的文件夹中，导航到可执行文件 MixedRealityFeatureTool.exe，然后使用它启动混合现实功能工具，如图 8-28 所示。

cal Disk (D:) > MRFeatureTool

Name	Date modified	Type	Size
ref	6/24/2021 5:44 PM	File folder	
ChangeLog.txt	6/24/2021 5:44 PM	Text Document	2 KB
Microsoft.MixedReality.FeatureTool.AzureDevO...	6/24/2021 5:44 PM	Application extension	30 KB
Microsoft.MixedReality.FeatureTool.Core.dll	6/24/2021 5:44 PM	Application extension	28 KB
Microsoft.MixedReality.FeatureTool.ProjectManif...	6/24/2021 5:44 PM	Application extension	17 KB
MixedRealityFeatureTool.deps.json	6/24/2021 5:44 PM	JSON File	2 KB
MixedRealityFeatureTool.dll	6/24/2021 5:44 PM	Application extension	403 KB
MixedRealityFeatureTool.exe	6/24/2021 5:44 PM	Application	144 KB
MixedRealityFeatureTool.runtimeconfig.dev.json	6/24/2021 5:44 PM	JSON File	1 KB
MixedRealityFeatureTool.runtimeconfig.json	6/24/2021 5:44 PM	JSON File	1 KB

图 8-28　混合现实功能工具

Step4：在混合现实功能工具中，单击“Start”按钮，如图 8-29 所示。

图 8-29　启动混合现实功能工具

Step5：单击“浏览”按钮（图 8-30 中框出的“三点”按钮），导航到包含 Unity 项目的文件夹，然后打开它，如图 8-30 所示。

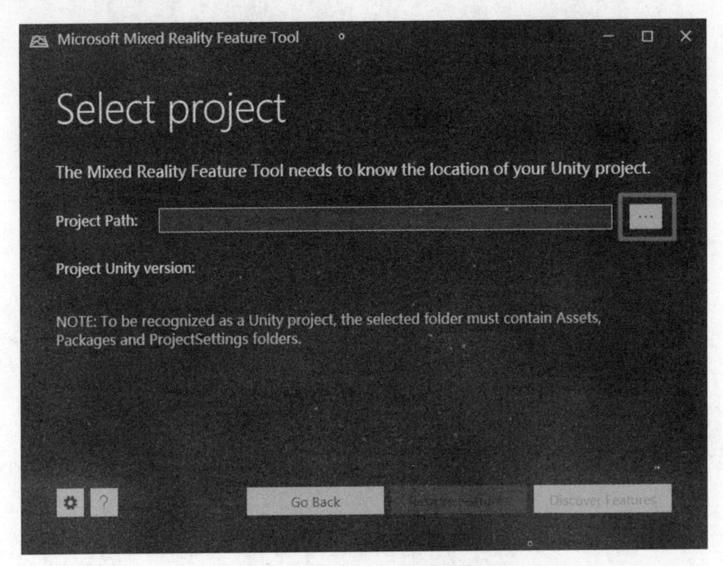

图 8-30　选择项目路径

备注：该工具中的“Project Path”文本框必须包含某个值，因此默认情况下会插入一个反斜杠（“\”）。

Step6：选择文件夹后，该工具会对其进行检查以确保它是有效的 Unity 项目文件夹。要被识别为 Unity 项目，所选文件夹必须包含“Assets”“Packages”和“Project Settings”文件夹，如图 8-31 所示。

Step7：单击“Discover Features”按钮，稍后会在“Discover Features”界面出现多个工具包，如图 8-32 所示。

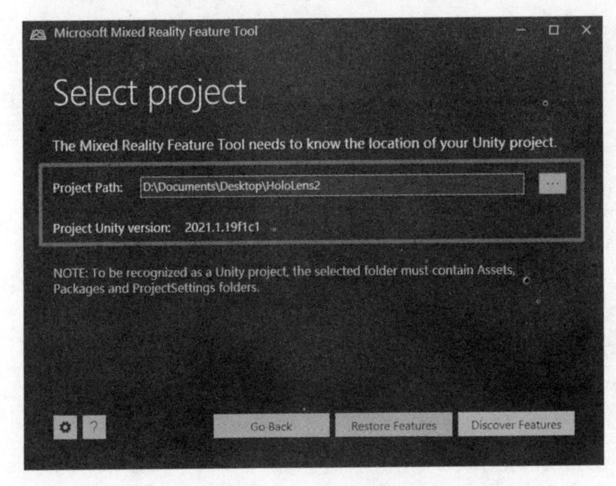

图 8-31　识别项目

图 8-32　工具包的列表

Step8：单击“Platform Support(0 of 5)”左侧的“+”按钮，然后选择“Mixed Reality OpenXR Plugin”混合现实 OpenXR 插件的最新版本，如图 8-33 所示。

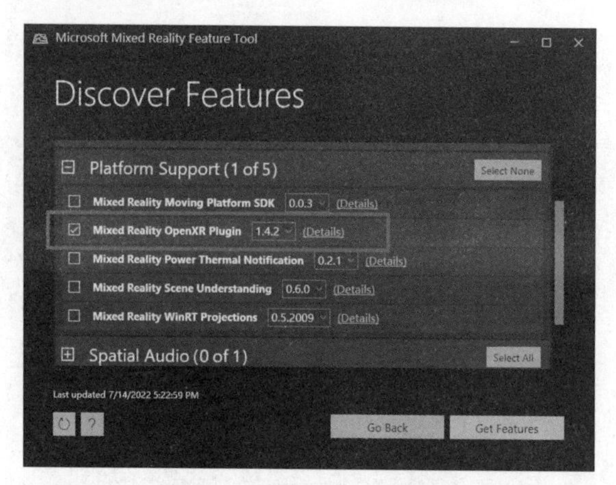

图 8-33　选择混合现实 OpenXR 插件最新版本

Step9：选择完成后单击“Get Features”按钮获取功能。

Step10：选择“验证”以验证所选的包。应该可看到一个对话框，显示“未检测到任何验证问题”。完成后，单击“确定”按钮。

Step11：在“导入功能”界面，左侧列出的“功能”将显示刚刚选择的包。右侧列出的“必需依赖项”显示所有依赖项。可以单击其中任意一项的“详细信息”链接，了解相关详细信息。

Step12：准备好继续操作时，选择“导入”。在“查看和批准”界面，可以查看有关包的信息，选择“批准”。

3. 配置 HoloLens 2 环境

Step1：打开 Unity 中的“Project Settings”窗口，现在“OpenXR”下面有两个复选框。原先显示为灰色显的“Microsoft HoloLens feature group”变成可选项了，勾选“Microsoft HoloLens feature group”复选框即可完成混合现实 OpenXR 插件的导入，如图 8-34 所示。

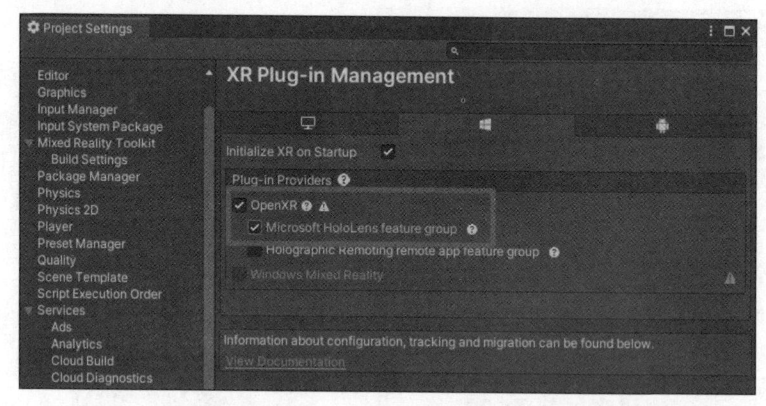

图 8-34　勾选“Microsoft HoloLens feature group”复选框

Step2：找到“Initialize XR on Startup”，在启动时初始化 XR，确保该复选框为勾选状态，如图 8-35 所示。

Step3：此时 OpenXR 旁边有一个黄色三角形警告图标。这表示具有需要解析的不兼容设置。等配置完 MRTK 可以一起解析不兼容的设置。

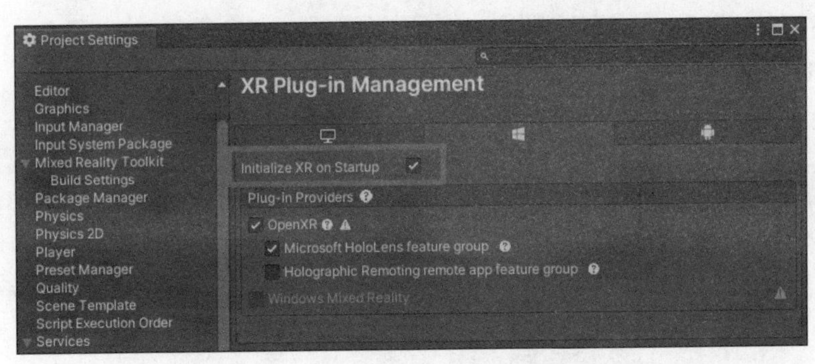

图 8-35　勾选“Initialize XR on Startup”

4．下载 MRTK 并导入项目

MRTK 是微软公司为加速 AR/MR/VR 应用程序开发而设计、开发的开源工具集。开发者可以下载 MRTK 并导入 Unity 中进行配置，具体操作如下。

Step1：下载 MRTK，开发者可以通过使用导入混合现实 OpenXR 插件时所用的 Mixed Reality Feature Tool 混合现实功能工具，如图 8-36 所示。MRTK 由 TestUtilities 测试工具包、Foundation 基础功能包、Extensions 功能扩展包、Examples 功能案例包、Tools 工具支持包等多个部分组成。

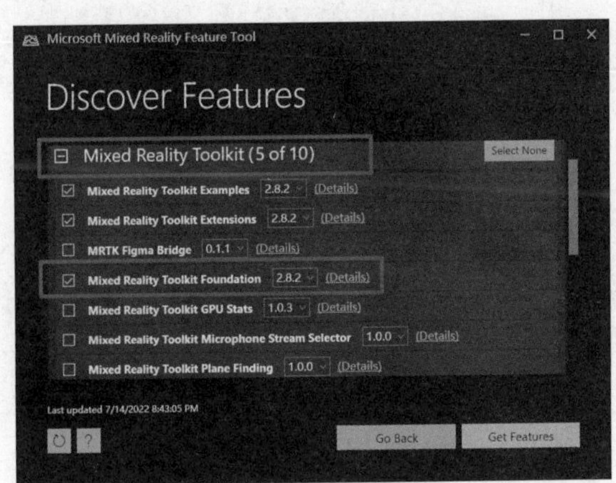

图 8-36　MRTK 资源包 1

或者直接前往 GitHub 找到 MRTK 官网并下载资源包，将 MRTK 资源包下载到计算机中，如图 8-37 所示。

▾ Assets 7

Microsoft.MixedReality.Toolkit.Unity.Examples.2.8.2.unitypackage	55.5 MB	12 days ago
Microsoft.MixedReality.Toolkit.Unity.Extensions.2.8.2.unitypackage	1.07 MB	12 days ago
Microsoft.MixedReality.Toolkit.Unity.Foundation.2.8.2.unitypackage	18.4 MB	12 days ago
Microsoft.MixedReality.Toolkit.Unity.TestUtilities.2.8.2.unitypackage	14.4 KB	12 days ago
Microsoft.MixedReality.Toolkit.Unity.Tools.2.8.2.unitypackage	2.17 MB	12 days ago
Source code (zip)		12 days ago
Source code (tar.gz)		12 days ago

图 8-37　MRTK 资源包 2

Step2：依次将资源包导入 Unity 中，单击“Mixed Reality→Toolkit→Utilities→Configure Project for MRTK”打开项目配置，如图 8-38 所示。

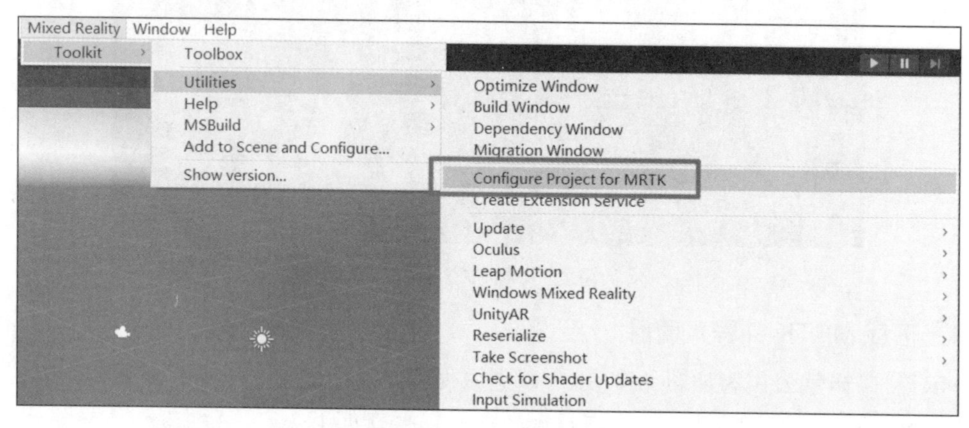

图 8-38　打开项目配置

Step3：单击“Unity OpenXR plugin”以启用 XR 插件管理，并将 Unity OpenXR 插件添加到项目，如图 8-39 所示。

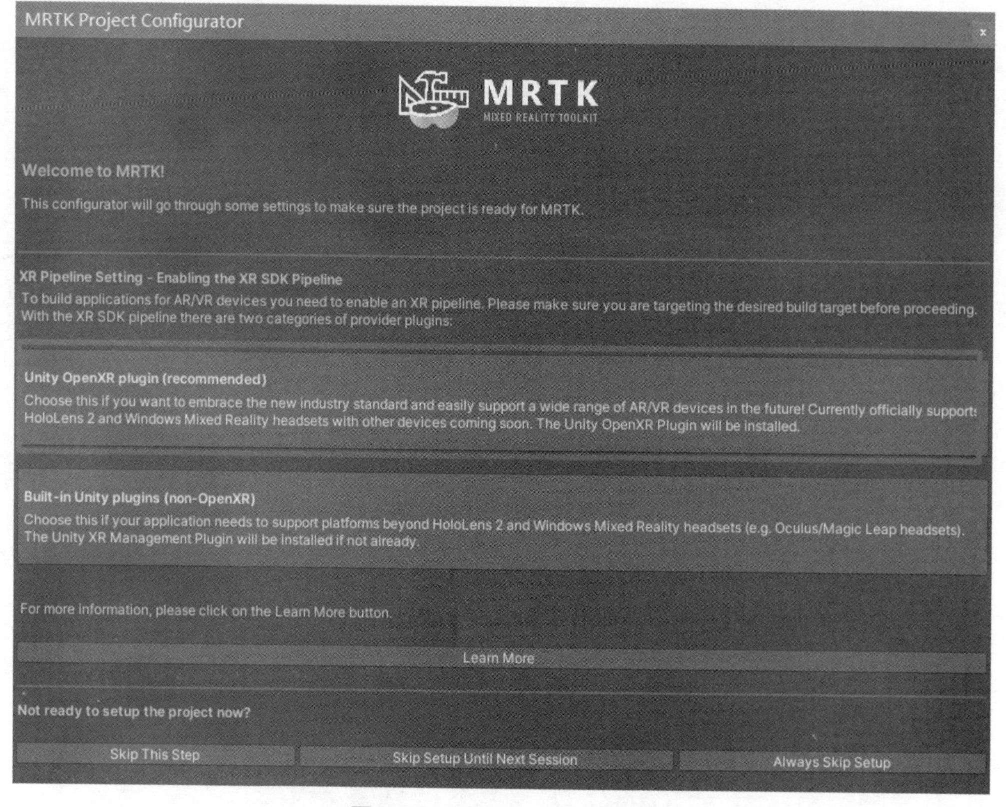

图 8-39　Unity OpenXR 插件

Step4：在“MRTK Project Configurator”窗口中，选择“Show XR Plug-in Management Settings”可以打开“Project Settings”窗口，如图 8-40 所示。

MRTK Project Configurator

MRTK
MIXED REALITY TOOLKIT

Welcome to MRTK!

This configurator will go through some settings to make sure the project is ready for MRTK.

XR Pipeline Setting - Enabling the XR SDK Pipeline with OpenXR

To enable the XR SDK pipeline with OpenXR follow the instructions below.

1. Press the Show Settings button.
2. In the XR management plug-in window that shows up, please switch to the correct build target (e.g. UWP, Windows standalone) tab by clicking on the icon(s) right below the XR Plug-in Management title.
3. Check the checkbox for OpenXR plugin. A new page confirming the detection of OpenXR will be shown in place of this page once you finish the steps.

Show XR Plug-in Management Settings

Not ready to setup the project now?

Skip This Step　Skip Setup Until Next Session　Always Skip Setup

图 8-40　插件设置 1

Step5：单击“Skip This Step”进入下一步骤，对所有“Project Settings”参数与“UWP Capabilities”参数进行设置，如图 8-41 所示。

MRTK Project Configurator

MRTK
MIXED REALITY TOOLKIT

Welcome to MRTK!

This configurator will go through some settings to make sure the project is ready for MRTK.

Project Settings

Force text asset serialization

Enable visible meta files

Set default Spatial Awareness layer

Enable old input system for input simulation (won't disable new input system)

Audio spatializer

UWP Capabilities

Enable Microphone Capability

Enable Internet Client Capability

Enable Spatial Perception Capability

Enable Eye Gaze Input Capability

Avoid Unity 'PlayerSettings.graphicsJob' crash

Project Configuration Confirmed

This Unity project is properly configured for the Mixed Reality Toolkit. All items shown above are using recommended settings.

Apply

Not ready to setup the project now?

Skip Setup Until Next Session　Always Skip Setup

图 8-41　插件设置 2

5. 解析不兼容的设置

Step1：单击“OpenXR”旁边的感叹号图标，在“OpenXR Project Validation”窗口中列出了几个问题，选择“Fix All”按钮，如图 8-42 所示。

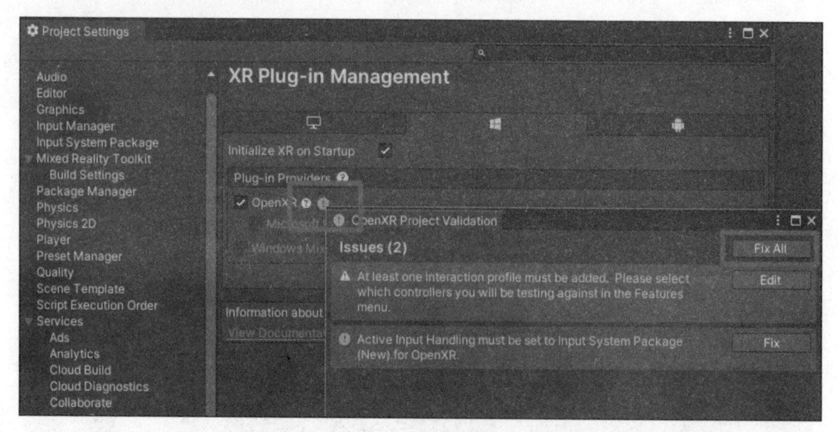

图 8-42　修复问题 1

注意：列表中的问题可能有所不同，这与个人项目设置有关。

Step2：此时项目中存在一个问题，并显示必须添加至少一个交互配置文件。为此请单击“Edit”，跳转到“Project Settings”窗口中 OpenXR 插件的设置，如图 8-43 所示。

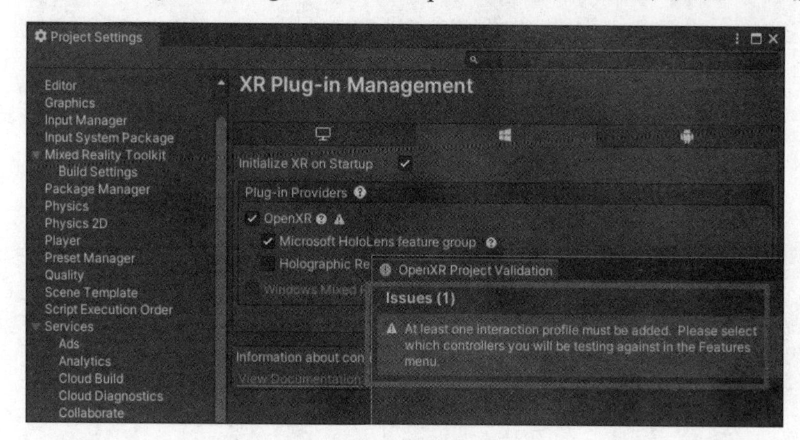

图 8-43　修复问题 2

Step3：在 OpenXR 的交互配置文件中添加配置，主要有“Eye Gaze Interaction Profile”“Microsoft Hand Interaction Profile”“Microsoft Motion Controller Profile”，如图 8-44 所示。

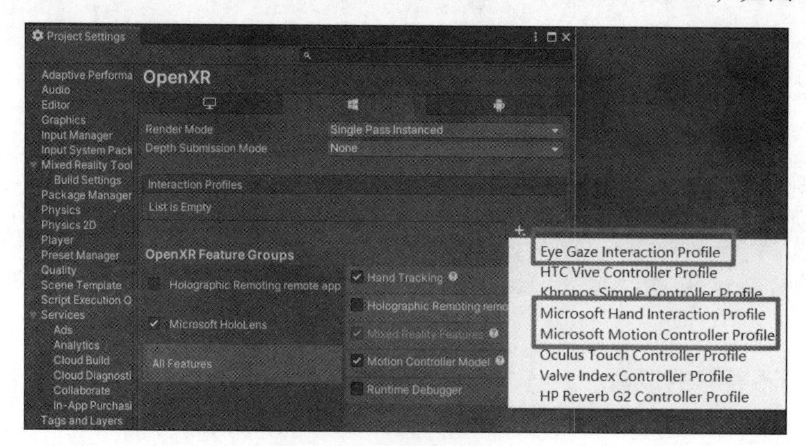

图 8-44　添加配置文件

Step4：如果“Eye Gaze Interaction Profile”或其他任何配置文件旁边出现黄色三角形警告图标，请选择该图标，然后在“OpenXR Project Validation”窗口中单击“Fix”按钮，如图 8-45 所示。

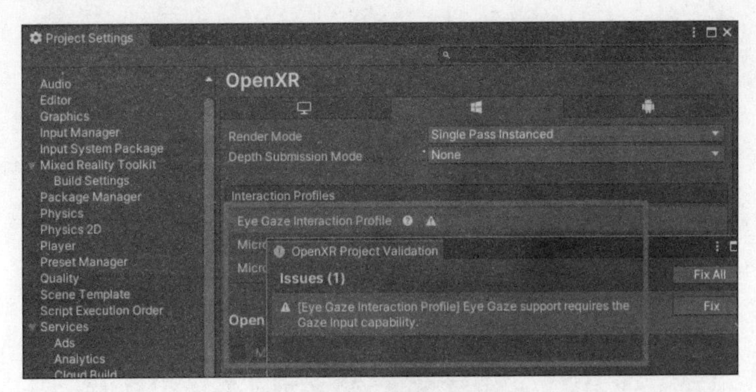

图 8-45　修复配置文件

Step5：在“Project Settings”窗口的“OpenXR Feature Groups”下，确保“Microsoft HoloLens”“Hand Tracking”“Motion Controller Model”为开启状态，如图 8-46 所示。

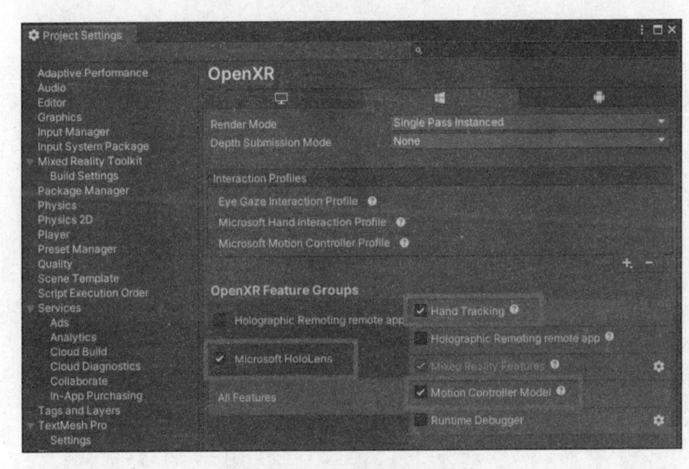

图 8-46　设置为开启状态

Step6：打开“Depth Submission Mode”下拉列表，然后选择“Depth 16 Bit”（深度 16 位），如图 8-47 所示。

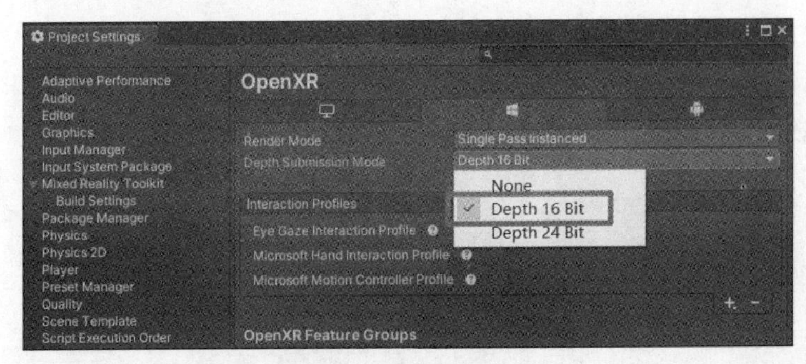

图 8-47　修改深度模式

6．设置打包参数

Step1：打开“Build Settings”窗口，修改“Target Device”“Architecture”“Build configuration”参数，具体设置如图 8-48 所示。

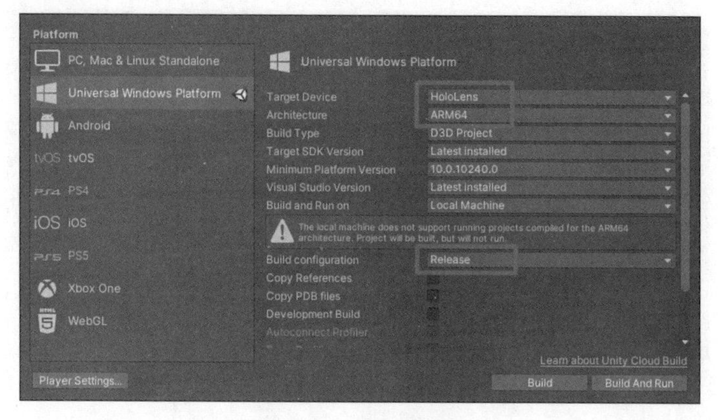

图 8-48　打包设置

Step2：打开“Project Settings”窗口，修改“Company Name”“Product Name”“Package name”参数，如图 8-49 所示。

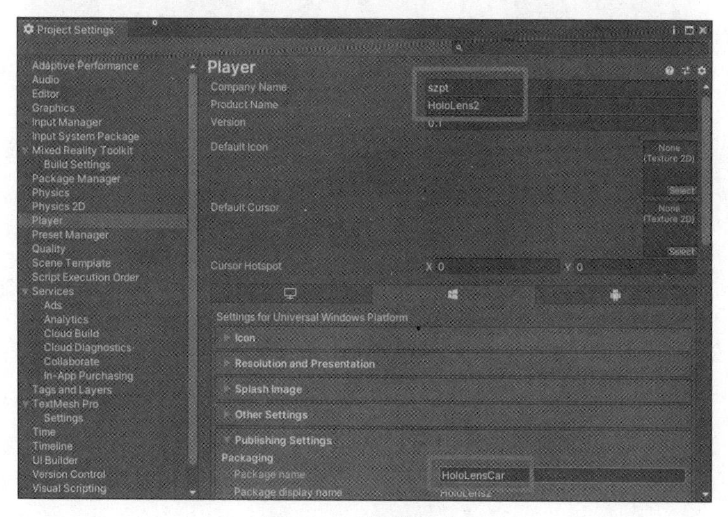

图 8-49　修改参数

Step3：针对 HoloLens 2 进行开发，在菜单栏中单击“Mixed Reality→Project→Apply recommended project settings for HoloLens 2”，可以获得更好的应用性能，如图 8-50 所示。

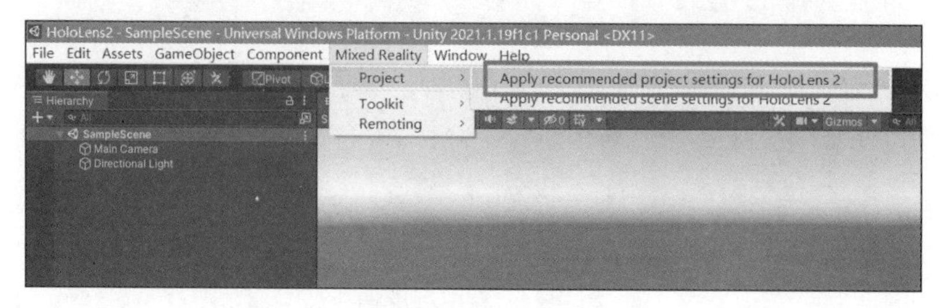

图 8-50　项目设置

Step4：单击“Mixed Reality→Toolkit→Add to Scene and Configure”将 MRTK 配置添加到场景中，即可开始搭建场景，如图 8-51 所示。

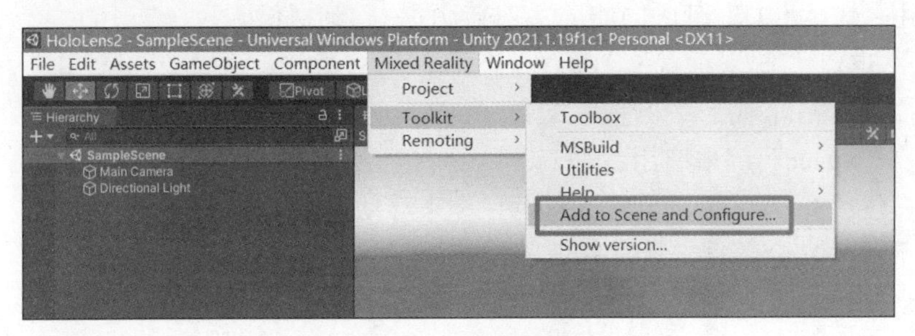

图 8-51　添加配置

7. Unity 编辑器内的输入模拟功能

下载 MRTK 并导入项目中，Examples 包主要为示例场景包，如图 8-52 所示。

在项目“Assets”文件夹中找到“MRTK→Examples→Demos→HandTracking→Scenes→HandInteractionExamples”场景，场景效果如图 8-53 所示。开发者可以根据以上教程直接将场景打包到 HoloLens 2 进行体验，或者在 Unity 引擎中直接运行。

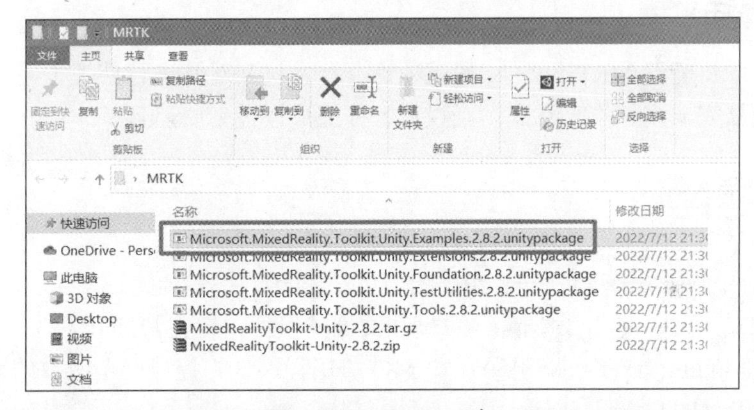

图 8-52　Examples 包

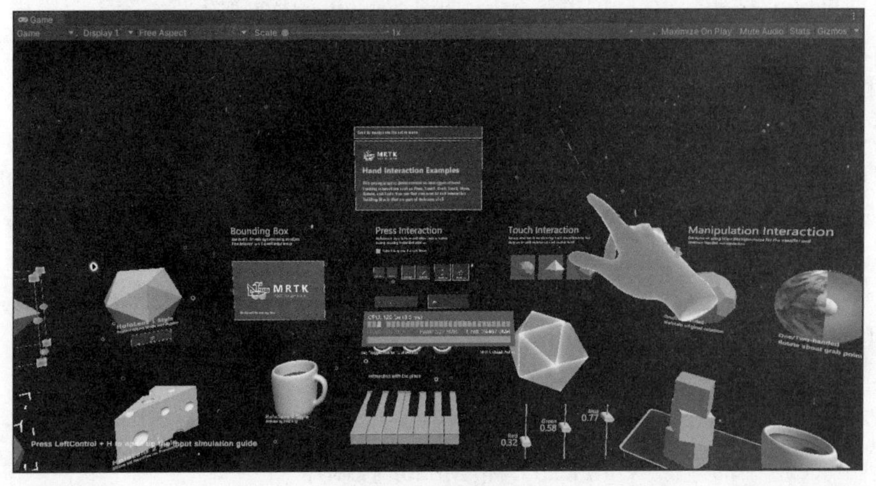

图 8-53　场景效果

使用 Unity 编辑器的内输入模拟功能，可以在全息对象的交互设计中测试手部或眼部交互，并在场景中移动对象以测试其行为。

① 使用“W/A/S/D”键来向前/向左/向后/向右移动摄像头。

② 使用“Q/E”键来垂直移动摄像头。

③ 按住鼠标右键来旋转摄像头。

④ 按住“Space”键来启用右手。

⑤ 在按住“Space”键的同时，移动鼠标来移动手。

⑥ 使用鼠标滚轮来调整手的深度。

⑦ 单击鼠标左键来模拟捏的手势。

⑧ 使用“T/Y”键来让手持续显示在视图中。

⑨ 按住“Ctrl”键并移动鼠标来旋转手。

⑩ 按住左“Shift”键来启用左手。

任务 2 场景搭建

任务描述

在本任务中将配置 MRTK 文件，导入项目资源素材并对其进行处理，利用动画控制器完成多种汽车状态动画设计，并完成设计 UI 任务。

微课视频

知识点 13

知识引导

MRTK 是一个开源工具包，自 2016 年 HoloLens 首次发布以来就一直存在。MRTK 也是一组包含插件、示例和文档的组件，旨在帮助开发者使用 Unreal Engine 或 Unity 引擎开发 MR 应用程序，它提供两个版本的解决方案，即 MRTK-Unity 和 MRTK for Unreal。

MRTK-Unity 是一套组件和功能，用于加速在 Unity 中创建跨平台 MR 应用程序。同时 MRTK-Unity 是一个可扩展的框架，允许开发者更改其基本组件并提供跨平台输入系统和 UI 操作构建元素。

MRTK-Unity 的关键特性之一是支持多个平台，从而提高了互操作性。此外，MRTK-Unity 在编辑器内进行模拟，允许即时查看所做的更改，从而提供了快速的原型设计，其支持的平台如下。

① OpenXR (Unity 2020.3.8+)-Microsoft HoloLens 2 和 Windows Mixed Reality 眼镜。

② Windows Mixed Reality-Microsoft HoloLens、HoloLens 2 和其他 Windows Mixed Reality 眼镜。

③ Oculus（Unity 2019.3 或更高版本）-Oculus（现为 Meta）Quest。

④ OpenVR-Windows 混合现实眼镜、HTC Vive 和 Oculus Rift。

⑤ Ultraleap 手部追踪– Ultraleap Leap Motion 控制器。

⑥ 移动 VR-iOS 和 Android。

任务实施

1. 处理配置文件

Step1：勾选场景中的“MixedRealityToolkit”，单击“MixedRealityToolkit”中的“Clone”按钮复制配置文件，如图 8-54 所示。

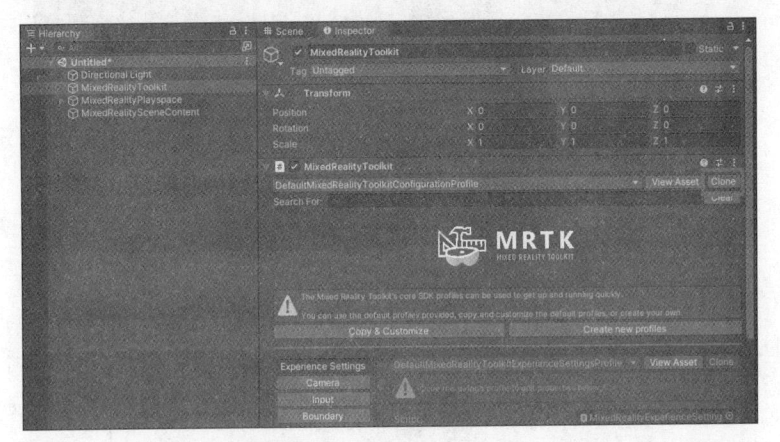

图 8-54　复制配置文件

Step2：将场景中的 MRTK 配置文件更改为复制的配置文件，如图 8-55 所示。

图 8-55　更改 MRTK 配置文件

Step3：找到“Experience Settings”中的“Target Experience Scale”，将其更改为“Standing”，如图 8-56 所示。

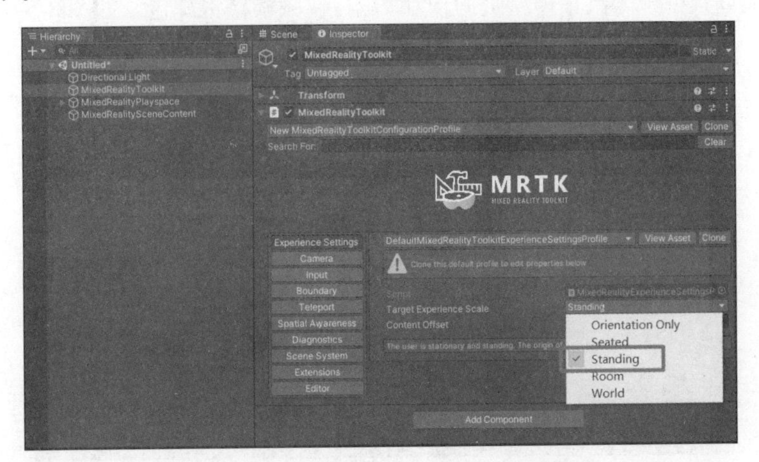

图 8-56　更改“Target Experience Scale”

Step4：取消勾选“Diagnostics”中的“Enable Diagnostics System”复选框，关闭诊断系统，如图 8-57 所示。

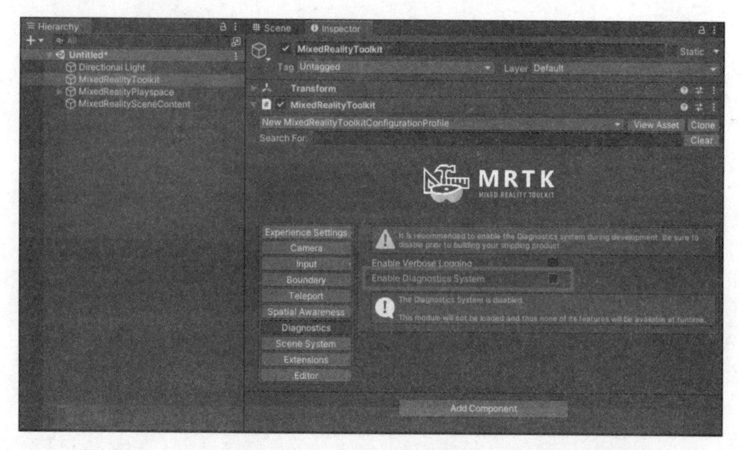

图 8-57　取消勾选“Enable Diagnostics System”复选框

如不关闭诊断系统，则运行项目后会在屏幕正下方出现诊断系统面板，具体效果如图 8-58 所示。

图 8-58　诊断系统面板

2. 处理资源

Step1：在场景中导入汽车模型资源包和 UI 与音频素材资源包，如图 8-59 所示。

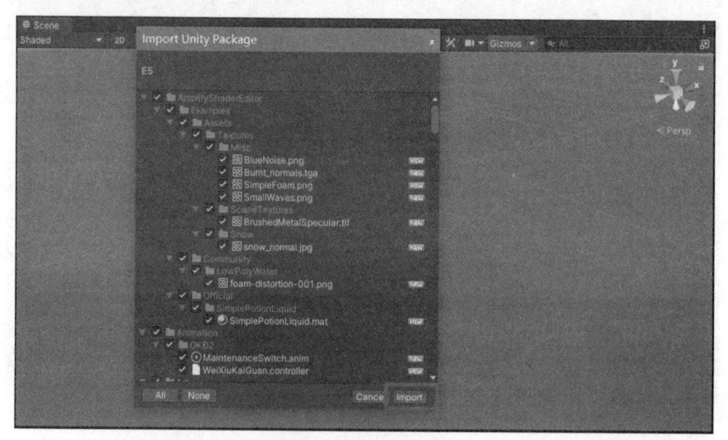

图 8-59　导入资源包

Step2：选中图片素材，将其“Texture Type”设置为“Sprite(2D and UI)”，如图 8-60 所示。然后单击“Apply”按钮即可。

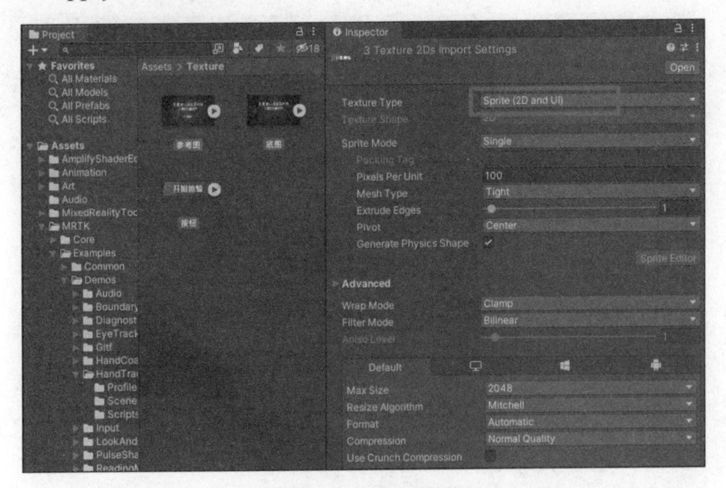

图 8-60　修改资源类型

Step3：单击“Assets→Prefabs→E5”将汽车模型拖动到场景中，并修改其“Transform”组件的参数，具体设置如图 8-61 所示。

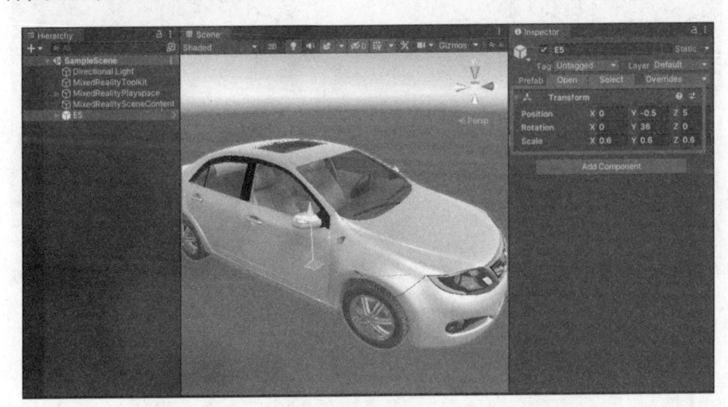

图 8-61　修改“Transform”组件的参数

Step4：在场景中右击“E5”，在弹出的快捷菜单中选择“Prefab→Unpack”断开预制体，如图 8-62 所示。

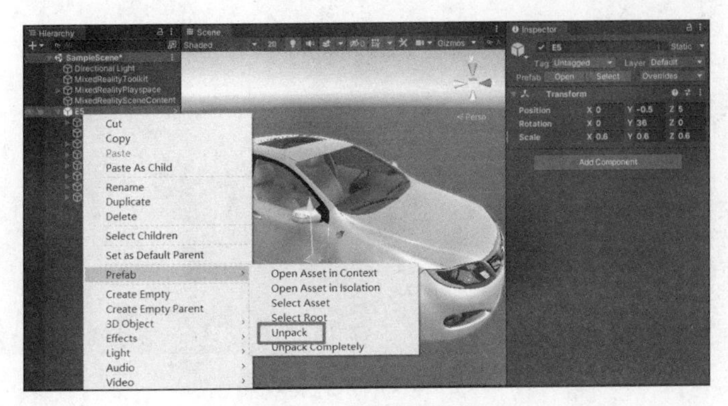

图 8-62　断开预制体

Step5：在模型“E5→cheke”下找到“CheMen-FR”，并在其下创建子物体，将其重命名为“右车门”，效果如图 8-63 所示。

图 8-63　创建子物体

Step6：重新调整父子级关系，效果如图 8-64 所示。

图 8-64　重新调整父子级关系

该步骤的主要目的是拆解汽车时可以通过移动右车门，能使得整块区域被移动。

Step7：重复以上操作，拆解“左车门”“外车架”“前车架”“后备箱”等，拆解完成后可以移动这些部件查看效果是否符合要求，具体效果如图 8-65 所示。

图 8-65　汽车拆解效果

Step8：为“左车门”“右车门”“外车架”“前车架”“后备箱”等添加“Object Manipulator”脚本，然后添加“Box Collider”组件的“Rigidbody”组件。添加完成后，调整“Rigidbody”组件的参数，并限制其“Freeze Rotation”，具体设置如图 8-66 所示。

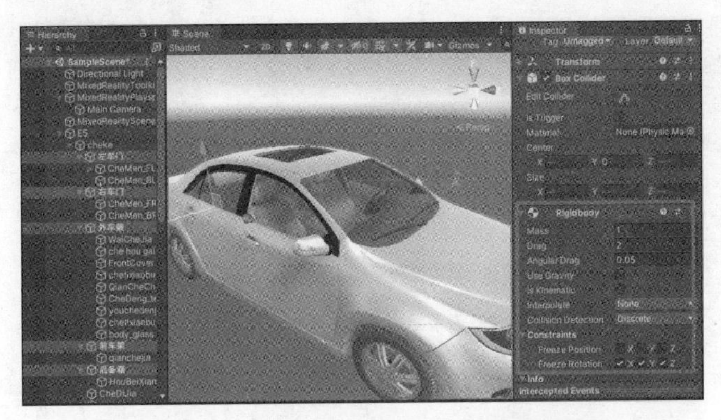

图 8-66　调整“Rigidbody”组件的参数

Step9：设置完成后，调整“Box Collider”的范围，并取消勾选“Box Collider”组件激活状态，具体操作如图 8-67 所示。

图 8-67　调整“Box Collider”组件

Step10：切换到 E5 模型，为其添加“Object Manipulator”脚本与“Box Collider”组件，添加完成后，调整“Box Collider”组件的碰撞体范围。这里所添加的“Box Collider”组件激活状态无须关闭，否则运行程序后无法与模型进行交互，如图 8-68 所示。

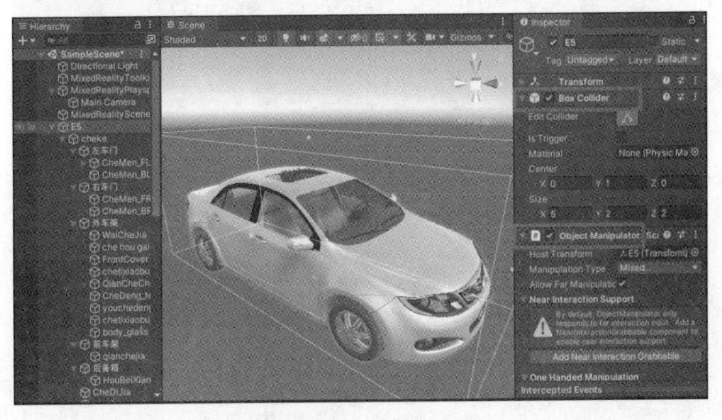

图 8-68　添加组件

Step11：选中“右车门”下的“CheMen_FR”并添加“Animator”组件，打开“Animation”窗口（按“Ctrl+6”组合键），使其在 0:00 到 0:50 时“Rotation”的“Z”从 0 到 – 50 递减，如图 8-69 所示。

图 8-69　制作开车门动画片段

Step12：制作关车门动画片段，其原理与 Step11 的类似，具体效果如图 8-70 所示。

图 8-70　制作关车门动画片段

Step13：右车门开关车门动画片段制作完成后，需要制作左车门的开关车门动画片段，具体操作可参考 Step11 与 Step12。4 个动画片段制作完成后，在“Asset”文件夹下找到创建的“Animation”动画片段，将其“Loop Time”复选框取消勾选，如图 8-71 所示。

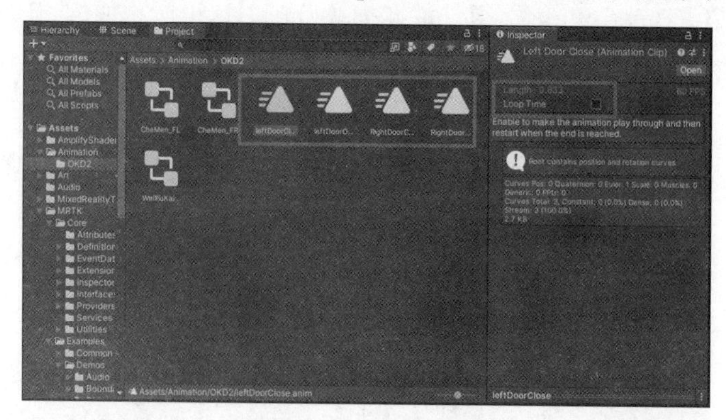

图 8-71　关闭循环播放

Step14：打开对应的动画控制器，将其“Animation”动画片段拖动进“Animator”视图中。在空白处右击，在弹出的快捷菜单中选择“Create State”创建空状态。选中创建的空状态右击，在弹出的快捷菜单中选择“Set as Layer Default State”，将其设置为默认状态，具体效果如图 8-72 所示。

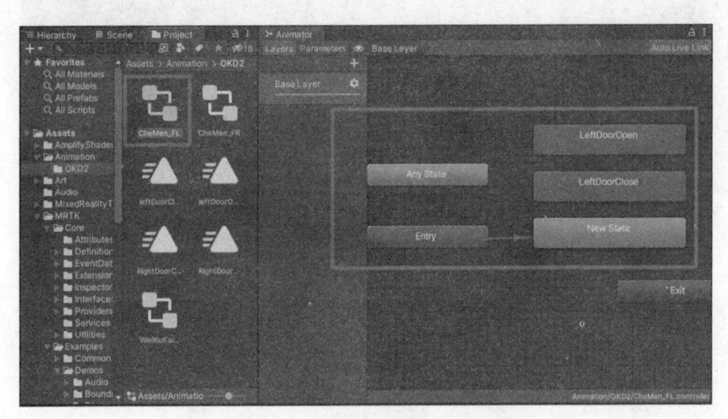

图 8-72　调整动画控制器

至此模型处理已经基本完成，开发者可以直接在 Unity 引擎中运行项目，对汽车模型进行交互。

Step15：添加模型交互音效。选中模型“E5”，添加“Audio Source”组件，并在“Object Manipulator”组件处找到“Started”与“Ended”状态，添加“EventData”，将“Audio Source”组件拖动到上方，将事件修改为“AudioSource.PlayOneShot”，并添加 MRTK 自带的音频，如图 8-73 所示。

Step16：制作完成后，为“左车门”“外车架”“前车架”“后备箱”等进行和 Step15 一致的操作，添加音频组件后修改“Object Manipulator”脚本内容。

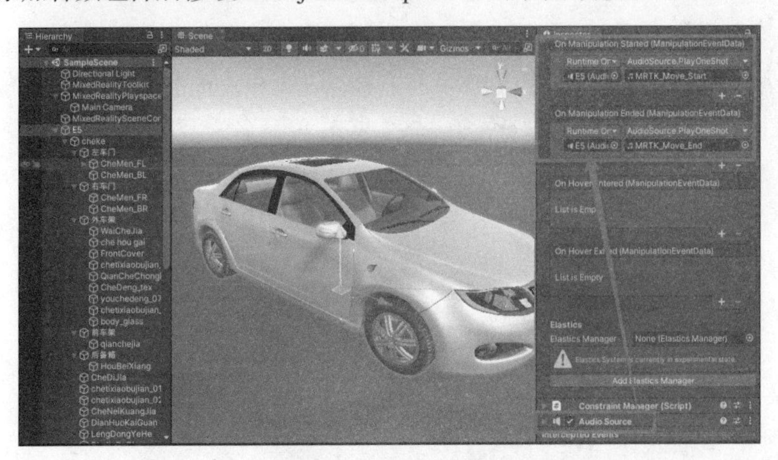

图 8-73　制作交互音效

3. UI 设计

Step1：在场景中创建“Canvas”，创建完成后找到“Canvas”中的“Convert to MRTK Canvas”按钮，如图 8-74 所示，单击该按钮会把普通“Canvas”转换为“MRTK Canvas”，否则“Canvas”上的按钮组件无法在 HoloLens 2 中交互。

图 8-74　转换为 MRTK 画布

Step2：将“Canvas”的“Render Mode”设置为“World Space”，并修改其“Rect Transform”组件参数，具体设置如图 8-75 所示。

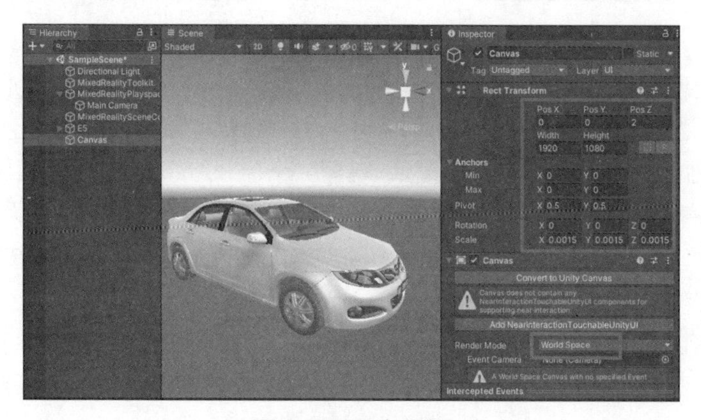

图 8-75　画布调整

Step3：在“Canvas”下创建空物体并将其命名为“StartPanel，在“StartPanel”下创建“Image”控件与“Button”控件。将“Image”控件重命名为“bg”，“Button”控件重命名为“StartBtn”，并将处理好的图片素材移动到控件中，具体效果如图 8-76 所示。

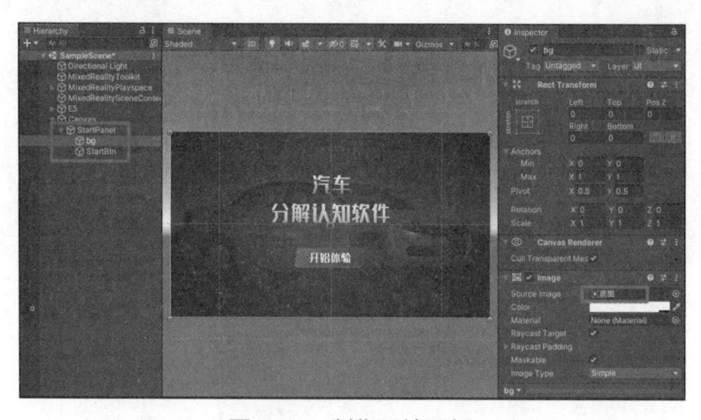

图 8-76　制作开始面板

Step4：在“Canvas”下创建空物体，将其命名为“ControlPanel”；在“ControlPanel”下创建“Button”控件，将其命名为“ReturnBtn”，修改控件的尺寸；在“ReturnBtn”下创

建“Image”控件，调整其尺寸，具体设置如图 8-77 所示。

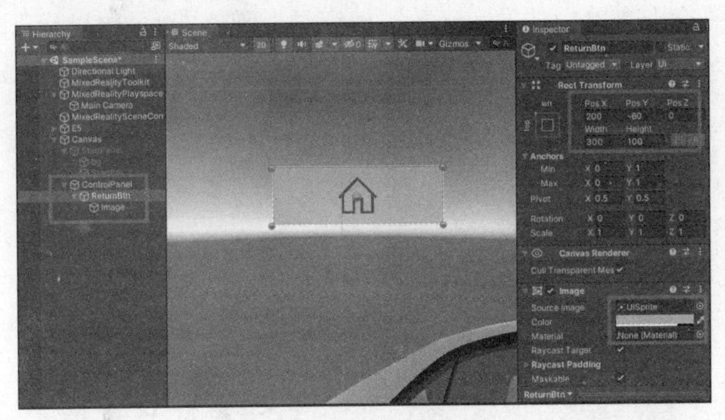

图 8-77　制作“返回”按钮

Step5：在“ControlPanel”下创建“Toggle”控件，将其重命名为“DoorTog”，修改控件的尺寸；在“DoorTog”下创建“Text”控件，调整其尺寸并将文字修改为“开门”，具体设置如图 8-78 所示。

图 8-78　制作“开门”按钮

Step6：制作完成“开门”按钮后，按“Ctrl+D”组合键进行按钮复制，参考 Step5 制作“显示参数”按钮、“隐藏外观”按钮、“爆炸”按钮、“发动汽车”按钮、“开始旋转”按钮，并对按钮进行重新排版，具体效果如图 8-79 所示。

图 8-79　制作其他交互按钮

开关车门动画在处理资源时已经制作完成，稍后将制作其他按钮的交互素材。

Step7：在“ControlPanel”下创建空物体并将其命名为“ParamObj”，在其下创建“Image”控件。该控件主要作用为单击“显示参数”按钮时，激活“ParamObj”让用户可以看到汽车的规格，如图 8-80 所示。

图 8-80　制作参数面板

制作完成后，将“ParamObj”激活状态设置为“False”，当用户单击“显示参数”按钮时才将“ParamObj”激活状态设置为“True”。

Step8：制作“爆炸”按钮所需的定点。在“右车门”下创建空物体并将其命名为“右车门起点”，复制“右车门起点”（按“Ctrl+D”组合键）后重命名为“右车门终点”，如图 8-81 所示。

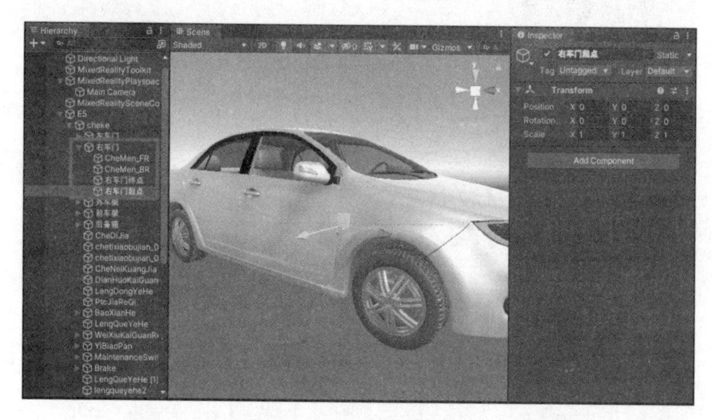

图 8-81　制作“爆炸”按钮所需的定点

Step9：调整“右车门终点”的位置，并调整其父子级关系，如图 8-82 所示。

图 8-82　调整父子级关系

该定点主要用于第一次单击“爆炸”按钮时，右车门从“右车门起点”移动到“右车门终点”；当第二次单击“爆炸”按钮时，右车门从“右车门终点”移动到“右车门起点”。

Step10：制作完成“右车门”的交互功能后，继续制作“左车门”“外车架”“前车架”“后备箱”的起点与终点，如图 8-83 所示。

图 8-83　制作爆炸定点

Step11：在“E5”下创建空物体并将其命名为“CarLight”，在“CarLight”下创建“Spot Light”，并调整其位置与“Light”组件参数，如图 8-84 所示。

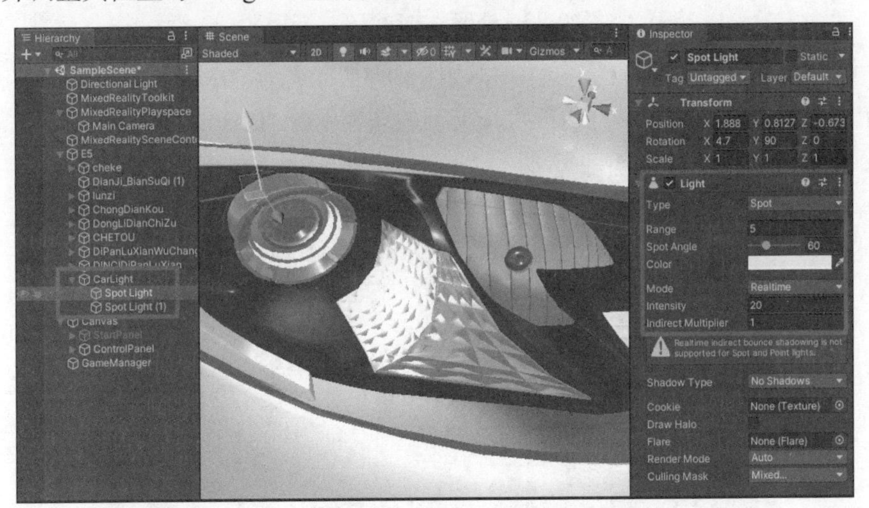

图 8-84　制作灯光效果

制作完成后，将“CarLight”激活状态设置为“False”，当用户单击“发动汽车”按钮时，再将“CarLight”激活状态设置为“True”。

Step12：为“开门”按钮与“发动汽车”按钮添加“Audio Source”组件，并添加相应的音频资源，取消自动播放，如图 8-85 和图 8-86 所示。

图 8-85　处理“开门”按钮

图 8-86　处理“发动汽车”按钮

Step13：在“ControlPanel”下创建空物体，将其命名为“ChangeColorPanel”，该面板主要作用为通过用户与面板交互更改汽车模型的颜色，在“ChangeColorPanel”下创建多个“Button”控件并重命名，如图 8-87 所示。

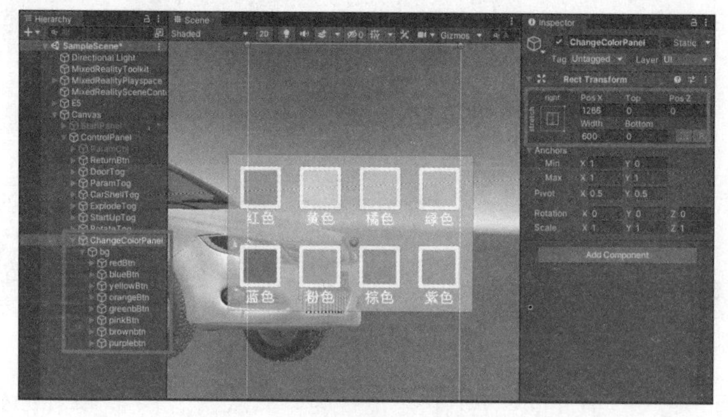

图 8-87　布置更改颜色面板

Step14：开发者制作“ChangeColorPanel”时的排版无须跟本部分内容一致，只要确保影响色块的颜色的“Image”控件与“Button”控件为同一物体即可，后续方便在代码中直接通过色块的颜色更改汽车模型颜色，具体效果如图 8-88 所示。

图 8-88　色块与“Button”控件的关系

至此场景搭建部分内容已经讲解完成，后续开发者根据交互实现部分的任务实施进行操作即可实现基于 MR 头盔的“汽车拆装”的项目开发，截至目前的具体效果如图 8-89 所示。

图 8-89　项目效果

任务 3　交互实现

任务描述

本任务将会讲述编写脚本，让控件能够被脚本驱动并完成一系列对应交互功能，包括汽车状态控制、面板属性控制等交互功能。

知识引导

MR 应用需求千差万别，每一个应用都对 HoloLens 2 设备的功能特性有特定的要求。由于 MRTK 是跨平台框架，对不同设备的不同功能特性进行配置非常复杂，更需要有良好的配置管理方法。组织和管理不同应用的配置是底层框架需要面对的问题。MRTK 利用 Unity 可编程对象（Scriptable Object）实现配置 MR 应用的所有功能特性（可用功能），使用配置文件（Profiles）进行管理，在 MRTK 中，配置文件是非常重要的概念，它有一个功能清单，定义了 MR 应用可以使用的功能及使用这些功能的方式。为方便开发者使用，MRTK

默认定义了若干通用的配置文件，也针对特定硬件平台定义了优化的配置文件，同时允许开发者定制所有的功能特性以满足开发需求或针对特定应用进行优化。

除此之外，通过配置文件，还可以定制所有功能的执行方式，即可以替换掉默认的执行方式，并使用自定义的逻辑来代替。由于在设计之初就考虑了开发者的自定义需求，因此定制功能执行流程也非常简单，只需要在主业务逻辑中实现特定的接口，然后在配置文件中指定功能处理逻辑为自定义的实现脚本即可。MRTK 中的所有功能都具备高度的可定制化能力，包括摄像机（Camera）、输入系统（Input System）、输入处理（Handling Input）、指针（Pointer）、光标（Cursor）、语音命令（Speech Command）等。

任务实施

Step1：在场景中创建空物体并将其命名为“GameManager”，在“Assets”文件夹下创建 C#脚本并将其命名为“GameManager”，将脚本挂载到场景中的“GameManager”上，该脚本主要用于项目中各按钮的单击事件检测。

Step2：编写“开始体验”按钮代码，运行项目后隐藏 E5 汽车模型以及控制面板，显示开始面板。用户单击“开始体验”按钮后，关闭开始面板，显示 E5 汽车模型以及控制面板，具体代码如下：

```
using System;
using System.Collections;
using System.Collections.Generic;
using UnityEngine;
using UnityEngine.UI;
public class GameManager : MonoBehaviour
{
    [Header("开始面板")]
    public GameObject StartPanel;         //开始面板
    public GameObject ControlPanel;       //控制面板
    public GameObject E5Car;              //汽车模型
    private Vector3 E5CarPos;             //记录汽车初始化的位置
    private Vector3 E5CarRot;             //记录汽车初始化的角度
    private Vector3 E5CarSc;              //记录汽车初始化的比例
    public Button StartBtn;               //“开始体验”按钮
    void Awake()
    {
        OnInit();
        StartBtn.onClick.AddListener(OnClickStartBtn);
    }
    void OnInit()
    {
        StartPanel.SetActive(true);
        ControlPanel.SetActive(false);
        E5Car.SetActive(false);
        //记录初始化汽车的位置角度比例
```

```
        E5CarPos = E5Car.transform.position;
        E5CarRot = E5Car.transform.rotation.eulerAngles;
        E5CarSc = E5Car.transform.localScale;
    }
    //单击“开始体验”按钮
    public void OnClickStartBtn()
    {
        StartPanel.gameObject.SetActive(false);
        ControlPanel.SetActive(true);
        E5Car.gameObject.SetActive(true);
        //每次单击“开始体验”按钮重新初始化模型位置角度比例
        E5Car.transform.position = E5CarPos;
        E5Car.transform.rotation = Quaternion.Euler(E5CarRot);
        E5Car.transform.localScale = E5CarSc;
    }
}
```

Step3：将“StartPanel”“ControlPanel”“E5”从“Hierarchy”窗口中拖动到“Game Manager(Script)”组件中进行赋值，即可实现单击“开始体验”按钮后打开控制面板与 E5 汽车模型，具体操作如图 8-90 所示。

图 8-90　面板参数赋值

Step4：打开控制面板，编写“返回”按钮代码，当用户单击“返回”按钮时，则打开开始面板，隐藏控制面板与汽车模型，在“GameManager”脚本中继续添加代码。具体代码如下：

```
[Header("返回按钮")]
    public Button ReturnBtn;            //“返回”按钮
    void Awake()
    {
        ReturnBtn.onClick.AddListener(OnClickReturnBtn);
    }
    //单击“返回”按钮
    public void OnClickReturnBtn()
    {
        StartPanel.gameObject.SetActive(true);
        ControlPanel.SetActive(false);
        E5Car.gameObject.SetActive(false);
    }
```

需要注意：在同一个命名空间内不可调用两次 Awake()函数，所以需要把以上 Awake()函数中的代码写进 Step2 中包含的生命周期函数。

Step5：保存代码并打开 Unity 引擎，在场景中进行参数赋值，具体操作如图 8-91 所示。

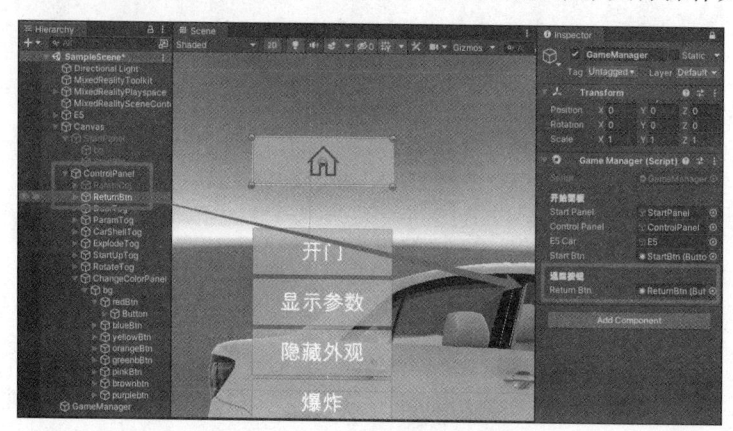

图 8-91 “返回”按钮参数赋值

Step6：接下来继续编写“开门”按钮的代码，当用户单击“开门”按钮时，打开汽车模型的左、右车门，更改按钮的文本信息并发出开、关车门声音，具体代码如下：

```
[Header("开门按钮")]
    public Toggle DoorTog;              //开关门切换
    public GameObject leftDoor;
    public GameObject rightDoor;
    void Awake()
    {
        DoorTog.onValueChanged.AddListener(OnValueChangeDoorTog);
    }
    // “开门”按钮
    private void OnValueChangeDoorTog(bool isOn)
    {
        if (isOn)
        {
            leftDoor.GetComponent<Animator>().Play("LeftDoorOpen");
            rightDoor.GetComponent<Animator>().Play("RightDoorOpen");
            DoorTog.GetComponentInChildren<Text>().text = "关门";
        }
        else
        {
            leftDoor.GetComponent<Animator>().Play("LeftDoorClose");
            rightDoor.GetComponent<Animator>().Play("RightDoorClose");
            DoorTog.GetComponentInChildren<Text>().text = "开门";
        }
        //汽车开门声
        DoorTog.GetComponent<AudioSource>().Play();
    }
```

Step7：保存代码并在场景中找到左、右车门，拖动赋值到“Game Manager(Script)”组件中，在场景搭建部分已经制作了汽车左、右车门开关动画控制器，所以这里仅需拖动赋值，如图 8-92 所示。

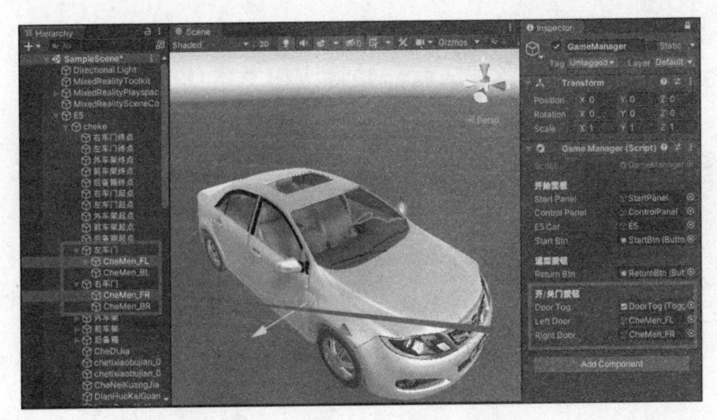

图 8-92　“开门”按钮参数赋值

Step8：编写“显示参数”按钮的代码，当用户单击“显示参数”按钮时，将事先制作好的“ParamObj”激活状态设置为“True”，并将按钮文本信息更改为“隐藏参数”。具体代码如下：

```
[Header("显示参数按钮")]
    public Toggle ParamTog;             //显示与隐藏参数切换
    public GameObject ParamObj;         //参数面板
    void Awake()
    {
        ParamTog.onValueChanged.AddListener(OnvalueChangeParamTog);
    }
    //“显示参数”按钮
    private void OnvalueChangeParamTog(bool isOn)
    {
        if (isOn)
        {
            ParamTog.GetComponentInChildren<Text>().text = "隐藏参数";
            ParamObj.SetActive(true);
        }
        else{
            ParamTog.GetComponentInChildren<Text>().text = "显示参数";
            ParamObj.SetActive(false);
        }
    }
```

Step9：对“显示参数”按钮的参数进行赋值，如图 8-93 所示。

图 8-93　“显示参数”按钮参数赋值

Step10：编写“隐藏外观”按钮的代码，当用户单击“隐藏外观”按钮时，取消勾选“E5”下的“cheke”物体激活状态复选框，并将按钮文本信息更改为“显示外观”。具体代码如下：

```
[Header("显示外观按钮")]
    public Toggle CarShellTog;          //显示外观及隐藏外观切换
    public GameObject CarShellObj;
    void Awake()
    {
        CarShellTog.onValueChanged.AddListener(OnvalueChangeCarShellTog);
    }
    //“显示外观”按钮
    private void OnvalueChangeCarShellTog(bool isOn)
    {
        if (isOn)
         {
           CarShellTog.GetComponentInChildren<Text>().text = "显示外观";
           CarShellObj.SetActive(false);
         }
        else
         {
           CarShellTog.GetComponentInChildren<Text>().text = "隐藏外观";
           CarShellObj.SetActive(true);
         }
    }
```

Step11：对“隐藏外观”按钮的参数进行赋值，如图 8-94 所示。

图 8-94 “隐藏外观”按钮参数赋值

Step12：编写“爆炸”按钮的代码，当用户第一次单击“爆炸”按钮时，汽车模型将解体，各部件移动到事先设置好的定点；当用户第二次单击“爆炸”按钮时，各部件将进行合体。对解体后的汽车模型可以进行各部件的交互，具体代码如下：

```
[Header("爆炸按钮")]
    public Toggle ExplodeTog;          //爆炸切换
    //爆炸部位，0 表示左车门，1 表示右车门，2 表示外车架，3 表示前车架，4 表示后备箱
    public GameObject[] ExplodeObj;
```

```
        public GameObject[] startPosition;     //部位开始位置
        public GameObject[] movePoint;      //部位爆炸后移动的位置
        public float MoveSpeed;            //移动速度
        void Awake()
        {
           ExplodeTog.onValueChanged.AddListener(OnvalueChangeExplodeTog);
        }
        //“爆炸”按钮
        private void OnvalueChangeExplodeTog(bool isOn)
        {
           if (isOn)
           {
              StartCoroutine(ChangeObjCollider(E5Car, 0f));
              for (int i = 0; i < ExplodeObj.Length; i++)
              {
                  //部件位置移动
                  StartCoroutine(MoveObj(ExplodeObj[i], movePoint[i]));
                  //打开碰撞体
                  StartCoroutine(ChangeObjCollider(ExplodeObj[i], 1f));
              }
           }
           else
           {
              for (int i = 0; i < ExplodeObj.Length; i++)
              {
                  //部件位置移动
                  StartCoroutine(MoveObj(ExplodeObj[i], startPosition[i]));
                  //关闭碰撞体
                  StartCoroutine(ChangeObjCollider(ExplodeObj[i], 0f));
              }
              StartCoroutine(ChangeObjCollider(E5Car, 1f));
           }
        }
        //激活关闭汽车碰撞体
        IEnumerator ChangeObjCollider(GameObject go,float time)
        {
           yield return new WaitForSeconds(time);
           go.GetComponent<BoxCollider>().enabled = !go.GetComponent<BoxCollider>().
enabled;
        }
        IEnumerator MoveObj(GameObject go, GameObject point)
        {
           while (Vector3.Distance(go.transform.position, point.transform.position) >
0.005f)
        {
              go.transform.position    =    Vector3.MoveTowards(go.transform.position,
point.transform.position, Time.deltaTime * MoveSpeed);
              go.transform.rotation    =    Quaternion.Slerp(go.transform.rotation,
point.transform.rotation, MoveSpeed * Time.deltaTime*3);
              yield return null;
```

```
        }
    }
```

Step13：对“爆炸”按钮的参数进行赋值，具体设置如图 8-95 所示。

图 8-95 “爆炸”按钮参数赋值

Step14：编写“发动汽车”按钮的代码，当用户单击“发动汽车”按钮时，将“E5”下的“CarLight”物体激活状态设置为“True”，并将按钮文本信息更改为“关闭汽车”。具体代码如下：

```
[Header("发动汽车按钮")]
    public Toggle StartUpTog;            //发动汽车切换
    public GameObject carLightObj;       //车灯
    void Awake()
    {
        StartUpTog.onValueChanged.AddListener(OnvalueChangeStartUpTog);
    }
    //“发动汽车”按钮
    private void OnvalueChangeStartUpTog(bool isOn)
    {
        if (isOn)
        {
            StartUpTog.GetComponentInChildren<Text>().text = "关闭汽车";
            carLightObj.SetActive(true);
            //汽车发动时的引擎声
            StartUpTog.GetComponent<AudioSource>().Play();
        }
        else
        {
            StartUpTog.GetComponentInChildren<Text>().text = "发动汽车";
            carLightObj.SetActive(false);
        }
    }
```

Step15：对“发动汽车”按钮的参数进行赋值，如图 8-96 所示。

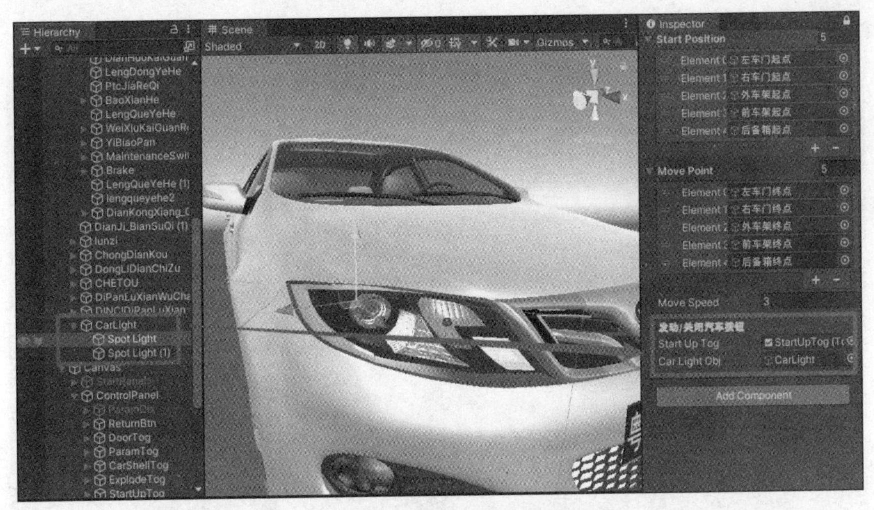

图 8-96 “发动汽车”按钮参数赋值

Step16：编写“开始旋转”按钮的代码，当用户单击“开始旋转”按钮时，“E5”将围绕自身 y 轴进行旋转，并将按钮文本信息更改为“停止旋转”。具体代码如下：

```
[Header("开始旋转按钮")]
    public Toggle RotateTog;            //发动汽车切换
    public float rotationSpeed;          //旋转速度
    private bool isRotate;              //判断是否可以进行旋转
    void Awake()
    {
        RotateTog.onValueChanged.AddListener(OnvalueChangeRotateTog);
    }
    // “开始旋转”按钮
    private void OnvalueChangeRotateTog(bool isOn)
    {
        if (isOn)
        {
            RotateTog.GetComponentInChildren<Text>().text = "停止旋转";
            isRotate = true;
            StartCoroutine(StartRotate());
        }
        else
    {
            RotateTog.GetComponentInChildren<Text>().text = "开始旋转";
            isRotate = false;
        }
    }
    //汽车旋转协程
    IEnumerator StartRotate()
    {
        yield return null;
        E5Car.transform.Rotate(Vector3.up * Time.deltaTime * rotationSpeed);
        if (isRotate) StartCoroutine(StartRotate());
    }
```

Step17：对“开始旋转”按钮的参数进行赋值，如图 8-97 所示。

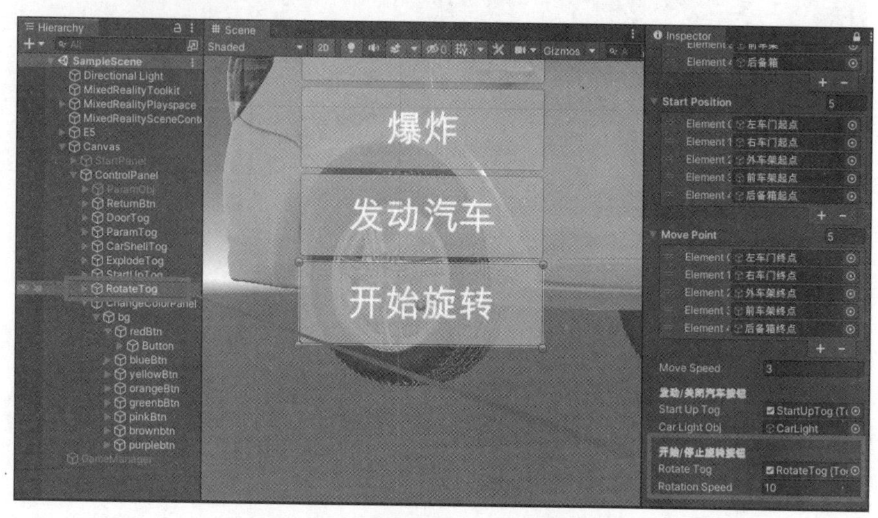

图 8-97 “开始旋转”按钮参数赋值

目前为止，控制面板中所有按钮的事件均已检测完毕，接下来将继续制作控制面板下更改颜色面板的交互功能，并进行测试和优化。

Step18：在“GameManage”脚本中添加材质球对象的代码。具体代码如下：

```
[Header("汽车模型材质球")]
public Material[] carMaterials;
```

Step19：在“Assets”文件夹中找到影响汽车模型的材质球，其位置在“Assets→Art→Models→Materials”文件夹下，对其参数进行赋值如图 8-98 所示。

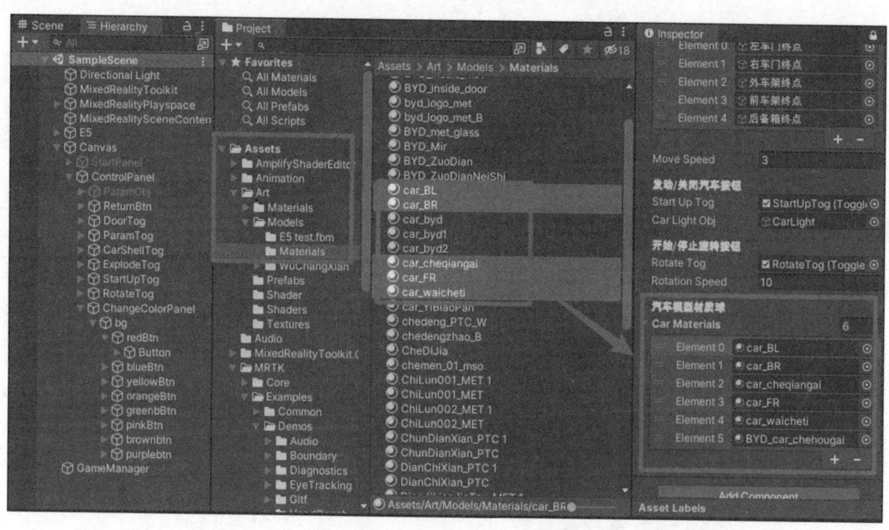

图 8-98 材质球参数赋值

Step20：在“Assets”文件夹下创建新脚本并将其命名为“ChangeModelColor”。其主要代码如下：

```
using System.Collections;
using System.Collections.Generic;
```

```
using UnityEngine;
using UnityEngine.UI;
public class ChangeModelColor : MonoBehaviour
{
    public GameManager gameManager;
    private void Start()
    {
        transform.GetComponent<Button>().onClick.AddListener(ChangeMaterialColor);
    }
    public void ChangeMaterialColor()
    {
        //更改材质球颜色 其颜色数据主要来源于"Button"控件上的"Image"组件的"Color"
        for (int i = 0; i < gameManager.carMaterials.Length; i++)
        {
            gameManager.carMaterials[i].color = transform.GetComponent<Image>().color;
        }
    }
    private void OnDisable()
     {
        //结束时将颜色更改为白色
        for (int i = 0; i < gameManager.carMaterials.Length; i++)
    {
            gameManager.carMaterials[i].color = Color.white;
        }
    }
}
```

Step21：在色块“Button”上挂载“ChangeModelColor”脚本，并进行参数赋值，具体操作如图 8-99 所示，更改完成后对其他色块按钮进行一致操作即可。

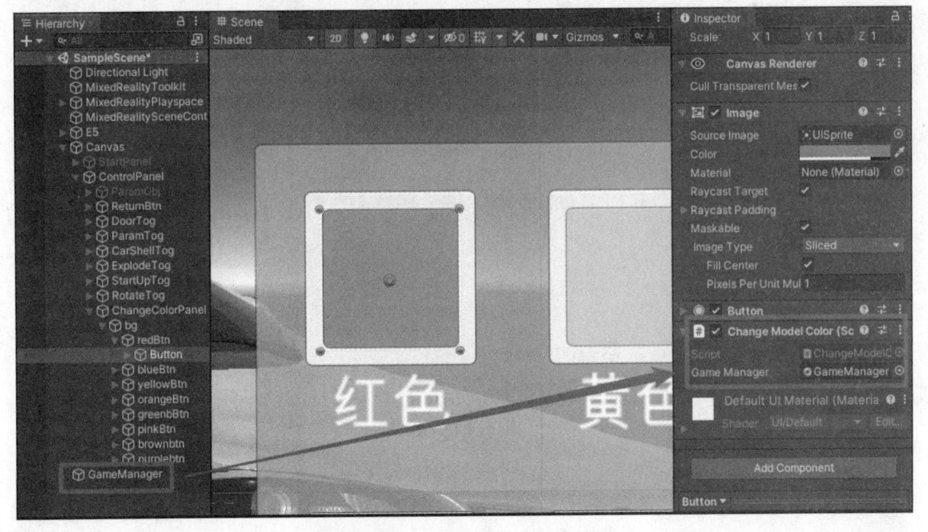

图 8-99　色块按钮参数赋值

至此已经实现基于 MR 头盔的“汽车拆装”的项目开发，开发者可以直接运行项目进行模拟交互或打包到 HoloLens 2 中进行 MR 体验，具体效果如图 8-100 所示。

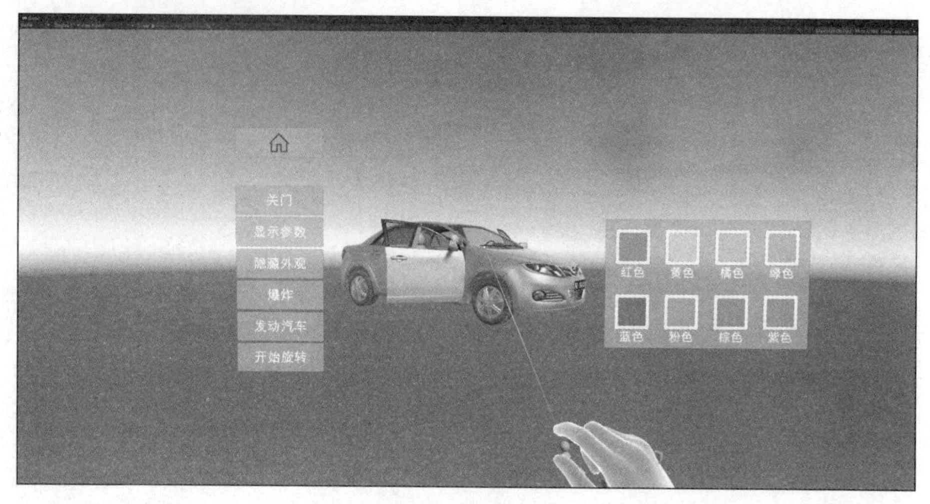

图 8-100　项目效果

情境总结

Unity 引擎是专业的游戏开发和 VR 引擎，具备强大的跨平台移植能力，用户可以通过该引擎使用不同插件增加引擎的灵活性，创作出理想中的游戏内容或完成项目开发。HoloLens 2 作为市面上优秀的混合现实头显设备，相较于市面上其他的 MR 设备，拥有更加明显的优势。在本学习情境中，使用 Unity 引擎对项目场景进行搭建，使用素材丰富项目内容，增加多种交互功能，使用 HoloLens 2 进行 MR 交互开发，打包编译。从项目创建、项目开发，到打包编译、最终发布，开发者可在本学习情境中了解完整的开发 MR 应用的流程，加深开发者对 Unity 开发的理解、提高熟练度。

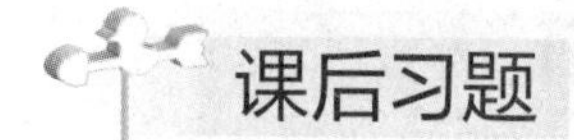

课后习题

一、填空题

1. HoloLens 2 中的一些常见 UX 控件：__________、____________、___________。

2. 处于全息影像之中，可以看到周围环境，也可以自由移动，并可以与人和物交互。这种体验被称为___________。

二、简答题

1. 请举例说明 HoloLens 2 常用可识别手势。

2. 简述配置 HoloLens 2 开发环境流程。